Die Oberfläche der Erde

Arthur L. Bloom:
Die Oberfläche der Erde

Deutscher
Taschenbuch
Verlag

Ferdinand Enke
Verlag
Stuttgart

Titel der Originalausgabe:
„The Surface of the Earth"
© Prentice/Hall International, Inc. London 1973

Autor:
Arthur L. Bloom, Ph. D.
Associate Professor
Department of Geological Sciences
Cornell University

Übersetzer:
Dr. Hermann Jurgan
Wissenschaftlicher Assistent
am Institut für Geologie
und Paläontologie der TU Berlin

Alle Rechte, insbesondere das Recht der Vervielfältigung und Verbreitung an der deutschen Ausgabe, vorbehalten. Kein Teil des Werkes darf in irgendeiner Form (durch Photokopie, Mikrofilm oder ein anderes Verfahren) ohne schriftliche Genehmigung des Verlages reproduziert oder unter Verwendung elektronischer Systeme verarbeitet, vervielfältigt oder verbreitet werden.

1976 Ferdinand Enke Verlag, 7000 Stuttgart 1 – POB 1304
Druck: Druckerei Maisch & Queck, Gerlingen

ISBN Enke 3-432-88371-4
ISBN dtv 3-423-04188-9

Inhalt

Zur Reihe "Geowissen kompakt" 1

Einführung 2

1. **Energien der Erdoberfläche** 7
   Die einebnende Schwerkraft 7
   Die Gezeiten: Ausdruck der Gravitationskräfte des Mondes und der Sonne 8
   Erdwärme 9
   Sonnenstrahlung 11
   Der Wasserkreislauf 15

2. **Gesteinsverwitterung** 21
   Mechanische Verwitterung 22
   Druckentlastung 22
   Wachstum von Fremdkristallen in einem Gestein . . . 25
   Thermische Expansion und Kontraktion 28
   Pflanzen als Kräfte mechanischer Verwitterung . . . 29
   Chemische Verwitterung 29
   Wasser bei chemischer Verwitterung 30
   Oxidation 32
   Karbonatisierung 33
   Die Hydrolyse 35
   Hydrierung 38
   Basen-Austausch und Komplex-Bildung 39
   Verwitterbarkeit von Silikat-Mineralen 40
   Klima und Verwitterung 41
   Feuchte Tropen 41
   Feuchte und mittlere Breiten 43
   Warme Trockengebiete 43
   Kalte Regionen 45
   Der Boden 46
   Folgerung 51

3. **Gesteinstrümmer in Bewegung** 53
   Massenbewegung 54
   Kriechen 55
   Solifluktion, Muren und Schlammströme 57

	Lawinen	59
	Rutschen, Gleiten und Fallen	60
	Massenbewegung und Landschaften	63
	Hangentwicklung und Erhaltung	64
4.	**Ströme und Flußläufe**	71
	Dynamik des fließenden Wassers	72
	Zur hydraulischen Geometrie der Flußläufe	74
	Transport und Erosion durch Flüsse	78
	Der Begriff des ausgeglichenen Stromes	85
	Veränderlichkeiten des ausgeglichenen Flusses	85
	Fortschreitende Entwicklung des ausgeglichenen Zustandes	88
	Ausgeglichenheit als thermodynamischer Gleichgewichtszustand	90
	Zusammenfassung	92
	Wasser in trockenen Gebieten	92
	Trockenes Klima	93
	Geomorphe Prozesse im trockenen Klima	95
	Landformen der Wüste	98
	Pediment	101
5.	**Lebensgeschichte der Landschaften**	107
	Deduktive Geomorphologie	107
	Beweise für die Entwicklung der Landschaften in Sequenzen	109
	Ursprüngliche Landschaften	113
	Täler: die Grundeinheiten der Landschaft	119
	Folge-, subsequente, antezedente und epigenetische Flüsse und Täler	121
	Die Entwicklungsreihe der Täler	125
	Entwicklungsfolge regionaler Landschaften	126
	Alte Landschaften und die Fastebene	128
	Thema und Variationen	131
6.	**Die Grenzen des Festlandes**	136
	Energieaustausch an der Küste	137
	Wellen und Dünung	137
	Brandung und Brecher	140
	Die Gezeiten oder Tiden	145
	Organismen	148

	Küstensedimente	149
	Herkunft der Küstensedimente	150
	Sedimenttransport	151
	Küstenlandschaften	154
	Wie man eine Küste beschreibt	160
	Die Zeit	161
	Vorrückende und zurückweichende Küsten	162
	Auftauchende und untertauchende Küsten	164
	Ein graphisches Schema für die Küstenbeschreibung	165
7.	**Eis und Land**	169
	Schnee, Eis und Gletscher	171
	Gletscher-Temperaturen und Fließprozesse	174
	Gletschereis-Temperaturen	175
	Wie Gletscher fließen	178
	Gletscher-Erosion und Gletscher-Transport	181
	Gletscher-Ablagerungen	185
	Klimatische Veränderungen im Pleistozän	190
	Register	194

VIII

Umrechnungstabelle einiger, im Original-Text vorkommender angelsächsischer Maßeinheiten in das metrische System:

1 in	=	2,54	cm
1 ft	=	30,48	cm
1 yd	=	91,44	cm
1 fathom	=	1,8288	m
1 stat mile	=	1,6093	km
1 sq in	=	6,4516	cm^2
1 sq ft	=	929,03	cm^2
1 sq yd	=	0,8361	m^2
1 lb (pound)	=	0,4536	kg
1 ton (= 2240 lb)	=	1016,06	kg
$1 \frac{\text{ton}}{\text{sq ft}}$	=	1093	$\frac{\text{kg}}{\text{cm}^2}$

Zur Reihe "Geowissen kompakt"

Allzulange spiegelten Einführungsbücher in die Erdwissenschaften lediglich Unterrichtstraditionen wider, statt Triumph und Unsicherheit der heutigen Wissenschaft darzulegen. In der Geologie ist die Betonung, die altehrwürdige Textbücher auf geomorphe Prozesse und beschreibende Stratigraphie legen, ein Schema, das *James Dwight Dana* vor über einem Jahrhundert eingeführt hat, das aber in einer Zeit sich verschiebender Forschungsgebiete und verschwindender Grenzen zwischen seit langem anerkannten Disziplinen zunehmend anachronistisch wird. Zudem haben die außerordentlichen Fortschritte der Forschung über die Ozeane, die Atmosphäre und den interplanetaren Raum in den vergangenen zehn Jahren die unnatürliche Trennung der Wissenschaft von der "flüssigen Erde", der Geologie, und den Wissenschaften von der "flüssigen Erde", der Ozeanographie, Meteorologie und planetaren Astronomie veralten lassen und das Bedürfnis nach kompetenten Einführungsbüchern in diese wichtigen Themen unterstrichen.

Aus der Überzeugung heraus, daß angehende Studenten an der Spannung moderner Forschung teilhaben sollten, wurde die Serie *Die Ursprünge der Erdwissenschaften* geplant, um kurze, leicht lesbare und dem heutigen Erkenntnisstand entsprechende Einführungen in alle Aspekte der modernen Erdwissenschaften zu vermitteln. Jeder Band wurde von einem anerkannten Fachmann auf dem behandelten Gebiet geschrieben. Dadurch wurde eine "Information aus erster Hand" erreicht, wie man sie nur selten in einführenden Textbüchern antrifft. Vier der Bände — *Die Struktur der Erde, Bausteine der Erde, Die Oberfläche der Erde* und *Bodenschätze der Erde* — behandeln Themen, wie sie üblicherweise in Vorlesungen zur allgemeinen Geologie dargestellt werden. Weitere vier Bände — *Geologische Zeit, Vorzeitliche Lebensräume, Die Geschichte der Erdkruste* und *Die Geschichte des Lebens* behandeln geschichtliche Themen. Die übrigen Bände — *Ozeane, Der Mensch und der Ozean, Die Atmosphäre, Das Wetter* und *Das Sonnensystem* — handeln von den Wissenschaften von der "flüssigen Erde", der Ozeanographie, der Meteorologie und der Astronomie. Jeder Band ist jedoch für sich abgeschlossen und läßt sich beliebig mit anderen Bänden kombinieren, womit der Lehrer im Aufbau seiner Kurse beweglicher wird. Außerdem können diese handlichen und preiswerten Bände einzeln oder zur Ergänzung und Bereicherung anderer Einführungsbücher verwendet werden.

Einführung

Das Antlitz der Erde ist ein ehrwürdiges Thema wissenschaftlicher Forschung. Seit den frühesten Zeiten einfachen Philosophierens über die Natur hat der Mensch über die zweifelhafte Dauerhaftigkeit der "ewigen" Hügel nachgedacht. In dem, was man vielleicht das älteste Buch über die Entwicklung der Landschaft nennen könnte steht geschrieben: "Alle Täler sollen voll werden und alle Berge und Hügel sollten erniedrigt werden, und was krumm ist soll richtig werden und was uneben ist soll schlichter Weg werden." Wie bekam das Antlitz der Erde sein gegenwärtiges Gesicht? Verändert es sich sichtbar während der Lebenszeit eines Menschen oder innerhalb der überlieferten Geschichte? Welche Kräfte formen die Landschaften? Diese Fragen wurden von nachdenklichen Menschen jedes Jahrhunderts gestellt und als sich die modernen Wissenschaften aus der Naturphilosophie der Renaissance entwickelten, waren Beobachtung und Vermessung der Erdoberfläche hochgeachtete wissenschaftliche Tätigkeiten.

Die Geschichte der Landschaftsforschung ist Bestandteil der Geschichte der Geologie und Geographie. Im späten achtzehnten Jahrhundert legte Dr. *James Hutton* aus Edinburgh eine weitschweifige "Theorie der Erde mit Beweisen und Illustrationen" vor, in der er für die Beständigkeit der Naturgewalten durch lange geologische Zeiträume eintrat, im Gegensatz zu seinen Zeitgenossen, die im allgemeinen der Ansicht waren, daß Veränderungen der Erde auf Katastrophen zurückzuführen seien. Huttons Vorstellungen entwickelten sich zur sogenannten "uniformitarian doctrine" (Aktualitätsprinzip) und basierten auf Beobachtungen, die ungefähr zu gleichen Teilen an Gesteinen und an Landschaften gemacht wurden. Huttons junger Freund und Kampfgenosse *John Playfair* verfaßte 1902 unter dem Titel "Erläuterungen zur Huttonschen Theorie der Erde" (Illustrations of the Huttonian Theory of the Earth) eine lebendige Apologie der Huttonschen Theorie, in der er viele der Grundsätze anführte, die auch heute noch akzeptiert und weiterentwickelt werden: die Entstehung von Tälern als das Werk der Flüsse, die durch sie hindurchfließen; die Fähigkeit der Meereswellen, Küsten zu formen; die ständige Erneuerung des Bodens durch Gesteinsverwitterung; die Verfrachtung riesiger Felsbrocken durch alpine Gletscher. Alle diese Beobachtungen Playfairs könnten die Grundsätze eines jeden modernen Buches über Geomorphologie abgeben, was auch tatsächlich der Fall ist.

Die Wissenschaft der Landschaftsbeobachtung, oder Geomorphologie, ist Teil zweier verwandter Disziplinen. In den meisten europäischen Ländern wird dieses Thema von Geographen als Teil der Geographie bearbeitet. In den Vereinigten Staaten wird Geomorphologie üblicherweise als Teil der Geologie betrachtet. Doch ist der Name, den wir einem akademischen Thema geben, weit weniger wichtig als dessen Inhalt.

Die Geomorphologie ist nicht einfach eine wissenschaftliche Disziplin. Jeder Nationalpark in den Vereinigten Staaten, wie auch jede große Naturschönheit der Welt, beruht auf einer beeindruckenden Landschaft. Bei der heutigen Reisefreudigkeit sollte eigentlich jeder Tourist ein Geomorphologe sein. Der einzige Unterschied zwischen beiden besteht in der Art ihrer Betrachtungsweise: ein Tourist schaut die Landschaft an, aber ein Geomorphologe sieht sie. Für den Geübten ist die andere Seite, das tiefere Innere oder die vergangene Geschichte eines Berges genauso sichtbar wie das Panorama dem einfachen Auge.

Die Geomorphologie als akademische Disziplin erlebte ungefähr von 1890 bis etwa 1930 ein eindrucksvolles Wachstum. Es folgten zwei Jahrzehnte relativer Ruhe, denn in den dreißiger Jahren verdrängte ein neues Umwelt-Bewußtsein des Menschen die Forschung der Geographen über die physische Umwelt. Besonders in den Vereinigten Staaten wurden der Mensch und seine Felder, seine Viehzucht, sein Handel und seine Städte das Hauptthema der Geographie. Auch als Teil der Geologie gelang es der Geomorphologie nicht, mit dem Fortschritt anderer Teilbereiche der Geologie Schritt zu halten. Der Fehler lag darin, daß die Geomorphologie bei qualitativer, subjektiver Beschreibung verharrte, während man auf anderen Gebieten sich quantitativer und experimenteller Forschung zuwandte.

Der hervorragende Geomorphologe *W. M. Davis* (1850-1934) entwickelte die Technik der "erklärenden Beschreibung" der Landschaft zu großer Vollkommenheit. Wenn es gelänge, so meinte *Davis*, die Entwicklungsgeschichte einer Landschaft in den Kategorien der drei Faktoren – Struktur, Prozeß und Zeit – zu beschreiben, wäre diese Beschreibung vollständig. Man machte wenig experimentelle Versuche über Entwicklungsprozesse, denn das beschreibende System war scheinbar angemessen und ausreichend. Da außerdem Versuche über Prozesse der Landschaftsentwicklung schwierig sind, blieben sie weitgehend unbeachtet. Die intuitive Folgerung überholte die experimentelle Bestätigung. Sogar *Davis* klagte, daß "es zur Zeit auf der kleinen Erde nicht genügend beobachtete Fakten gebe, um die lange Liste der abgeleiteten Teile des Schemas zu begründen".

Nach dem Tode *Davis'* widmeten sich die Geomorphologen weitgehend überwiegend der Landschaftsbeschreibung innerhalb des anerkannten Rahmens, oder sie versuchten andere beschreibende Schemata aufzustellen. Immerhin wurde ein gewisser Fortschritt hinsichtlich quantitativer und experimenteller Untersuchung erreicht, besonders in der Erforschung des Bodens. Dann forderte der Zweite Weltkrieg neue geomorphologische Analysen, neues Instrumentarium und neue Analysetechniken. So wurde zum Beispiel von allen am Krieg beteiligten Nationen die Luftbild-Interpretation zu einem hohen Grad an Genauigkeit und Leistungsfähigkeit entwickelt.

Eine genaue quantitative Interpretation von Stränden und Küsten wurde insbesondere für die Entwicklung amphibischer Operationen, der wichtigsten militärischen Taktik des Zweiten Weltkrieges, benötigt. Dies führte zu großen Forschungsanstrengungen, um die Prozesse kennenzulernen, die eine Küste formen. Brandungsvoraussagen, jahreszeitlich bedingte oder tägliche Wechsel des Meeresbodenprofils in Küstennähe und Erkenntnisse, bis zu welchem Maße Küstensand motorisierte Fahrzeuge zu tragen vermag, wurden lebenswichtige Informationen für das Militär. Quantitative Studien der küstennahen marinen Prozesse ergaben eine umfangreiche Literatur technischer Memoranden und Forschungsberichte, die auch weiterhin vertieft und zusammengefaßt werden. In den Nachkriegsjahren führten Stranduntersuchungen zur Quantifizierung und ihrer experimentellen Bestätigung. Jetzt wurden die Fragen "Wie schnell?", "Wieviel?" und "Auf welche Art und Weise?", die führende Militärs den Strand-Fachleuten und Luftbild-Auswertern gestellt hatten, an alle Landschaftsformen gerichtet. Bodenerosion und Flußüberschwemmungen wurde neue Aufmerksamkeit gewidmet. Es war ein bemerkenswerter Fortschritt, als man nun daran ging, die Sedimente eines Flusses oder eines Strandes als wichtigen Teil des geomorphen Aufbaues zu betrachten.

Die Nachkriegsentwicklung zu einer Quantifizierung beschleunigte sich so, daß in den fünfziger Jahren die Geomorphologie in Gefahr war, ein Zweig der topologischen Mathematik zu werden. Landformen, Korngrößen des Sediments, die hydraulischen Eigenschaften der Flüsse, Flutfrequenzen und -dauer, alle wurden sie auf statistische Wahrscheinlichkeiten reduziert. Es entwickelte sich ein neuer geomorphologischer Jargon, der von anderen Wissenschaften entliehen wurde. Autoren beschrieben Flüsse in den Termini von "Entropie-Zuwachs", "steady-state"-System, "random walks", "Mindestarbeit und Monte Carlo-Theorie". Aus der

Geomorphologie wurde ein Gebiet, das Arbeitsgruppen studierten, die aus Geologen, Ingenieuren für Hydraulik, Meteorologen und Sedimentologen bestanden. Gletschereis wurde von manchen als ein Material angesehen, dessen thermische und physikalische Eigenschaften in Physik- und Ingenieur-Laboratorien untersucht werden mußten, anstatt es als eine Landschaftsform zu betrachten, über die man mit Eispickel und Steigeisen hinwegklettert. Man hatte es so eilig, der "klassischen" oder "*Davis*schen" Geomorphologie abzuschwören, daß zumindest ein führender Geomorphologe ein Gebiet mit dem Vorsatz untersuchte, die frühere erklärende Beschreibung im Stile von *Davis* zu widerlegen. Vorurteile sind in der Wissenschaft genauso gefährlich, wie auf jedem anderen Gebiet menschlicher Betätigung. Es ist vielleicht ebenso ein Fluch wie auch ein Vorzug, daß jede neue Forschergeneration nicht nur alte Idole zerstören, sondern auch neue errichten muß, um den Fortschritt zu ermöglichen.

Heute befinden wir uns auf der Schwelle eines neuen goldenen Zeitalters der Geomorphologie. Die neuen Konzepte bewähren sich als nützliche Werkzeuge. Zugleich sind wir jedoch auch Zeugen einer gesunden Rückkehr zu alten Prinzipien. Im Kapitel 4 zum Beispiel findet sich die Zusammenfassung einer theoretischen Erklärung für die fortschreitende Abnahme des Gefälles flußabwärts, die sich auf thermodynamische Prinzipien gründet und 1964 zum ersten Mall veröffentlicht wurde. Die neue Theorie sagt genau die gleichen Folgen von Tal- und Flußbettformen voraus, wie sie intuitiv von *W. M. Davis* und anderen Geomorphologen des 19. Jahrhunderts abgeleitet wurden. Der Unterschied besteht darin, daß wir heute verstehen, *warum* Landschaftsformen sich verändern und daß wir uns nicht lediglich mit dem Wissen zufrieden geben müssen, *daß* sie sich ändern. Das Experiment holt die Intuition ein.

Da dieser Band einer aus einer Reihe von Taschenbüchern ist, muß er sich den anderen dieser Reihe einfügen, soll aber auch vollständig genug sein, um auch für sich allein gelten zu können. Das Schema dieses Buches und die Berührungspunkte mit den anderen Bänden der Serie lassen sich wie folgt zusammenfassen: wir wollen eine terrestrische Landschaft annehmen, die aus Gestein besteht (*Ernst, Bausteine der Erde*), die durch Kräfte des Erdinneren geschaffen wurde (*Clark, Struktur der Erde*). die durch die Zeiten hindurch (*Eicher, Geologische Zeiten*) bei Gegenwart des Lebens wirken (*McAlester, Die Geschichte des Lebens*). Die Landschaft ist das Ergebnis der Reaktion des Gesteins auf die Einwirkung der Atmosphäre, auf die Kraft des fließenden Wassers unter der Flut solarer Energie (*Wood, Das Sonnensystem*). Die Landschaft wird abgetragen und die Abfallprodukte werden zum Meer transportiert (*Turekian, Die Ozeane*), wo sie als Sedimente abgesetzt werden (*Laporte, Vorzeitliche Lebensräume*), bis die Kräfte des Erdinneren sie in neues Gestein verwandeln und als neues Land emporheben.

In den einander folgenden Kapiteln werden wir die Energieversorgung besprechen und die Vorgänge, die auf die Gesteine an der Erdoberfläche wirken: Die Hangabwärtsbewegung der Gesteinstrümmer, im wesentlichen mit Hilfe des fließenden Wassers; die fortschreitende Entwicklung einer Landschaft, in dem Maße, in dem die Abtragung fortschreitet; die Anhäufung von Sediment am Rande des Festlandes und den bemerkenswerten besonderen Einfluß, den Gletscher auf die Veränderung der Landschaft haben.

Zwei umfassende Themen werden wir wiederholt hervorheben:

1. Landschaftsformen neigen dazu, sich im Gleichgewicht mit den Prozessen zu entwickeln, die sie gestalten (und als Folgesatz: diese Prozesse können aus einer korrekten Interpretation der Formen abgeleitet werden), und

2. Sedimente, die durch Landschaften transportiert werden, die sich gerade selber im Zustand der Abtragung befinden, wirken als Stoßdämpfer gegenüber Energiespitzenbelastungen und ermöglichen es, daß Gleichgewichtszustände in Systemen mit abnehmender Energiezufuhr aufgebaut und erhalten bleiben können.

Was das bedeutet, wird auf den folgenden Seiten hoffentlich klar werden.

1 Energien der Erdoberfläche

Auf jedes Gesteinsteilchen auf der Erdoberfläche wirken viele Kräfte ein. Diese Kräfte kommen aus verschiedenen Energiequellen, einschließlich der Sonne, des Mondes und des heißen Erdinneren. Um zu verstehen, warum und wie Landschaften sich verändern, müssen wir zuerst die diese Wirkung hervorrufenden Kräfte und deren Energiequellen betrachten.

Die einebnende Schwerkraft

Jede Masse übt eine ihre entsprechende Anziehungskraft auf jede beliebige andere Masse aus. Diese schwache Kraft, die sogenannte Schwerkraft, ist eine Grundeigenschaft jeder Masse. Obwohl ihr Wesen erst noch definiert werden muß, wissen wir einiges darüber, wie sie wirkt. Wir können auf alle Fälle annehmen, daß die Anziehungskraft zwischen zwei großen Körpern so wirkt, als ob die gesamte Masse jedes Körpers in dessen Mitte oder ihrem Schwerpunkt konzentriert wäre. Körper, die sich in der Nähe der Erdoberfläche befinden, werden stark zum Massenzentrum der Erde hin angezogen, und da alle Objekte auf der Oberfläche eine im Vergleich zum Planeten geringe Masse haben, drückt sich für uns diese Anziehungskraft im allgemeinen darin aus, daß ein an der Oberfläche der Erde befindlicher Körper in Richtung des Erdmittelpunktes fällt oder sich auf ihn hin beschleunigt. Die Gravitationskraft wird jedoch dadurch etwas verringert, daß Körper, die auf der Oberfläche dieses rotierenden Späroids liegen, eine geradlinige Bewegung beizubehalten suchen und daher von der Oberfläche abgehoben werden (Zentrifugalkraft), was besonders für die Verhältnisse nahe des Äquators gilt. Die Schwerkraft, wie wir das Wort üblicherweise benutzen, bezieht sich also auf die Kraft der Erdanziehung, die durch die Zentrifugalkraft und andere geringere Einwirkungen verringert wird. Das Ergebnis all dieser Variablen ist, daß ein Objekt, das an den Polen 189 Pfund wiegt, am Äquator nur 188 Pfund wiegt.

Wenn die Erde vollständig mit einer freifließenden Flüssigkeit bedeckt wäre, wäre die Oberfläche der Flüssigkeit ein Späroid mit abgeplatteten Polen und ausgebeultem Äquator. Diese ideale Oberfläche, genannt Geoid, befände sich im vollkommenen Gleichgewicht mit allen Gravitations- und Rotationskräften. Der Meeresspiegel, der durch die Ozeane 71% der Erdoberfläche ausmacht, kommt diesem Geoid sehr nahe und weil das Geoid eine Bezugsfläche des Gravitationspotentials ist, müssen wir es uns auch unter alle Landmassen fortgesetzt denken, als eine Erweiterung oder Projektion des Meeresspiegels.

Alle Wassermassen, die als Regen oder Schnee auf die 29% der Erdoberfläche fallen, die sich über dem Meeresspiegel befinden, bewegen sich durch die Gravitation abwärts und schließlich zum Ozean zurück. Es hat also jeder Regentropfen, der auf den Erdboden auftrifft, eine potentielle Energie, die dem Produkt aus seiner Masse, multipliziert mit der Höhe über dem Meeresspiegel, wo er auf der Erdoberfläche aufschlägt, proportional ist. Die wenigen Orte, wo sich das trockene Land auch unterhalb des Meeresspiegels fortsetzt (*Tal des Todes, Kalifornien* mit -94 m; das *Tote Meer* bei -428 m und andere), sind Ausnahmen von der Regel, daß der Meeresspiegel die Grenze für abwärtsströmendes Wasser darstellt. Allerdings liegt jedes dieser Becken, die tiefer als der Meeresspiegel liegen, in einer ariden Zone, wo nur sehr wenig Regen, wenn überhaupt, fällt. In der Tat bleiben solche Becken in humiden Zonen niemals lange bestehen, denn sie werden sehr bald bis zum Überlaufen mit Wasser gefüllt und wieder ist der Meeresspiegel die letztendliche Grenze für die aus diesen Becken abströmenden Wassermengen.

Gesteinstrümmer werden ebenso wie Regentropfen durch die Gravitationskraft zum Erdmittelpunkt hin beschleunigt. Wenn Gesteinstrümmer sich unter dem Einfluß der Schwerkraft hangabwärts bewegen, aber ohne daß dabei ein Transportmedium wie fließendes Wasser oder Gletschereis mitwirkt, wird dieser Prozeß Massentransport genannt. Darüber wird das dritte Kapitel handeln. Massentransport schließt nicht nur so spektakuläre Vorkommen wie Erdrutsche und Lawinen ein, sondern ebenso den langsamen, kaum wahrnehmbaren Prozeß des Bodenkriechens.

Die Gezeiten: Ausdruck der Gravitationskräfte des Mondes und der Sonne

Der Mond und die Sonne sind die zwei einzigen Himmelskörper, die der Erde nahe genug sind, um auf ihrer Oberfläche sichtbare Wirkungen ihrer Gravitationskräfte zu verursachen. Die Masse des Mondes beträgt nur $1/81$ der Erde. Aber der Mond ist der Erde so nahe, daß die beiden Massen monatlich einmal um einen gemeinsamen Massen-Mittelpunkt kreisen, der innerhalb der Erde ungefähr 4800 km vom Mittelpunkt der Erde entfernt, beziehungsweise 1600 km unterhalb des Meeresspiegels liegt, und zwar genau auf einer Linie, die die Mittelpunkte der Erde und des Mondes verbindet. Genaugenommen entspricht die Umlaufbahn der Erde um die Sonne dem Weg, den dieses gemeinsame Massenzentrum des Erde-Mond-Systems beschreibt (Abb. 6-3). Zusätzlich zu ihrer täglichen Rotation um die Erdachse, dreht sich die Erde monatlich auch um den Mittelpunkt dieser beiden Massen. Ein bildlicher Vergleich dieses Vorganges wäre etwa der, daß man sein Gewicht auf die Fersen verlagert, wenn man ein größeres Gewicht horizontal im Kreise schwingt.

Der wichtigste Effekt der Anziehungskraft des Mondes sind natürlich die Gezeiten. Die Sonne, die gegenüber der Erde eine enorm viel größere Masse hat (330000mal soviel), ist so viel weiter entfernt von ihr als der Mond, daß ihre Gezeitenwirkung auf die Erde nur 46% der Größe der Mondtiden beträgt. Gemeinsam erzeugen diese beiden Himmelskörper sowohl in der Wasseroberfläche als auch in der Erdkruste Gezeiten. Man schätzt, daß der Gezeitenberg in der festen Erdkruste an der Stelle, die dem Mond gegenüberliegt, etwa 30 cm beträgt.

Die Tiden der Weltmeere, die ja einen großen Teil der Erdoberfläche bedecken, sind besser bekannt und von größerer geomorphologischer Bedeutung als die Gezeiten im festen Gestein. Die Amplituden der ozeanischen Gezeiten ändern sich stark mit dem Breitengrad, der Jahreszeit, den Mondphasen und vielen anderen Faktoren, aber die zyklischen Veränderungen des Wasserspiegels, die durch die Tiden bewirkt werden, führen dazu, daß die Wellen des Ozeans die Küsten in einer vertikalen Zone von einigen Metern angreifen. Dabei wird der Energieinhalt der Wellen über eine größere Fläche der Küste verteilt als es der Fall wäre, wenn der Meeresspiegel unverändert bliebe. Die Gravitationskräfte des Mondes und der Sonne spielen also bei der Formung irdischer Landschaften eine große Rolle. Über die küstenformende Wirkung der Gezeiten wird im Kapitel 6 ausführlicher gesprochen.

Erdwärme

Die durchschnittliche Wärmeabgabe, die durch jeden cm^2 der Erdoberfläche nach außen abgegeben wird, beträgt $1,25 \times 10^{-6}$ Kalorien pro Sekunde. Das sind etwa 40 Kalorien pro Jahr. Dieser geringe Wärmebetrag könnte jährlich nur eine 0,5 cm dicke Eisschicht schmelzen. Ein Vergleich soll diesen sehr geringen Energiebetrag, der aus dem Erdinneren an die Oberfläche gelangt, anschaulich machen: die gleiche Eisschicht könnte nämlich bei strahlendem Sonnenschein auch an einem Wintertag zum Schmelzen gebracht werden, an dem die Lufttemperatur nur knapp über dem Gefrierpunkt liegt. In der Tat ist die durchschnittliche Sonneneinstrahlung, die die Erdoberfläche jährlich erreicht, etwa 4000mal größer als der durchschnittliche Wärmefluß aus dem Erdinneren und das direkt senkrecht einfallende Sonnenlicht in klarer Wüsten- oder Gebirgsluft hat knapp das 17000fache dieses Energiebetrages. Aus diesem Grunde, von zwei Ausnahmen abgesehen, auf die wir gleich eingehen werden, kann der innere Wärmestrom der Erde im allgemeinen als Energiequelle für die Veränderung der Landschaft außer Betracht bleiben.

Die erste Ausnahme ist, daß der innere Wärmestrom ein wichtiger Faktor bei der Verformung der festen Erdkruste ist. Die meisten weiträumigen Landschaftsformen, z. B. Gebirgsketten und Inselbögen, stehen wahrscheinlich mit Wärmekonzentrationen innerhalb der Erde in Verbindung[1]. Selbstverständlich stehen Vulkane, die einige der eindrucksvollsten Landschaften dieser Welt aufbauen, mit abnorm hohen Wärmeströmen aus dem Inneren der Erde in Verbindung. Ob jedoch diese außergewöhnlich großen Wärmeströme die Ursache oder das Ergebnis vulkanischer Aktivität sind, ist ein noch ungelöstes Problem.

Es gibt noch einen zweiten Aspekt, der darauf hinweist, daß der innere Wärmestrom etwas mit geomorphologischen Prozessen zu tun haben könnte. Warme Gletscher (in denen Wasser und Eis koexistieren – s. Kapitel 7), sind vollkommene Wärmeisolatoren, denn sie haben an jeder Stelle ihres senkrechten Durchmessers fast die gleiche Temperatur und Wärme kann, wie man weiß, ohne einen Temperaturgradienten nicht befördert werden. Wenn nun der Wärmestrom unter dem warmen Gletscher vergleichbar ist mit dem Durchschnittswert, der für die ganze Welt gilt, wird eine Lage Eis von 0,5 cm jährlich an der Unterseite des Gletschers abgeschmolzen. Dieser Abschmelzungsbetrag ist für einen Gletscher, der einige tausend Meter mächtig ist, ohne Belang, es sei denn, daß ein dünner Wasserfilm an der Unterseite des Gletschers die Geschwindigkeit der Gletscherbewegung wesentlich verändert und damit den Einfluß des Gletschers auf seine Unterlage. Ein kalter Gletscher, der mit seiner felsigen Unterlage fest verfroren ist, bewegt sich durch plastische Deformation der Eiskristalle, die den Gletscher aufbauen. Dieser wird nicht über seine Unterlage gleiten und deshalb wird seine Erosionswirkung minimal sein. Andererseits

---

[1] Der Ursprung und die Verteilung der Erdinnenwärme werden von *S. P. Clark* in einem anderen Buch dieser Reihe, *Die Sturktur der Erde*, behandelt.

kann ein Gletscher, der von seiner felsigen Unterlage durch einen dünnen Wasserfilm getrennt ist, leicht auf der Grenze Eis-Felsen rutschen und von großer erosiver Kraft und sedimentbildender Wirkung sein. Dieser Aspekt des inneren Wäremstroms als ein möglicher Einfluß auf geomorphologische Prozesse, der früher nicht genügend beachtet wurde, wird im Kapitel 7 näher untersucht.

Sonnenstrahlung

Ein Hauptziel der Geomorphologie ist es zu verstehen, wie die gewaltigen Energiemengen der Sonnenstrahlung in mechanische Arbeit verwandelt werden, die die Landschaft formt. Wir können uns diesen Prozeß in Form einer "Geomorphologie-Maschine" (Abb. 1-1)

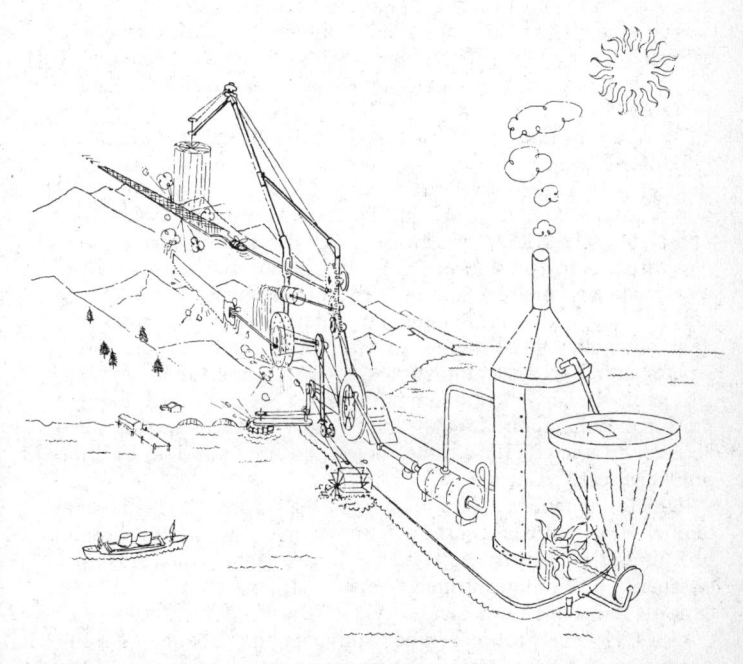

Abb. 1-1 Die "Geomorphologie-Maschine" (nach der Skizze von *Rube Goldberg*)

vorstellen, in der eine Dampfmaschine, die durch die Sonne geheizt wird, eine Reihe von Flügelschrauben, Sägen, Feilen, Schleifsteinen und Turbinen in Bewegung setzt, die die Landschaft abtragen. In der Tat ist der Vergleich mit einer Dampfmaschine gut, denn erst das reichlich vorhandene Wasser auf der Erdoberfläche ermöglicht die Umwandlung von Sonnenenergie in mechanische Arbeit.

Die Rechnung ergibt, daß die Sonnenenergie, die von der Oberfläche eines cm^2 in der Entfernung des mittleren Erdumlaufbahnradius um die Sonne aufgefangen wird, etwa 2 Kalorien pro Minute ist. Dieser Wert von 2 Kalorien pro cm^2 und Minute wird die Solarkonstante genannt. Die ganze Erde empfängt eine Sonnenenergiemenge, die gleich ist aus dem Produkt der Solarkonstanten und der Fläche einer kreisförmigen Scheibe, die einem Querschnitt durch die Erde entspricht. Der Querschnitt der Erde beträgt πr^2 wo r gleich 6371 km ist, und die tägliche oder jährliche Sonnenenergiemenge, die die Erde empfängt, kann damit leicht errechnet werden. Allerdings ist die Erde keine Scheibe, sondern ungefähr eine rotationssymetrische Kugel mit einer Oberfläche von $4\pi r^2$ Das ist eine viermal so große Fläche als der Querschnittsscheibe entspricht. Deshalb erhält jeder cm^2 der oberen Atmosphäre nur $^1/_4$ der Solarkonstanten an Sonnenenergie oder ungefär 0,5 Kalorien pro Minute.

Von der Strahlungsenergie, die die Erde erreicht, wird ein geschätzter Betrag von etwa 35% unmittelbar in den Weltraum reflektiert. Ungefähr zwei Drittel der reflektierten Strahlung wird durch die Wolkendecke zurückgeworfen. Atmosphärischer Staub und Nebel reflektieren den größten Teil des Restes, und ein kleiner Betrag wird von Wasser-, Fels- und Eisoberflächen zurückgeworfen. Die verbleibenden 65% der eintreffenden Strahlung werden von der Luft, den Gesteinen und dem Wasser absorbiert, werden aber vielleicht bei tieferen Temperaturen und größeren Wellenlängen in den Weltraum zurückgestrahlt. Die Erde ist im Verlauf geologischer Zeiträume nicht wärmer geworden. Deshalb muß man annehmen, daß jährlich ebensoviel Wärme von der Erde abgestrahlt wie von der Sonne eingestrahlt und aus dem Erdinneren freigesetzt wird.

Die Sonnenenergie wird über einen sehr großen Wellenlängenbereich des elektromagnetischen Spektrums ausgestrahlt. Sonnenprotuberanzen senden sehr kurze Röntgenstrahlen aus; Ausbrüche sogenannter "Sonnenstürme" können sehr lange Wellen aussenden, die dann mit Radiosendungen auf der Erde interferieren. Allerdings wird der größte Teil der Sonnenenergie in einem engen Frequenzband ausgestrahlt. Die Energiespitze des Sonnenspektrums liegt in der Wellenlänge des grünen Lichts, also in der Nähe des

Mittelpunktes des sichtbaren Spektrums. Zur kurzwelligen Seite, dem ultravioletten Bereich des Spektrums, fällt die Sonnenstrahlung scharf auf weniger als $1/100000$ der Energie pro Mikron Wellenlänge der Energiespitze ab. Zum langwelligen oder infraroten Teil des Spektrums nimmt die Energie gleichmäßiger ab, so daß, bezogen auf den Gesamtbetrag der eingestrahlten Energie, der größte Anteil im infraroten Teil des Spektrums liegt, obwohl der "peak" der Wellenlängen im sichtbaren Bereich liegt.

Die Atmosphäre verhält sich wie ein selektiver Filter, der die Wellenlängen der Sonnenstrahlung, die die Erdoberfläche, erreichen, zusätzlich beschneidet. Drei Bestandteile der Atmosphäre sind besonders wirkungsvolle Filter: Ozon, Wasserdampf und Kohlendioxid. Ozon (O_3) absorbiert das meiste der eintreffenden ultravioletten Strahlen; der größte Teil der Ozonabsorbtion findet in einer Höhe von etwa 50 km über der Erde statt. Dadurch steigt die Temperatur in diesem Bereich der Atmosphäre auf fast 0^{0-} C an, im Gegensatz zu den kalten - 60^0 C in den darüber und darunter liegenden Schichten.

Im tiefen Teil der Atmosphäre absorbieren Wasserdampf (H_2O) und Kohlendioxid (CO_2) im langen Wellenlängenbereich des Infrarot stark die einfallende Sonnstrahlung. Das Ergebnis ist, daß die Strahlungsenergie, die schließlich die Atmosphäre durchdringt, hauptsächlich im Bereich des fast sichtbaren Infrarot und der sichtbaren Wellenlängen liegt. Eines der bemerkenswertesten Gleichgewichte der Natur ist, daß die Erde durch die Sonne genau bis zum richtigen Grad erwärmt wurde, um Energie bei einer Wellenlänge durch die Atmosphäre zurückzustrahlen, dem sogenannten "Spektral-Fenster", das zwischen den Wellenlängen liegt, die einerseits sehr stark von Wasser, andererseits von Kohlendioxid absorbiert werden. Die gleichmäßige Durchschnittstemperatur der Erde ist also das Ergebnis des Gleichgewichtes zwischen der Wellenlänge und der Intensität sowohl der einfallenden wie der austretenden Strahlung.

Die Sonnenenergie, die die Atmosphäre durchdringt, trifft in der Hauptsache auf die Ozeane. Ein geringer Prozentanteil dieser Energie wird an der Wasseroberfläche reflektiert und der verbleibende Infrarot-Anteil wird rasch von den oberen wenigen Millimetern des Seewassers absorbiert und in Wärme umgewandelt. Der sichtbare Teil des Lichtes, insbesondere der Blau-Grün-Anteil, dringt tiefer in das Ozeanwasser ein, denn flüssiges Wasser, ebenso wie atmosphärischer Wasserdampf, ist für den Bereich des sichtbaren Lichtes hochtransparent. Vielleicht wird die ganze Lichtenergie, die in das Seewasser dringt, absorbiert und in Wärme umgewandelt. Da das Meer sehr gut Wärme weiterführt, sowohl durch

Wärmeleitung als auch durch Konvexionsströmung, wird eine
Schicht von etwa 100 m Wasserdicke von der Sonne erwärmt. Diese
wirkungsvolle Durchmischung, gemeinsam mit der hohen spezifischen Wärme des Wassers (darunter versteht man die Eigenschaft,
Wärmeenergie bei nur geringem Temperaturanstieg zu speichern)
macht die Ozeane, insbesondere die tropischen Ozeane, zu großen
"Wärmetransformatoren", die Sonnenenergie aufnehmen und als
Wärme wieder abgeben.

Sonnenenergie, die auf die Gesteinsoberfläche auftrifft und
nicht reflektiert wird, wird weniger gut absorbiert. Gesteinsbildende Minerale sind im sichtbaren Licht nahezu opak, wenn man
von den für mikroskopische Untersuchungen geeigneten petrographischen Dünnschliffen absieht, so daß die Umwandlung von Sonnenenergie in Wärme auf der Oberfläche der Gesteine stattfindet.
Obwohl Gestein ein besserer Wärmeleiter ist als Wasser, kann es
als fester Körper die Wärme nicht durch Konvexionsströme in Umlauf bringen, wie das beim Wasser der Fall ist. Aus diesem Grunde
wird die Hitze kaum in das Gestein weitergeleitet, sondern in
Oberflächennähe konzentriert.

Außerdem haben Gesteine eine geringere spezifische Wärme als
Wasser. Ein geringer Wärmebetrag läßt die Temperaturen eines
Gesteins sehr viel stärker ansteigen als das bei einer vergleichbaren
Wassermenge der Fall ist. Man erinnere sich nur an die Erleichterung, die man fühlt, wenn man bei strahlendem Sonnenschein im
flachen Wasser oder in einem kleinen Tümpel am Rande des Meeres steht, nachdem man barfuß über glühendheißes Pflaster oder
über den Strand gegangen ist. Unter der gleichen Flut der Sonnenstrahlung fühlt sich das Wasser wohltuend kühl gegenüber Fels
und Sand an. Vielleicht hat man, bevor man das Wasser erreichte,
die Füße einige Zentimeter in den Sand gewühlt, um ihnen eine
kurze Erholung zu gönnen. Sogar in dieser geringen Tiefe ist der
Sand kühler als an seiner Oberfläche, die fast die gesamte Energie
absorbiert.

Das Land reflektiert einen höheren Prozentsatz der einfallenden Sonnenenergie als Wasser. Während die Meeresoberfläche nur
etwa 2% der einfallenden Strahlung reflektiert, wirft der nackte
Boden 7-20% zurück. Felder und Wiesen reflektieren im allgemeinen 20-25% des Sonnenlichtes, Wälder jedoch nur 3-10%. Vom
Flugzeug aus sehen Felder heller aus als Wälder und die glatte Wasseroberfläche erscheint im Vergleich dazu am dunkelsten, denn sie
reflektiert das wenigste Licht. Offensichtlich sind Schnee und Eis
die am stärksten reflektierenden Flächen. Eisoberflächen reflektieren die Hälfte oder fast das gesamte Sonnenlicht. Alle Oberflächen reflektieren mehr und absorbieren weniger Energie, wenn

sie das Licht unter einem geringen Winkel trifft bzw. sie nur streift.

Aus mehreren Gründen erhält die Erde den größten Teil der Sonnenenergie innerhalb der Tropen. Die Reflexion ist am geringsten, wenn die Strahlung senkrecht zur Oberfläche einfällt und am tropischen Himmel steht die Sonne zu allen Jahreszeiten hoch. Zum zweiten liegen in den Tropen große ozeanische Flächen, die die Wärmeabsorbtion begünstigen. Und zum dritten ist der Oberflächenanteil zwischen einander folgenden Breitengraden in der Nähe des Äquators größer als in der Nähe der Pole. Etwas mehr als ein Drittel der gesamten Oberfläche der Erdkugel liegt zwischen 20° Nord und 20° Süd zu beiden Seiten des Äquators. Im Endergebnis empfangen niedere Breiten mehr Energie von der Sonne als in den Weltraum abgestrahlt wird.

Die Polarregionen erhalten sehr wenig von der gesamten Sonneneinstrahlung. Der tiefe Sonnenstand, sogar während eines 24-Stunden-Tages in hohen Breiten, fördert die Reflexion. Beide, der arktische Ozean und der antarktische Kontinent, sind mit Eis bedeckt. Dies trägt ebenfalls dazu bei, die einfallende Strahlung zu reflektieren. Zwar ist es richtig, daß im Hochsommer über einen Monat lang, wenn die Sonne ununterbrochen scheint, jede Polarregion – abwechselnd – mehr Strahlung pro Tag erhält, als das in den Tropen jemals an einem Tag der Fall ist. Aber diese Jahreszeit ist sehr kurz und für den Rest des Jahres ist der Energiebetrag, der die Pole erreicht, weit geringer als die Menge, die abgestrahlt wird. Abb. 1-2 stellt die Verteilung der einfallenden und reflektierten Strahlung in Abhängigkeit vom Breitengrad auf der nördlichen Halbkugel dar und zeigt, daß ungefähr beim 38° Nord der jährliche Wärmehaushalt der Erde ausgeglichen ist. Man nimmt an, daß auf der südlichen Halbkugel die gleichen Verhältnisse herrschen. Offensichtlich muß es für die Erde verschiedene Wege geben, den Energie-Überschuß der Tropen in Richtung auf die Pole zu verteilen, denn so wie jeder Haushalt muß auch dieser ausgeglichen werden. Im folgenden werden wir sehen, wie die Energieverteilung vorgenommen wird.

Der Wasserkreislauf

Es ist ein glücklicher (oder notwendiger) Umstand, daß die Durchschnittstemperatur der Erde in einem Bereich liegt, in dem das Wasser flüssig ist. Etwas Eis und Schnee häuft sich auf dem Land in großen Höhen und hohen Breitengraden auf und auch die Atmos-

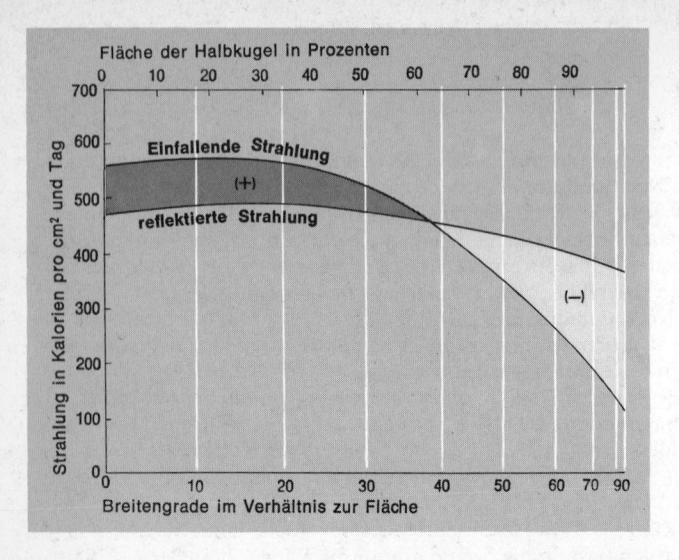

Abb. 1-2 Strahlungsbilanz der nördlichen Halbkugel. Die einfallende Strahlung entspricht dem Jahresmittelwert der Strahlung, die durch das Land, die Meere und die Atmosphäre absorbiert wird. Die reflektierte Strahlung ist die jährliche Strahlungsmenge, die die Atmosphäre verläßt. Zwischen dem Äquator und dem 38. Breitengrad wird mehr Energie aufgenommen als abgegeben. Nördlich des 38. Breitengrades strahlt die Erde mehr Energie in den Weltraum ab als sie von der Sonne erhält. Die Wärmeenergie muß also auf die Pole zufließen. Es ist anzunehmen, daß auf der südlichen Halbkugel die Verhältnisse ähnlich sind. (Nach *Houghton* 1954)

phäre enthält einiges Wasser in Form von Dampf, aber fast die ganze Menge des H_2O auf der Erde ist flüssig. Die hohe spezifische Wärme des Wassers und seine große Häufigkeit in der Nähe der Erdoberfläche machen aus ihm ein wirksames Mittel des Wärmetransports. Eine wichtige Eigenschaft des Wassers ist seine sehr hohe *latente* Verdampfungswärme. Ohne daß sich die Temperatur des Wassers ändert sind 585 Kalorien nötig, um 1 g Wasser bei 20° C (68° F) zu verdampfen. Entsprechend gibt jedes Gramm Regenwasser, das kondensiert und herabfällt, am Kondensationspunkt den gleichen Wärmebetrag an die Atmosphäre ab. Auf diese Weise werden enorme Energiebeträge bewegt wenn Wasser verdampft, durch Winde verfrachtet wird und zu Regen oder Schnee kondensiert. In der Tat ist der bedeutendste Einzelfaktor bei der Erwärmung der Atmosphäre weder die absorbierte Sonneneinstrahlung noch die reflektierte Wärme von Land und Meer. Es ist die latente Verdampfungswärme, die während der Kondensation frei wird. Große Wassermengen werden in den tropischen Ozeanen jährlich verdunstet, fallen als Regen oder Schnee auf die Landgebiete und Polarregionen und halten damit den Prozeß des Wärmeausgleichs auf der Erde im Gleichgewicht.

Das erste Ergebnis der ungleichmäßigen Wärme- und Wasserverteilung auf der Erde ist die Herausbildung von Klimazonen, die durch bestimmte jahreszeitliche Temperatur- und Niederschlags-Muster charakterisiert sind. Klimafragen sind nicht der Hauptgegenstand dieses Buches, doch werden wir den ariden und glazialen Gebieten ausführlich besondere Betrachtungen widmen[2]. Verdunstung und Niederschlag von Wasser sind wichtige Faktoren in der Geomorphologie, denn diese Art des Energietransportes treibt die "Geomorphologie-Maschine" an (Abb 1-1). Wir können nun quantitativer und wissenschaftlicher über die Geomorphologie-Maschine sprechen und ersetzen sie durch eine Art Haushaltsdiagramm (Abb. 1-3). Dieses Diagramm sollte man aufmerksam betrachten, denn in den folgenden Kapiteln werden wir mehrfach darauf Bezug nehmen. Zwei verschiedene Informationen werden in der Abb. 1-3 gegeben. Die erste ist eine Abschätzung der Wassermengen, die in verschiedenen Teilen der äußeren Erdschichten vorhanden sind, und die zweite ist der berechnete jährliche Wasseraustausch zwischen den verschiedenen Reservoiren. Die Abbildung stellt das dar, was wir ein "steady state"-System nennen. Der Energiezustrom ist gleich dem Energieabfluß und mit Ausnahmen, die vernachlässigbar klein sind, ist die Menge des Wassers in diesem System konstant. Zunächst betrachten wir die einzelnen Wassermengen in diesem System. In der Reihenfolge ihrer Bedeutung sind die Wasserreservoire: 1. die Ozeane, 2. Die Gletscher, 3. das Grundwasser, 4. Seen und Flüsse, 5. die Atmosphäre und 6. die Biomasse, worunter man jegliche lebende Substanz versteht. Gegenwärtig befinden sich über 97% des gesamten Wassers in Nähe der Erdoberfläche in den Ozeanen und der größte Teil des Restes ist in Gletschern gebunden. Das Erdinnere muß etwas Wasser enthalten, das chemisch gebunden oder im festen oder geschmolzenen Gestein gelöst ist. Aber wir können bislang nicht bestimmen, wie groß die Wassermenge ist, die innerhalb der Erde

---

[2] Ein anderes Buch dieser Reihe, *Die Atmosphäre*, behandelt das Thema Wetter und Klima.

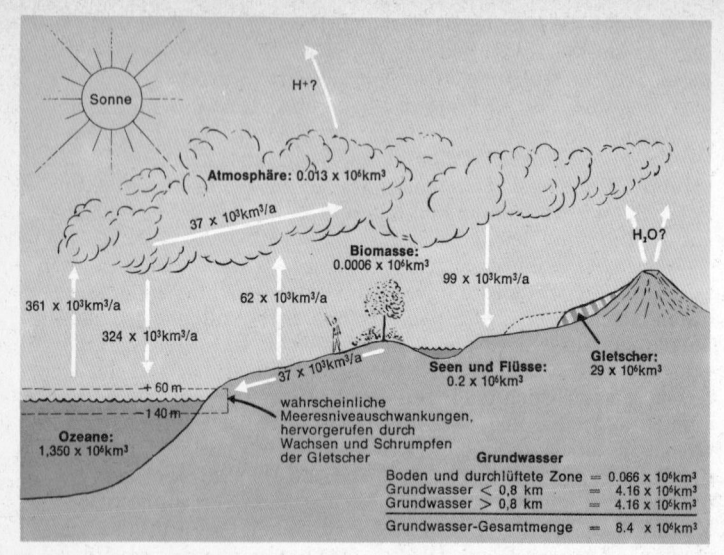

Abb. 1-3 Die Hydrosphäre, oder das Wasser auf und nahe der Erdoberfläche. Zum leichteren Vergleich sind die Wassermengen in den Reservoiren in Millionen Kubikkilometern ($10^6 km^3$) angegeben; die jährlichen Wassermengen, die zwischen den Reservoiren getauscht werden, also der hydrologische Zyklus, sind in tausend Kubikkilometern pro Jahr ($10^3 km^3/a$) angegeben.

eingeschlossen ist. Es hat jedoch den Anschein, daß für mindestens die letzte Millarde Jahre die Wassermenge auf oder in der Nähe der Erdoberfläche nahezu konstant geblieben ist.

Eine geringe Menge juvenilen Wassers mag jährlich durch die Kondensation vulkanischer Gase hinzukommen, deren Hauptbestandteil Wasser ist. Vulkane stoßen gewaltige Dampfmengen aus, aber fast der ganze Wasserdampf ist entweder ehemaliges Regenwasser, mit dem sich die obersten Lagen des Gesteins vollgesaugt hatten, oder ehemaliges Meerwasser, das von marinen Sedimenten zur Zeit ihrer Ablagerung eingeschlossen wurde. Die gegenwärtige Menge juvenilen Wassers, die jährlich der Erdoberfläche durch vulkanische Eruptionen, heiße Quellen und Geysire hinzugefügt wird, muß noch bestimmt werden. Sie ist aber sicherlich sehr gering.

Eine vergleichbar geringe Wassermenge verliert die Erde möglicherweise alljährlich durch fotochemische Zerlegung von Wasserdampf in der Atmosphäre durch die Sonneneinstrahlung. In den oberen Schichten der Atmosphäre werden einige Wassermoleküle in H^+- und O^{--}-Ionen aufgespalten und die Theorie ergibt, daß die Bewegungsgeschwindigkeit einiger dissoziierter Wasserstoffionen groß genug ist, um das Gravitationsfeld der Erde zu verlassen. Die Menge dieses jährlichen Verlustes ist sehr klein. Für alle praktischen Zwecke ist die Gesamtwassermenge, wie sie in Abb. 1-3 dargestellt wird, konstant — selbst über lange geologische Zeiträume hinweg. Was den Materialtransfer angeht, zeigt das Diagramm ein *geschlossenes System*. Aber Energie fließt natürlich in dieses System hinein, durch es hindurch und verläßt es wieder.

Die Wasserbewegung zwischen verschiedenen, an der Erdoberfläche und nahe der Erdoberfläche gelegenen Reservoiren wird *Wasserkreislauf* genannt und im allgemeinen meist als Kubikkilometer oder Kubikmeilen Wasser pro Jahr dargestellt. Er kann auch in Energie oder Krafteinheiten ausgedrückt werden. Die Wassermengen, die in Abb. 1-3 angeführt sind, stammen meist aus den jüngsten Schätzungen der Hydrologen des Nordamerikanischen Geologischen Dienstes. Die Werte weichen etwas von älteren Schätzungen ab, aber es wird auch für keinen von ihnen ein hoher Genauigkeitsgrad beansprucht.

In Abb. 1-3 sehen wir, daß aus dem Meer jährlich eine Wassermenge von 361 000 km^3 verdunstet. Das entspricht einer 1 m dikken Schicht über die gesamte Fläche der Ozeane. Nur 324 000 km^3 fallen als Niederschläge ins Meer zurück, so daß ein Netto-Überschuß von 37 000 km^3 woanders hingeht. Eine kleinere Wassermenge, 62 000 km^3, wird jährlich vom Land verdunstet. Dieser Betrag ist gegenwärtig kleiner als die gesamte jährliche Niederschlagsmenge über Land (und Eis) von 99 000 km^3. Der gesamte jährliche Netto-Überschuß der ozeanischen Verdungstungsmengen fällt also auf dem Land nieder, und da jährlich mehr Schnee und Regen fallen als vom Land verdunstet werden können, tropfen, sickern und fließen 37 000 km^3 Wasser alljährlich vom Land ins Meer zurück.

Der größte Teil des Wassers, das vom Land verdunstet wird, wird nicht einfach von den Oberflächen der Seen und Flüsse abgegeben, sondern von Pflanzen und Tieren genutzt. Ein Acker braucht jährlich eine Wassermenge, die gleich ist einer 45-60 cm dicken Schicht von der Größe des Feldes. Bäume brauchen sogar noch mehr Wasser. Ein Wald aus Douglas-Tannen zum Beispiel pumpt jährlich eine Wassermenge in die Atmosphäre, die einer Wasserschicht von II2 cm Dicke, über die Fläche des Waldes gerechnet, entspricht.

Der größte Teil des Landes, auf den Regenwasser fällt, ist pflanzenbedeckter Boden. Einiges verdunstet vom Boden, einiges entweicht von den Blättern und Stengeln der Pflanzen und einiges wird von den Pflanzenwurzeln absorbiert und durch die Blätter ausgeatmet. Da die verschiedenen Variablen sich nicht eindeutig unterscheiden lassen, wird der Ausdruck *Evapotranspiration* für diesen Gesamteffekt gebraucht. Der Wasserbedarf typischer Pflanzen in den Teilen des Landes, die weder Wüste noch Gletscher sind, könnte die gesamten 62000 km^3 Wasser evapotranspirieren, die jährlich vom Land verdunstet werden, so daß es wahrscheinlich ist, daß jedes Jahr eine wesentliche Wassermenge durch den biologischen Kreislauf als Teil des größeren Wasserkreislaufs geht. Nur ein kleiner Teil des evapotranspirierten Wassers, vielleicht 1%, ist jederzeit in ununterbrochenem Wechsel in der lebenden Materie gebunden.

Gletscher binden eine große Wassermenge auf dem Land, die dadurch zeitweise dem Wasserkreislauf entzogen ist. Wenn die Gletscher der Gegenwart schmelzen würden, stiege der Meeresspiegel um 60 m und die am stärksten besiedelten Gebiete der Erde würden überflutet werden. In den letzten 2 Millionen Jahren haben sich die kontinentalen Eisfelder zu wiederholten Malen ausgedehnt und sind wieder geschmolzen, wobei sie jedesmal für einige Zeit den Wasserkreislauf durcheinanderbrachten. Während einer Zeit maximaler Vergletscherung (s. Kapitel 7) war die Eismenge auf dem Land etwa dreimal so groß wie gegenwärtig und der Meeresspiegel lag um 140 m tiefer, wodurch die meisten Schelfgebiete trocken lagen.

Alle diese Aspekte des Wasserkreislaufs haben ihren Einfluß auf die Geomorphologie, aber ein Aspekt muß besonders hervorgehoben werden. Die durchschnittliche Höhe der Kontinente über dem Meeresspiegel beträgt 823 m. Wenn wir annehmen, daß die 37000 km^3 jährlicher Abflußmenge im Durchschnitt 823 m hangabwärts laufen, kann man die potentielle mechanische Kraft dieses Systems berechnen. Potentiell erzeugt der Wasserablauf von allen Landgebieten ständig über 12 Milliarden PS. Wenn diese ganze Kraft dazu verwendet werden würde die Landoberfläche zu erodieren, so wäre dies damit vergleichbar, daß man ein Pferd mit einem Schaber oder einer Schaufel auf jedem Stück Land von 121,5 ar Tag und Nacht, das ganze Jahr hindurch arbeiten ließe. Man muß einmal versuchen sich vorzustellen, welche Arbeit damit bewältigt werden würde. Natürlich geht ein großer Teil der potentiellen Energie des ablaufenden Wassers als Reibungswärme des wirbelnden und spritzenden Wassers verloren, aber wir werden sehen, daß die "Geomorphologie-Maschine" tatsächlich sehr wirksam ist, Gesteinstrümmer erodiert und zum Meer hinunterschafft, fast genau so schnell, als wenn pferdgezogene Schaber auf jedem kleinen Stückchen Land überall auf der Erde schwer bei der Arbeit wären.

2 Gesteinsverwitterung

Die physikalische und chemische Veränderung, die ein der Atmosphäre ausgesetztes Gestein erfährt, nennt man Verwitterung. Das ist eine gute Bezeichnung, denn sie erinnert an den landläufigen Ausdruck "wettergegerbt", den man benutzt, um Gebäude oder sogar menschliche Gesichter, die durch Sonne, Wind und Regen gezeichnet sind, zu charakterisieren. Durch Verwitterung entsteht eine faszinierende Vielfalt von Landschaftsformen und der geübte Beobachter kann schon mit einem Blick aus dem Auto auf Gesteinsart und Klimabedingungen einer Gegend schließen.

Verwitterung kann als ein Metamorphoseprozeß betrachtet werden. Üblicherweise denken wir bei Metamorphose an die Veränderung von Gestein infolge erhöhter Temperatur- und Druckbedingungen. Gestein verändert jedoch auch seine Eigenschaften, wenn Temperatur und Druck sich verringern. Die meisten Gesteine werden unter Temperaturen und Druckverhältnissen geformt, die höher sind als die Durchschnittsbedingungen an der Erdoberfläche. Allgemein gesagt sind Gesteine sowohl physikalisch als auch chemisch instabil, wenn sie einer feuchten und biologisch aktiven Atmosphäre ausgesetzt werden, wo der Druck nur 1 kg pro cm^2 (1 atm) und die Temperatur zwischen 0 und $100°$ C beträgt.

Grundsätzlich, wenn auch künstlich, werden Verwitterungsprozesse hauptsächlich in eine mechanische oder physikalische und in eine chemische Gruppe unterteilt. Mechanische Verwitterung wird manchmal als Desintegration bezeichnet. Damit soll gesagt werden, daß das Gestein in einzelne Teile zerlegt oder zersetzt wird, ohne daß diese Teile verändert werden. Im Gegensatz dazu wird chemische Verwitterung gelegentlich auch Dekomposition genannt, womit betont wird, daß die chemische Struktur der gesteinsbildenden Minerale zerstört wird. Der Unterschied ist heute nicht mehr so wesentlich wie früher, denn in dem Maße wie wir uns dem Verständnis einer dieser Gruppen nähern, erkennen wir, daß beide von den gleichen Prinzipien beherrscht werden. Es ist jedoch vorteilhaft, zuerst die mechanischen Verwitterungsprozesse zu betrachten, denn normalerweise ist erst eine großzügige, mechanische Gesteinszerlegung notwendig, bevor Luft, Wasser und Organismen ihre weitgehend chemische Tätigkeit beginnen können.

Mechanische Verwitterung

Die wichtigsten Prozesse, durch die Gestein mechanisch zerbrochen oder desintegriert wird, sind die folgenden: 1. unterschiedliche Ausdehnung durch Druckentlastung, wenn das Gestein an die Oberfläche gelangt, 2. das Wachstum artfremder Kristalle wie Eis oder Salz in Rissen und Poren und 3. unterschiedliche Dehnung mit Kontraktion durch ungleichmäßiges oder schnelles Erhitzen bzw. Abkühlen. Jeder dieser Prozesse beeinflußt verschiedene Gesteinstypen in unterschiedlicher Weise. Der zweite und dritte Prozeß hängt stark von den klimatischen Bedingungen ab.

Druckentlastung

Der atmosphärische Druck auf der Erdoberfläche ist erheblich geringer als die Druckverhältnisse, wie sie bereits in geringen Tiefen der Erde oder des Meeres anzutreffen sind. Jeweils 10 m Meereswasser oder 3-4 m aufliegendes Gestein entsprechen einer Atmosphäre Druck. Ob nun ein Gestein durch Sedimentverfestigung am Meeresboden oder tief im Erdinneren durch Abkühlung einer Schmelzmasse entstand, stets war der Druck bei der Entstehung größer als der, dem das Gestein an der Grenze zur Atmosphäre ausgesetzt ist. Landanhebung ließ das Meer zurückweichen, und die Erosion trug über 100 oder 1000 m des darüberliegenden Gesteins ab, um diejenigen Gesteine freizulegen, die heute unsere Landschaft formen. So befreit, dehnt sich das Gestein unter der Druckentlastung aus.

Während der Zeit, während der die Gesteine in der Erde geformt werden oder während der Hebung, die ihrer schließlichen Freilegung durch die Erosion vorausgehen muß, werden die meisten Gesteine intensiv in Blöcke oder Tafeln zerlegt, deren Länge zwischen wenigen Zentimetern und mehreren Metern variiert. Die Brüche oder Klüfte und ihre Abstände voneinander zeigen normalerweise eine systematische, regionale Orientierung, die zu den Kräften in Beziehung gesetzt werden können, die die Anhebung bewirkten (Abb. 2-1). Wenn ein Gestein stark zerbrochen ist, oder wenn ein Sedimentgestein entlang der Schichtflächen Spalten aufweist, wird die durch den Drucknachlaß hervorgerufene Dehnung durch Ausgleichsbewegungen an diesen zukünftigen Oberflächen erleichtert. Einige Gesteine jedoch, besonders Sandstein und Granit, sind massiv und weisen nur wenig offene Brüche oder andere Risse auf. Ein typisches Bruchmuster, *Lagerklüfte* genannt, entwickelt sich in diesen massigen Gesteinen, wenn sie durch die Erosion freigelegt werden. Lagerklüfte laufen der Landoberfläche parallel und bilden

Abb. 2-1 Geklüfteter Sandstein und Tonschiefer nahe Ithaca, New York. Die sedimentäre Schichtung ist klar zu erkennen. Die Klüfte gehören zu zwei vertikalen Hauptkluftscharen, deren eine nach Nordost, deren andere nach Nordwest streicht. Andere, schräg dazu verlaufende Klüfte sind weniger gut ausgebildet.

kugelschalige Hüllen oder Gesteinslagen bis zu einigen Dezimetern Dicke (Abb. 2-2). In dem Maße, in dem die äußersten Gesteinsschalen vom Druck entlastet werden und sich ausdehnen, bilden sich in die Tiefe des Gesteins fortschreitend neue Schalen, die sich vom unterlagernden Gesteinskörper abtrennen.

Die Größe der in massiven Gesteinen eingeschlossenen Ausdehnungskraft ist überraschend. Zum Beispiel dehnen sich frisch gebrochene Granitblöcke vom Stone Mountain, Georgia (Abb. 2-2) um $^1/_{10}$ % ihrer Länge aus, nachdem sie von der Steinbruchwand getrennt wurden. Ein 3 m langer Block dieses Granites dehnt sich um fast 0,2 cm aus, nachdem er gebrochen oder abgesprengt wurde. Es ist also kein Wunder, daß sich die oberen dünnen Platten aufwärts biegen, wenn sie sich vom festen, unterlagernden Gestein gelöst haben.

Die Klüfte reichen selten tiefer als 30-50 Mter unter die Landoberfläche hinab. Das Gewicht des überlagernden Gesteins verhin-

Abb. 2-2 Lagerklüfte an der südöstlichen Flanke des Stone Mountain, einer Granitkuppe nahe Atlanta, Georgia. Man beachte die deutliche Parallele der Klüftung zur Oberfläche der Kuppe. (Mit freundlicher Erlaubnis von *C. A. Hopson*)

dert Dehnungsprozesse in größeren Tiefen. In Minen und Steinbrüchen, die sich tief ins massive Gestein hinein erstrecken, müssen besondere Vorsichtsmaßregeln ergriffen werden, um Bergschläge oder ein explosionsartiges Absplittern des Gesteins von den Wänden oder dem Boden der neugeschaffenen Aufschlüsse zu verhindern. Sprengarbeiten werden im allgemeinen am Ende des Arbeitstages angesetzt, damit sich die Gesteinsoberfläche den neuen Druckbedingungen über Nacht angleichen kann, ohne dabei Arbeiter und Gerät zu gefährden.

Drucknachlaß durch verringerte Belastung ist für sich selbst nur ein untergeordneter Faktor der Verwitterung, aber oftmals ist er das erste Ereignis einer darauffolgenden Serie weiterer Veränderungen. Bevor nicht Wasser, Luft und Pflanzenwurzeln in ein massives Gestein, Kluftflächen und ähnlichen Brüchen folgend, eindringen können, sind andere Arten der Verwitterung unmöglich.

Wachstum von Fremdkristallen in einem Gestein

Wenn Wasser in einem Gestein eingeschlossen ist und gefriert, erzeugt die Frostausdehnung sehr große Drucke im Gestein. Wenn Wasser unter atmosphärischen Bedingungen gefriert, ordnen sich seine Moleküle in einem festen, hexagonalen Kristallgitter an und dehnt sich dabei um 9% seines spezifischen Volumens aus (Volumen pro Masseneinheit). Intuitiv wird man erkennen, daß eine Umwandlung dieser Art, die eine Volumenausdehnung erzeugt, durch den Umgebungsdruck aufgehoben wird. Je höher der Umgebungsdruck, um so stärker muß die Temperatur gesenkt werden, damit das Wasser gefriert.

Ein sehr großer hydrostatischer Druck ist nötig, um den Gefrierpunkt des Wassers nur um ein paar Grade zu erniedrigen. So wird zum Beispiel ein hydrostatischer Druck von 150 Atmosphären, das sind etwa 150 kg pro cm^2, den Gefrierpunkt des Wassers um nur 3,6° C herabsetzen. Umgekehrt wird ein Druck von 150 kg pro cm^2 auf die Wand des Behälters erzeugt, wenn der hydrostatische Druck groß genug ist, das Wasser erst bei einer Temperatur von -3,6° C gefrieren zu lassen. Eine Grafik, die die Beziehung zwischen der Temperatur, bei der das Wasser gefriert, und dem hydrostatischen Druck darstellt, zeigt die Abb. 2-3.

Wasser, das im Boden nahe der Erdoberfläche liegt oder über dem Boden steht, gefriert bei 0° C (32° F) und dehnt sich ungehindert um 9% aus, da es nicht eingeschlossen ist. Kleine Gerölle, Gartenboden, Grassoden werden dabei angehoben, aber damit ist kein großer Druck verbunden. Wenn jedoch Wasser in einer Gesteinskluft zu gefrieren beginnt, gefriert zuerst die Oberflächenschicht und schließt das darunter befindliche Wasser ein. Je mehr Eis sich bildet und sich ausdehnt, um so höher steigt der Druck im verbleibenden Wasservolumen und die Temperatur muß weiter absinken, damit der Gefrier-Prozeß andauert. Der Druck erhöht sich (Abb. 2-3), bis die kritische Temperatur von -22°C (-7,6° F) erreicht wird. Bei dieser Temperatur entwickelt das eingeschlossene Wasser einen maximalen Druck von fast 2100 Tonnen pro ft^2 (2100 kg pro cm^2). Man kann sich von dieser Größe ein Bild machen, wenn man sich einen Zerstörer der Kriegsmarine auf einem Sockel von 1 Fuß^2 (knapp $^1/_{10}$ m^2) vorstellt. Bei diesem Druck zersplittern alle Gesteine mit Ausnahme der festesten. Bei Temperaturen unter -22° C bleibt der Druck konstant, da sich eine andere, dichtere Eisart zu bilden beginnt. (Experimente in riesigen Kälte-Druck-Anlagen haben zumindest 7 verschiedene kristalline Eisarten nachgewiesen, doch in der Natur kommt nur die gutbekannte hexagonale Form vor.)

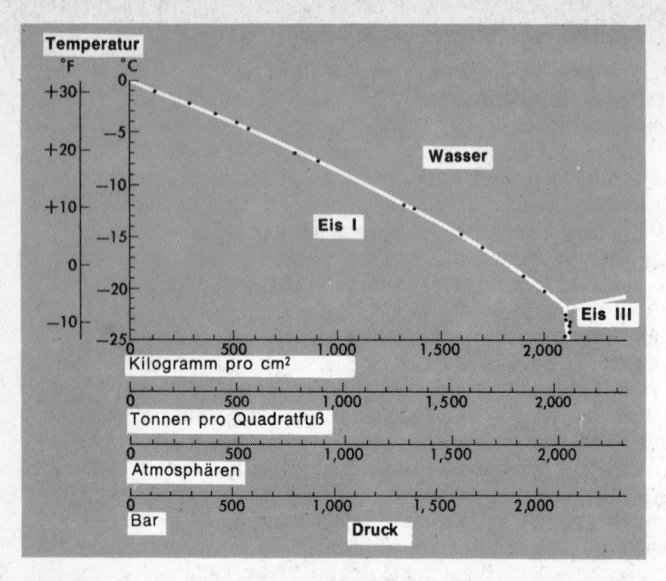

Abb. 2-3 Drucksteigerung eingeschlossenen, reinen Wassers mit sinkenden Gefriertemperaturen. Bei Umschließungsdrucken von mehr als 2,100 kg pro cm^3 beginnt eine dichtere Eisart zu kristallisieren. Eine von diesen, Eis III, wird gezeigt. (Daten von *Bridgman* 1922)

Eis ist nicht widerstandsfähig genug, um Wasser in einer Felsspalte einzuschließen und den höchstmöglichen Druck zu erzeugen. Statt dessen wird das Eis aus der Spalte pfropfenartig herausgedrückt. Darüber hinaus gefriert Wasser in sehr dünnen Spalten aufgrund der starken kapillaren Adhäsion zwischen Wasser und Gestein nicht, auch nicht bei sehr tiefen Temperaturen. Man hat behauptet, daß dünne kapillare Wasserhäutchen auf der Gesteinsoberfläche eine semikristalline Molekülstruktur entwickeln und das Gestein durch Ausdehnung auch ohne zu gefrieren zerstören. Studien über solche "geordneten Wasserfilme" unterstreichen, daß die Unterscheidungsmöglichkeiten zwischen mechanischen und chemischen Verwitterungsprozessen verblassen.

Der Begriff *Frostspaltung* beschreibt einen Prozeß, durch den gefrierendes Wasser Gesteine auseinanderbricht. Selbst wenn der maximale Druck von 2100 kg pro cm^2 in der Natur nicht verwirklicht wird, entwickeln sich doch erhebliche Kräfte, wenn das Wasser in geklüfteten oder dünnplattigen Gesteinen gefriert. In humiden Klimazonen ist die Frostspaltung am wirksamsten, wenn die Temperatur täglich unter den Gefrierpunkt absinkt. In solch einem Klima, zum Beispiel auf einer sonnigen, aber kalten Bergspitze, tränkt das Schmelzwasser während des Tages das Gestein und gefriert jede Nacht. Viele Berghänge sind oberhalb der Baumgrenze Ödland mit vom Frost zertrümmerten Gesteinsschutt, der allmählich zu Korngrößen zerbrochen wird, die von anderen Verwitterungs- und Erosionskräften angegriffen werden können.

Eis ist nicht die einzige kristalline Substanz, die sich in Gesteinsspalten ansammelt und diese ausweitet. Nicht nur in den Spalten sammeln sich viele Salze, sondern auch entlang den Korngrenzen der Minerale, wenn das wassergesättigte Gestein austrocknet. Das Nationale Amt für Eichwesen in den USA machte Versuche, um die Gründe für das Abschuppen und Zerkrümeln von Granit-Gebäuden und Monumenten zu erkennen. Man stellte fest, daß Blöcke eines Granites von Baugüte 5000mal im Wechel dem Prozeß des Gefrierens (6 Std. bei -12° C) und des Auftauens (1 Std. im Wasser bei +20° C) ausgesetzt werden konnten, ohne daß wesentliche Zeichen der Zerstörung sichtbar geworden wären. Wenn aber Blöcke des gleichen Granits abwechselnd mit einer gesättigten Lösung von Natriumsulfat (17 Std. bei Zimmertemperatur) getränkt und dann wieder getrocknet wurden (7 Std. bei 105° C), zerkrümelten sie nach 42maliger Wiederholung dieses Vorganges. Kristalle wasserlöslicher Salze scheiden sich aus Lösungen aus, die durch Verdunstung ihren Übersättigungsgrad erreichen und, wenn sie wachsen, zerstören sie rasch jedes Gestein, in das Wasser eindringen kann.

Wir stellen uns das Regenwasser als reines Wasser vor, aber das Regenwasser enthält immer Spuren gelöster Substanzen, und selbst wenn das Wasser nur eine kurze Strecke über ein Gestein oder durch den Boden geflossen ist, enthält es sogar noch mehr gelöste Salze, die später in den Gesteinsöffnungen ausfallen können. Ein besonders lästiges Salz ist wasserhaltiges Kalziumsulfat (das Mineral Gips). In Städten, wo die Luft mit schwefeligem Kohlenrauch vergiftet ist, verwandelt sich das Regenwasser in verdünnte schweflige Säure, die kräftig Kalkstein und Marmorbauten korrodiert. Das Reaktionsprodukt dieser Korrosion ist Gips, ein verhältnismäßig unlösliches Salz, das in Gesteinsspalten kristallisiert, dünne Gesteinssplitter absprengt und den chemischen Angriff beschleunigt. Viele alte europäische Monumente sind durch den gemeinsamen Angriff rauchiger, feuchter Luft und ausgefälltem Gips schwer beschädigt worden. Die Bildung von Salzkristallen in Gesteinsöffnungen wird als ein mechanischer Verwitterungsprozeß bezeichnet, aber die enge Beziehung zu chemischen Prozessen ist offensichtlich.

Thermische Expansion und Kontraktion

Größere Gesteinsblöcke und grobes Geröll, die der heißen Wüstensonne ausgesetzt sind, finden sich oft in Stücke zerbrochen, deren Form entfernt an Orangenscheiben erinnert. Wüstenreisende haben das gewehrschußähnliche Geräusch beschrieben, das beim Zerbrechen der Steine zu hören ist, und von den Zitadellen der französischen Fremdenlegion in der Sahara wird erzählt, daß bei diesen Geräuschen Gefechtsalarm gegeben wurde. Thermische Expansion und Kontraktion, die auf die Hitze während des Tages und die rasche Abkühlung während der Wüstenabende zurückzuführen sind, würden zur Erklärung dieser zerbrochenen Steine herangezogen. Seltsamerweise hat niemand jemals experimentell nachgewiesen, daß die Erwärmung durch die Sonne intensiv genug ist, um Steine zu zerbrechen. Proben des gleichen Granits, der dem gerade beschriebenen Frieren und Tauen und den Salzlösungsversuchen des US-Amtes für Eichwesen unterworfen worden waren, wurden im trockenen Zustand auf $+105°$ erhitzt und auf $-10°C$ abgekühlt und zeigten nach 2000facher Wiederholung dieses Zyklus kein Anzeichen von Auflösung. In einer anderen oft zitierten Untersuchung, die 1936 veröffentlicht wurde, erhitzte *D. T. Griggs* abwechselnd die Oberfläche eines trockenen Granitwürfels von 3 inch Kantenlänge 5 Minuten lang auf etwa $140°$ C und kühlte ihn dann 10 Minuten lang mit einem elektrischen Ventilator auf ca. $30°$ C ab und wiederholte diesen Prozeß 89400mal, was einer täglichen Erwärmung in einem Zeitraum von 244 Jahren entspricht. Sein Experiment dauerte über 3 Jahre, und doch konnte man am Stein keinerlei Veränderungen entdecken, nicht einmal durch eine mikroskopische Untersuchung. Sein Experiment wird für gewöhnlich als Beweis dafür angeführt, daß die Erwärmung durch die Sonne und die Abkühlung durch die Luft nicht ausreichen, um Gesteine zu zerstören. Allerdings werden jetzt Berichte bekannt — die neuesten kommen aus Australien —, daß in der Wüste viele Gesteinsarten zertrümmert anzutreffen sind, ohne daß man für die vermutliche Ursache einen anderen Verwitterungsprozeß angeben könnte als den Temperaturwechsel. Dies ist eines der aufreizenden kleineren Probleme in der Geomorphologie. Immerhin sollten eine gute experimentelle Anordnung und Geduld in der Lage sein, die Lösung zu finden. Nebenbei gesagt: selbst wenn dieser Prozeß auf der Erde unbedeutend wäre, mag er vielleicht einer der wichtigsten Prozesse der "lunaren Verwitterung" sein.

Pflanzen als Kräfte mechanischer Verwitterung

Das Eindringen oder sich Hineindrängen der Pflanzenwurzeln, besonders der der Bäume, wird häufig als mechanische Verwitterung bezeichnet. Zweidimensionale Netzwerke oder Schichten ineinander verwobener Wurzeln kann man viele Meter weit entlang Schichtflächen oder Klüften tief in das frische Gestein hinein verfolgen. Man war der Meinung, daß die wachsenden Wurzeln einen Druck auf das Gestein ausüben und Sprünge aufweiten. Wahrscheinlich hat man jedoch die Bedeutung der Wurzeln als wirksame Kraft bei der mechanischen Verwitterung überschätzt, ihre Wichtigkeit bei der chemischen Verwitterung jedoch unterschätzt. Wurzeln folgen dem Weg des geringsten Widerstandes und passen sich jeder kleinen Unebenheit einer Kluft an. Sie scheinen aber keinen großen Druck auf das Gestein auszuüben. Klüfte, die durch andere Kräfte geöffnet wurden, können jedoch durch Wurzeln offengehalten werden und verwesende Pflanzenreste und eingeschwemmter Schmutz können die Gesteinsoberflächen feucht und chemisch aktiv halten. Zusätzlich ist zu sagen, daß natürlich die Wurzeln der Bäume, wenn sie bei starkem Wind schwanken, das Gestein kraftvoll auseinanderdrücken. Waldböden weisen für gewöhnlich viele Hügel und Vertiefungen auf, die durch die herausgerissenen Wurzeln umstürzender Bäume entstanden sind.

Chemische Verwitterung

Der generelle Trend chemischer Verwitterung kann aus den Bedingungen, unter denen das Gestein gebildet wurde, vorausgesagt werden. Gesteine, die in einer Umgebung hoher thermischer Energie und hohen Druckes gebildet wurden, neigen an der Erdoberfläche dazu, bei exothermischen (hitzeentfaltenden) chemischen Reaktionen zu verwittern, wodurch neue Verbindungen von größerem Volumen und geringerer Dichte entstehen. *Oxidation* ist eine der typischsten exothermen, volumensteigernden Reaktionen zwischen Gesteinen und der feuchten Atmosphäre; besonders häufig ist die Reaktion eisenhaltiger Minerale mit in Wasser gelöstem Sauerstoff. Andere typische Verwitterungsreaktionen sind *Kabonatisierung*, die Reaktion von Mineralen mit in Wasser gelöstem CO_2 ; *Hydrolyse*, oder Zersetzung und Reaktion mit Wasser; *Hydrierung*, das Hinzufügen von Wasser zu der molekularen Struktur eines Minerals; *Basen-Austausch*, der Austausch eines Kations (positiv geladenes Ion) gegen ein anderes zwischen einer Lösung und einem festen Mineral; und *Komplex-Bildung*, die Überführung von Kationen eines Minerals in organische Verbindungen.

Alle Verwitterungsreaktionen enthalten Wasser entweder als Reagenz oder als Träger der Reaktionsprodukte. Es ist daher nicht notwendig, *Lösung* als alleinigen chemischen Verwitterungsprozeß anzuführen, denn Lösungen in Wasser sind immer Teil der chemischen Verwitterung. Wasser ist für die Gesteinsverwitterung so wichtig, daß wir erst einige seiner Eigenschaften näher betrachten müssen, bevor wir die eigentlichen chemischen Verwitterungsreaktionen behandeln.

Wasser bei chemischer Verwitterung

Wasser ist eine besondere Verbindung, auch wenn wir täglich mit ihr umgehen. Wir müssen erst einige seiner seltsamen chemischen und physikalischen Eigenschaften kennenlernen, bevor wir die Gesteinsverwitterung verstehen können. Zunächst ist Wasser die bei weitem häufigste Substanz nahe der Erdoberfläche. In den äußeren 5 Kilometern der Erde ist Wasser ungefähr dreimal so reichlich vorhanden wie alle anderen Substanzen zusammen, und etwa sechsmal so häufig wie die nächsthäufige Einzelsubstanz, das Mineral Feldspat. Wasser ist die einzige Verbindung, die auf natürliche Weise in gasförmigem, flüssigem und festem Zustand auf der Erdoberfläche vorhanden ist. Seine allgemeine Lösungskraft und seine Oberflächenspannung sind größer als die irgendeiner anderen Flüssigkeit. Seine Verdampfungswärme ist die höchste aller Substanzen; man erinnere sich an die Bedeutung dieser Eigenschaft bei der Umwandlung solarer Energie in geomorphologische Arbeit. Seine maximale Dichte bei + 4° C im flüssigen Zustand, seine Volumen-Ausdehnung bei Annäherung an den und zunehmendem Abstand vom Gefrierpunkt sind merkwürdig und eine fast einzigartige Eigenschaft. Die 9%ige Volumenvergrößerung des Wassers bei Gefrieren ist ungewöhnlich stark. Man könnte die Darstellung der Eigenschaften des Wassers noch weiter ausführen, aber diese Zusammenfassung genügt um klarzumachen, daß die Erdoberfläche mit einer reichlich vorhandenen und chemisch aktiven Verbindung getränkt ist, die durch den hydrologischen Zyklus in unbeschränkter Menge zur Verfügung gestellt wird, gesteinsbildende Minerale leicht angreift und mit ihnen chemisch reagiert.

Eine interessante Art, die schnelle Reaktion von Wasser mit Gestein festzustellen, ist, mit aufeinanderfolgenden chemischen Analysen die Veränderungen der im Wasser gelösten Komponenten zu verfolgen, nachdem es als Regen oder Schnee aufs Land gefallen ist. Eine besonders eingehende Studie dieser Art wurde 1964 von *J. H. Feth* und anderen Mitarbeitern des Nordamerikanischen Geologischen Dienstes, Abteilung Wasservorräte, veröffentlicht. Sie analysierten in der Sierra Nevada frisch gefallenen Schnee, Schmelzwasser an der Unterseite von Schneebänken, Wasser, das an der Basis der Schneebänke in den Boden eingedrungen war, und Wasser, das tief in Klüfte und andere Gesteinsöffnungen eingedrungen und über permanente Quellen wieder an die Oberfläche getreten war.

Im Schnee befanden sich nur ein paar ppm an gelösten Substanzen, meist Natrium, Chloride und Bikarbonate, die von Meeresgischt und atmosphärischem Kohlendioxyd herstammen. Andere Bestandteile waren Staub und Gase aus verschiedenen Quellen. Jeder Schneefall hat eine unterschiedliche Zusammensetzung, die von der Geschichte der Luftmassen, die ihn trugen, abhängt. Sobald das Schneeschmelzwasser in den Gebirgsboden eindrang, stieg der mineralische Anteil auf das 7,5fache an. Die höchste Steigerung an gelösten Bestandteilen wurde bei Kieselsäure nachgewiesen. Diese erhöhte sich um 100%, sobald das Wasser in den Boden eindrang (bildete jedoch trotzdem nur einen kleinen Teil des gesamten gelösten Materials). Wasser, das über mehrere Monate tiefer im Untergrund floß und Quellen bildete, die auch während der trockenen Jahreszeit fließen, enthält die doppelte Menge an Mineralen im Vergleich zu dem Wasser, das nur kurz in den Boden eingesickert war. Ein beeindruckendes Ergebnis dieser Studie ist, daß ungefähr die Hälfte des Mineralgehaltes des Grundwassers während des ersten, wenige Stunden bis zu wenigen Wochen dauernden Kontaktes zwischen schmelzendem Schnee und Boden erworben wurde.

Wir haben gesehen, daß Regenwasser, das durch Sonnenenergie aus der salzigen See destilliert wird und auf das Land fällt, durch das Produkt aus seiner Masse mit der Höhe über dem Meeresspiegel eine potentielle, mechanische Energie hat; außerdem hat es eine große potentielle, chemische Energie durch seinen starken chemischen "Kontrast" zu den Mineralen der Gesteine. Während die aus der Höhe bezogene potentielle Energie nach und nach in kinetische Energie verwandelt wird, wenn der Regentropfen in das Wasser eines Flusses gelangt und zum Meer zurückkehrt, erweitert sich offensichtlich das chemische Potential eines Regentropfens durch die verschiedenen Reaktionen mit mineralischer Substanz, bald nachdem der Tropfen auf den Boden aufgetroffen ist. Im allgemeinen verfügt Flußwasser etwa über die gelöste chemische Fracht, die durch eine Analyse der Gesteine, durch und über die es geflossen ist, vorausgesagt werden kann.

Oxidation

Verwitterung durch Oxidation findet wahrscheinlich immer in Verbindung mit Wasser als Mittler dieses Vorganges statt. Ungeschützte Eisenoberflächen bleiben in trockener Luft blank und sauber, bei Feuchtigkeit rosten oder oxidieren sie jedoch rasch. Im Regenwasser und zirkulierendem Grundwasser befindet sich immer genügend gelöster Sauerstoff, um metallisches Eisen zu oxidieren und Ferro-Eisen in mineralischen Verbindungen in das stärker oxidierte Stadium des Ferri-Oxids zu verwandeln. Solange Wasser einerseits mit atmosphärischem, molekularen Sauerstoff und andererseits mit unvollständig oxidiertem Eisen in Verbindung steht, löst sich Sauerstoff aus der Luft, diffundiert durch das Wasser und verbindet sich mit dem Eisen. Wenn sich Eisen oder andere Elemente mit mineralischer Struktur mit Sauerstoff verbinden, wird die ursprüngliche Mineralstruktur zerstört und die verbleibenden Mineralkomponenten werden frei, um andere chemische Verbindungen einzugehen.

Verwitterung durch Oxidation erfolgt auf freiliegenden Gesteinsoberflächen. Ein typisches Anzeichen ist eine rote oder gelbe Schicht auf dem verwitterten Gestein. Viele Gesteinsarten enthalten Spuren von Eisen, das ein sehr häufiges chemische Element ist, und ohne Rücksicht auf ihre ursprüngliche Farbe verwittern sie alle zu einem ähnlichen "rostigen" Gelb oder Rotbraun. Daher sollte man immer ein Gestein zerbrechen und die frische Oberfläche untersuchen, wenn man die Farbe eines Gesteins beschreiben will. Natürlich werden auch andere Elemente als Eisen oxidieren, aber weil das Eisen so häufig und so leicht zu oxidieren ist, zeigt es in idealer Weise den allgemeinen Charakter dieser Art von Verwitterung.

Eisenoxide sind besonders stabile chemische Verbindungen und wenn sie einmal entstanden sind, werden sie nur durch chemische Reduktion mit Kohlenstoff zerstört. Die meisten Eisenerze sind Mischungen aus Eisenoxiden und mineralischen Unreinheiten. Um Eisenerz zu schmelzen benötigt man Kohlenstoff aus Kohle, Koks oder Petroleum und zusätzlich eine hohe Temperatur für die Reaktion. Wenn wir Eisen oder Stahl aus einem oxid-reichen Eisenerz herstellen, müssen wir eine große Menge an Wärmeenergie einsetzen, um einen Verwitterungsprozeß umzukehren. Einige organische Prozesse können Eisen aus dem hochoxidierten Ferri-Zustand zu dem weniger hoch oxidierten Ferro-Zustand reduzieren. Ferro-Eisenverbindungen sind wasserlöslicher als Ferri-Verbindungen, deshalb ist Reduktion durch Organismentätigkeit eine Möglichkeit, um Eisenverbindungen verwitterten Gesteinen oder Böden zu ent-

ziehen. Die anaeroben Bakterien, eine Organismengruppe, die ohne
freien Sauerstoff leben kann, reduzieren Eisenoxide sogar vollkommen zu metallischem Eisen, um den auf diese Art gewonnenen Sauerstoff für ihre Stoffwechselprozesse zu verwenden. Solche reduzierenden "Verwitterungs"-Prozesse, die in stagnierendem Wasser
oder faulriechendem Schlamm mit reichem organischem Leben
stattfinden, sind keine typischen chemischen Reaktionen unter
atmosphärischen Bedingungen auf der Erde. Rote, gelbe und braune Farben in Sedimenten oder Sedimentgesteinen bedeuten fast
immer, daß die Ablagerung in einer gut oxidierten Umgebung erfolgte. Die Umgebung muß jedoch nicht direkt der Luft ausgesetzt
gewesen sein, denn das zirkulierende Wasser der Ozeane und Seen
ist reich an gelöstem Sauerstoff.

Karbonatisierung

Kohlenstoff-Dioxid-Gas ist leicht wasserlöslich. Kaltes Wasser
kann mehr Kohlenstoff-Dioxid lösen als warmes Wasser und Wasser, das unter erhöhtem Druck steht, kann ebenfalls mehr Gas lösen. Gelöstes Kohlenstoff-Dioxid verbindet sich mit Wasser zu
einer schwachen Säure (Kohlensäure), wie die folgende Reaktion
zeigt:

$$CO_2 + H_2O \rightarrow H_2CO_3$$
Gas + Wasser = Kohlensäure

Frisches Regenwasser ist infolge seines Kohlenstoff-Dioxid-Gehalts, den es aus der Atmosphäre herausgelöst hat, immer schwach
sauer. Die Säure verstärkt sich weiter, wenn das Wasser durch verrottende Vegetation in den oberen Lagen des Bodens dringt, da
die in der Erde eingeschlossene Luft ungewöhnlich reich an Kohlen-Dioxid ist, das durch verwesende Pflanzen erzeugt wird. Das
biologisch erzeugte Kohlendioxid der Bodenluft ist die Hauptquelle für karbonatisiertes Grundwasser.

Die Reaktion zwischen Kohlensäure und Mineralen wird *Karbonatisierung* genannt. Da alles Wasser, das mit der Luft Kontakt hat,
zumindest etwas gelöstes Kohlenstoff-Dioxid enthält, ist die Karbonatisierung ein verbreiteter Verwitterungsprozeß.

Karbonatisierung ist besonders gut bei der Verwitterung von
Karbonat-Gesteinen, wie z. B. Kalksteinen, zu sehen. Kalziumkarbonat, das meist als Mineral Kalzit auftritt, ist die Hauptkomponente der Kalksteine. In reinem Wasser ist es nicht sehr löslich,
aber in Gegenwart von Kohlensäure stellt sich die folgende Reaktion ein:

$$CaCO_3 + H_2CO_= \rightarrow Ca^{++} + 2\,HCO_3^-$$
Kalzit + Kohlen- = Kalcium- und Bikarbonat-Ionen
säure   in Lösung

Kalzim-Bikarbonat ist in Wasser etwa 30mal löslicher als Kalziumkarbonat. Deshalb führt diese Reaktion zu einer schnellen Auflösung des Kalksteins.

Die meisten Kalksteine enthalten einige unlösliche Verunreinigungen wie Ton und Quarz-Sand, die sich ansammeln und als Erde zurückbleiben, wenn der Kalkstein sich auflöst. Die zurückbleibenden eisenhaltigen Minerale werden normalerweise oxidiert und sind daher rot. Eins der auffälligen landschaftlichen Merkmale vieler Kalkstein-Regionen ist die rote Lehmerde, die über grauem oder weißem Kalkstein liegt. Je nach Anteil löslicher und unlöslicher Minerale müssen 3-6 m Kalkstein verwittern, um eine verbleibende Erdschicht von etwa einem Meter Dicke zu ergeben. Deshalb bedeutet eine Bodenlage auf Kalksteinen eine beachtliche Absenkung der Landoberfläche. Man schätzt, daß in der Kalkstein-Region um Mammoth Cave, Kentucky, die Landschaft alle 2000 Jahre um etwa 30 cm durch Karbonatlösung gesenkt wird. In den Kreide-Hügeln in England hat die Auflösung durch karbonatisiertes Wasser die Landoberfläche in 4000 Jahren zwischen 35 und 50 cm gesenkt. Diese interessante Messung wurde dadurch gemacht, daß man die Höhe des anstehenden Felsbodens unter prähistorischen Erdaufschüttungen mit der Höhe der Gesteinsoberfläche unter dem umgebenden Boden verglich. Die lehmige Erde, die zur Aufschüttung der Wälle benutzt worden war, hatte den Regen auflaufen lassen und die darunterliegende Gesteinsoberfläche geschützt, während die umliegende Landschaft fortwährend durch Lösung abgesenkt wurde. Das Alter der Wälle kann man anhand der darin gefundenen Werkzeuge ziemlich genau schätzen.

Kalksteinlösung senkt nicht nur die Landoberfläche, sie kann auch in die Tiefe wirken. Kalksteinhöhlen bilden sich da, wo unterirdisches Wasser zirkuliert, anfänglich entlang Klüften oder Schichtflächen, danach in Kanälen, die durch die Auflösung des Kalksteins gebildet werden. Ein Bereich, unter dem Kalkstein liegt, kann zu einem schwammartigen Netz von Höhlen und Gängen verwittern. Kalksteinhöhlen können sich viele hundert oder sogar einige tausend Meter unterhalb der Landoberfläche erstrecken. Eine Landschaft, die die Lösungsformen an Kalkstein zeigt, wird nach dem charakteristischen Karst-Gebiet in Jugoslawien eine Karst-Landschaft genannt. Einige besondere Landschaftsformen der Karst-Regionen werden später in diesem Kapitel beschrieben.

Karbonatisiertes Wasser, das mit Kalkstein in Verbindung stand, ist "hart", das heißt mit Kalzium-Bikarbonat gesättigt. Sowohl Druckverminderung wie auch Erhöhung der Temperatur bzw. Verdampfung führt zu Übersättigung und damit zur Ausfällung von Kalk. Die dicke Kalkschicht in einem alten Teekessel oder Wasserboiler wird durch Veränderung aller drei Parameter verursacht. Stalaktiten, Stalagmiten und andere Tropfsteinformationen in Höhlen (Abb. 2-4) hält man im allgemeinen lediglich für das Resultat der Verdampfung. Höhlenluft ist jedoch sehr feucht und Verdampfung nur gering. Zumindest ein Teil der Ablagerung wird dadurch verursacht, daß Grundwasser, das sich unter Druck durch das Gestein oberhalb der Höhle bewegt, in die freie Luft der Höhle eintritt und durch den Drucknachlaß einen Teil des CO_2 verliert. Verliert die Lösung Kohlenstoff-Dioxid, geht ein Teil des gelösten Kalzium-Bikarbonats in das weniger lösliche Kalziumkarbonat über, und zwar meist an der Spitze einer vorstehenden Kante, über die das Wasser tropft oder fließt. Die dadurch entstehenden Kalzit-Ablagerungen, Tropfstein oder Travertin, bauen die merkwürdig gekrümmten Säulen, Vorhänge und Terassen auf, durch die Höhlen zu den größten Touristenattraktionen werden.

Die Karbonatisierung von Silikaten, die die meisten Gesteine aufbauen, geht nicht so schnell oder so einfach vor sich wie die Reaktion von Kohlensäure mit Kalkstein. Karbonatisierung ist jedoch ein wichtiger Verwitterungsprozeß in allen Gesteinen, denn sie ist ein erster Schritt zur Hydrolyse, die wir nun behandeln wollen.

Die Hydrolyse

Die wichtigste chemische Verwitterungsreaktion von Silikat-Mineralen ist die Hydrolyse, d. h. Zersetzung und Reaktion mit Wasser. Bei der Hydrolyse ist das Wasser nicht einfach nur Träger gelöster Reagenzien, sondern ist selber ein Reagenz. Reines Wasser ionisiert nur leicht, doch reagiert es mit einem Silikat, das sehr leicht verwittert, in der folgenden Weise:

$$Mg_2SiO_4 + 4H^+ + 4OH^- \rightarrow 2Mg^{++} + 4OH^- + H_4SiO_4$$
Olivin + 4 ionisierte = Ionen in + Kieselsäure
　　　　　Wassermoleküle　Lösung　　　in Lösung

Das Ergebnis dieser vollständigen Hydrolyse ist, daß das Mineral ganz aufgelöst wird, wobei vorauszusetzen ist, daß ein großer Überschuß an Wasser verfügbar ist, um die Ionen in Lösung zu halten. Kieselsäure, eines der Reaktionsprodukte, ist eine so schwache

Abb. 2-4 Tropfsteinbildungen in den Postojna-Höhlen, Jugoslawien. Sie sind eine der bekanntesten Touristen-Höhlen in dem berühmten Karstgebiet Jugoslawiens. (Mit freundlicher Genehmigung des Staatlichen Jugoslawischen Reisebüros)

Säure, daß wir diese Bezeichnung außer Betracht lassen und uns einfach in Wasser gelöstes Siliziumoxid (SiO_2) vorstellen können.

Jede Reaktion, die die H^+-Ionen-Konzentration im Wasser ansteigen läßt, verstärkt auch die Wirkung der Hydrolyse. Im Wasser gelöstes Kohlendioxid ist der häufigste und wichtigste Weg für die Hydrolyse, auf dem Wasser mit H^+-Ionen beschickt oder angesäuert wird. Wir können die chemische Gleichung, die vorher für die Reaktion zwischen Wasser und Kohlendioxid angegeben wurde, in folgender Art entwickeln:

$$CO_2 + H_2O \rightleftharpoons H_2CO_3 \rightleftharpoons H^+ + HCO_3^-$$
Gas + Wasser = Kohlen- = Wasserstoff- + Bikarbonat-
säure   Ion   Ion

Jeder Doppelpfeil bedeutet, daß sich ein Gleichgewicht einstellt, bei dem alle Komponenten oder Ionen gleichzeitig in der Lösung vorhanden sind. Wenn eine Komponente aus der Lösung entfernt wird, wird sich das Gleichgewicht in der Richtung verändern, die den Verlust zu ersetzen strebt. So wird speziell während der Hydrolyse des Silikates Olivin durch karbonatisiertes Wasser (dies ist eine Parallele zum vorhergehenden Beispiel der Hydrolyse durch reines Wasser) in dem Maße, in dem H^+-Ionen mit Olivin reagieren um Kieselsäure zu bilden, mehr Kohlensäure ionisiert, um das Gleichgewicht wieder herzustellen, und als Folge davon wird die Kohlensäurekonzentration dadurch aufrecht erhalten, daß sich mehr Kohlendioxid im Wasser löst. Kohlensäure ist ein viel besserer Lieferant von H^+-Ionen für die Hydrolyse als Wasser es sein könnte, und außerdem sind die Nebenprodukte der Hydrolyse löslich und leicht abzuführen.

Die häufigste Verwitterungsreaktion auf der Erde ist wahrscheinlich die Hydrolyse von Feldspäten durch Kohlensäure. Feldspat, der Familienname für eine große Gruppe von Kalium-, Natrium- und Kalzium-Alumino-Silikaten, ist nach dem Wasser die häufigste Verbindung in den obersten Kilometern der Erdkruste. Eine typische, wenngleich vereinfachte Verwitterungsreaktion zwischen Kali-Feldspat (Orthoklas) und karbonatisiertem Wasser ist folgende:

$$2\,KAlSi_3O_8 + 2H_2CO_3 + 9\,H_2O \rightarrow Al_2Si_2O_5(OH)_4 + 2K^+ + 2\,HCO_3^-$$
Orthoklas + Kohlens. + Wasser = Kaolin + Kiesel- + Kali- und Bikar-
                                (ein Ton- säure in   bonat-Ionen
                                Mineral) Lösung   in Lösung

Kalzium und Natrium-Feldspäte (zusammenfassend als Plagioklas-Gruppe bezeichnet) hydrolysieren sogar noch leichter in saurem Wasser als Orthoklas. Jede Feldspat-Hydrolyse in karbonatisiertem Wasser ergibt drei Endprodukte: 1. ein Tonmineral, 2. Kieselsäure in Lösung und 3. ein Karbonat oder Bikarbonat des Kalium, Natrium oder Kalzium in Lösung. Die Tonminerale sind stabile, feste Rückstände unter allen, außer den feuchtesten und tropischsten Klimabedingungen. Der größte Teil der Kaliums, das durch die Hydrolyse freigesetzt wird, wird anschließend in anderen Tonmineralen als Kaolin gebunden oder von Pflanzen aufgenommen, da es ein wesentlicher Nährstoff für Pflanzen darstellt. Deshalb haben Fluß- und Seewasser einen geringeren Kali-Gehalt, als man aufgrund der Häufigkeit verwitternder Orthoklase erwarten würde. Natrium, Kalzium und Bikarbonat-Ionen sind jedoch im Flußwasser häufig. Das Natrium wird im Meer angereichert, aber der größte Teil des Kalziums und der Bikarbonat-Ionen, die das Meer erreichen, werden anschließend von marinen Organismen absorbiert, die sie für den Aufbau ihrer Kalkskelette oder Schalen verwenden. Die in Lösung vorliegende Kieselsäure wird ebenfalls von Organismen verwendet, meistens durch die einzelligen Pflanzen, Diatomeen genannt, wodurch das Seewasser einen relativen Kieselsäure-Unterschuß im Vergleich zum Flußwasser hat.

Hydrierung

Bei der Verwitterung durch Hydrierung wird das ganze Wassermolekül in die Mineralstruktur eingebaut. Dieses Wasser führt zur Ausdehnung der Minerale, und deshalb wird dieser Vorgang von einigen Wissenschaftlern als ein Prozeß der physikalischen Verwitterung aufgefaßt, der ähnlich dem Wachstum von Fremdkristallen in einem Gestein ist. Das Hydrierungswasser kann dadurch entfernt werden, daß man das Mineral über den Siedepunkt des Wassers hinaus erhitzt. Im Gegensatz dazu wird das Wasser, das während der Hydrolyse mit dem Feldspat reagiert, Teil der Kristallstruktur des Tonminerals und kann nur dadurch aus dem Mineral entfernt werden, daß man es bei hohen Temperaturen zerstört.

Viele Tonminerale sind hydriert. Die enge Beziehung zwischen Hydrierung und Hydrolyse von Feldspäten bei der Bildung von Tonen ist der Hauptprozeß bei der Verwitterung des Granits. Verwitternde Feldspatkörner dehnen sich aus und lassen den Granit in eine Masse loser Körner von Quarz und verwitterten Feldspäten zerfallen, die Grus genannt wird. Daß man manchmal in den verwitterten Granit mit normalen Hacken und Schaufeln Gänge graben kann, ist vielen Prospektoren bekannt.

Manche Tonminerale hydrieren und dehydrieren wechselweise

je nach der Menge der verfügbaren Feuchtigkeit. Nach einem starken Regen dehnen sie sich aus und heben überlagernden Boden oder Gesteine an. Beim Trocknen schrumpfen sie und bilden Risse. Diese "Quell-Tone" führen mitunter zu größeren bautechnischen Problemen.

Basen-Austausch und Komplex-Bildung (Chelat-Bildung)

Bodenkundler haben in den letzten Jahren die Wichtigkeit zweier weiterer Verwitterungsreaktionen erkannt, die des Basen-Austausches und der Komplex-Bildung. Basen-Austausch beinhaltet gegenseitigen Austausch von Kationen, wie z. B. Ca^{++}, Mg^{++}, Na^+ oder K^+ zwischen einer wässerigen Lösung, die reich an einem Kation ist, und einem Mineral, das reich an einem anderen ist. Der Grad des Austausches hängt von der chemischen Aktivität und der Menge der verschiedenen Kationen ab, wie auch von der Säure, der Temperatur und anderen Eigenschaften der Lösung. Das Prinzip des Basen-Austausches wird zur Verbesserung der Bodenfruchtbarkeit benutzt, indem man mit den benötigten Substanzen angereicherte Lösungen hinzufügt. Nach diesem Prinzip wird auch "hartes" Wasser, das für gewöhnlich reich an Kalzium-Bikarbonat ist, "weich" gemacht, indem man Natrium-Ionen durch Kalzium-Ionen im Wasser ersetzt. Der Austausch von Kationen zwischen Mineralen und dem Grundwasser kann dazu führen, daß die Mineralstruktur sich ausdehnt oder zusammenbricht und andere chemische Komponenten freisetzt. Wie bei anderen chemischen Reaktionen werden, wenn ein Mineralkorn im Gestein auf diese Art zerstört wurde, die angrenzenden Körner aus dem Gefüge gelöst und den gleichen oder anderen Verwitterungsprozessen ausgesetzt.

Chelat-Bildung ist ein komplizierter organischer Prozeß, bei dem Metall-Kationen in Kohlenwasserstoffmoleküle eingebaut werden. Das Wort "Chelat", das scherenartig, "krallenartig" bedeutet, bezieht sich auf die engen chemischen Bindungen, die Kohlenwasserstoff mit metallischen Ionen einzugehen vermag. Viele organische Prozesse benötigen für ihre Wirksamkeit metallisch-organische Komplexe. Ein gutes Beispiel ist die Rolle, die das Eisen im Hämoglobin spielt, um den Sauerstoff aus den Lungen in den Körper weiterzuleiten.

Pflanzenwurzelfasern halten um ihre Spitzen ein Feld von geladenen H^+-Ionen aufrecht, das stark genug ist, Minerale zu hydrolisieren und lebenswichtige, metallische Kationen in Lösung zu setzen, damit sie die Pflanze über eine Komplex-Bildung aufnehmen kann. Im Komplexbildungs-Prozeß wird Stoffwechsel-Energie, die direkt aus dem auf die Pflanzenblätter fallenden Sonnenlicht bezogen wird, dazu benutzt, um im Boden befindliche Minerale zu zersetzen.

Verwitterbarkeit von Silikat-Mineralen

Wenn man in kontrollierten Laboratoriums-Experimenten die Geschwindigkeit der chemischen Reaktionen zwischen Wasser und verschiedenen pulverisierten Mineralen vergleicht, ist es möglich vorauszusagen, welches Mineral unter natürlichen Bedingungen am schnellsten verwittern wird. Ausgedehnte Studien dieser Art, besonders über die Silikat-Minerale, die den größten Teil der Erdkruste aufbauen. ließen sogenannte *Verwitterungs-Folgen* erkennen, eine Art Liste von häufig vorkommenden Silikat-Mineralen also, die nach ihrer Empfindlichkeit chemischer Verwitterung gegenüber geordnet sind. Es ist bemerkenswert, daß Silikat-Minerale, die als erste aus der Schmelze bei noch sehr hohen Temperaturen kristallisieren, am schnellsten mit Wasser bei chemischer Verwitterung reagieren. Olivin, das Mineral das benutzt wurde, um die Hydrolyse in reinem Wasser zu verdeutlichen, ist ein typisches Mineral, das bei hohen Temperaturen gebildet wird und leicht an der Erdoberfläche verwittert. Kalziumreicher Plagioklas-Feldspat verwittert leichter als natriumreicher Plagioklas, und Kalium-Feldspat (Orthoklas) ist das am wenigsten empfindliche Mitglied der Feldspat-Familie. In einer abkühlenden Silikat-Schmelze kristallisieren bei sinkenden Temperaturen erst Kalzium-, dann Natrium-, dann Kalium-reicher Feldspat. Die Beziehung zwischen der Temperatur bei ihrer Entstehung und ihrer Empfindlichkeit bei der Verwitterung bleibt also erhalten. Das letzte wichtige Mineral, das aus einer Silikat-Schmelze auskristallisiert, ist Quarz (SiO_2), und Quarz ist das bei weitem beständigste unter den gesteinsbildenden Mineralen[3]. Das im Grundwasser in Lösung befindliche Siliziumoxid ist nicht gelöster Quarz, sondern das Endprodukt der Verwitterung anderer Silikat-Minerale.

Magmatische und metamorphe Gesteine kristallisieren für gewöhnlich als körnige, massive Körper. Sind Quarzkörner vorhanden, werden diese aus dem Gestein befreit, wenn andere Minerale zersetzt werden. Typisch für Quarz-Körner ist ihre Sandgröße. Tatsächlich ist der Grund für die Häufigkeit von Quarz-Sand in Flußläufen und an Stränden der, daß so viele Quarzkörner aus dem Ge-

---

[3] Die Kristallisationsfolge der Minerale aus einer Silikat-Schmelze ist bekannt unter dem Namen "Bowensche Reaktions-Reihe" und wird in dieser Serie in dem Buch *Bausteine der Erde* von *W. G. Ernst* ausführlicher besprochen.

stein frei werden, wenn die umliegenden Minerale chemisch verwittern. Quarz ist hart und widerstandfähig. Da er praktisch auch unlöslich ist, wird der Quarzsand, durch die Verwitterung aus dem Gestein befreit, zum Meer transportiert, um dort Sandstein zu bilden, der dann, gehoben und der Atmosphäre ausgesetzt, verwittert und wieder zu Sand zerlegt werden kann, um abermals zum Meer transportiert zu werden und eine zweite Generation von Sandstein aufzubauen. Einige Sandkörner haben wahrscheinlich mehrere solcher Zyklen von Verwitterung, Erosion, Ablagerung, Heraushebung und erneuter Verwitterung überlebt.

Klima und Verwitterung

Durch die Untersuchung von Frostspaltung, Oxidation und anderen spezifischen Verwitterungsprozessen haben wir bereits gesehen, daß das Klima eine wichtige Rolle bei der Art und Intensität der Verwitterungsprozesse spielt. Das Klima kontrolliert die Verwitterung direkt durch die Temperatur und Niederschläge eines Gebietes, aber auch indirekt durch die Art der Vegetation, die die Landschaft bedecken kann. Wir wollen vier verschiedene Klimate betrachten und auf die mit ihnen verbundenen charakteristischen Verwitterungsprozesse und die Art des zurückbleibenden Verwitterungsmaterials eingehen.

Feuchte Tropen

Das beste Beispiel für extreme chemische Verwitterung sind bestimmte tropische Böden, in denen Eisen- oder Aluminium-Oxide so stark konzentriert sind, daß sie weithin als Erze abgebaut werden. Steinharter, stark Eisen-Oxid-haltiger Boden wird *Laterit* genannt und Aluminium-Oxid-reicher Boden *Bauxit*. Die extreme Verwitterung, für die diese Böden sprechen, kann durch die folgende Reaktion verdeutlicht werden. Sie beginnt mit Kaolin, dem Tonmineral, das in dem vorangegangenen Beispiel der Hydrolyse als eines der Endprodukte milderer Verwitterung gezeigt wurde:

$$Al_2Si_2O_5(OH)_4 + 5H_2O \rightarrow Al_2O_3 \cdot 3H_2O + 2H_4SiO_4$$

Kaolin, ein Tonmineral	+ Wasser =	hydriertes Aluminium-Oxid	+ Kieselsäure in Lösung

Die günstigsten Bedingungen für eine solch vollständige Zersetzung von Mineralen finden sich in tropischen Klimazonen mit starken jährlichen Regenfällen und zumindest einer kurzen Trockenzeit. Das hydrierte Aluminium-Oxid kristallisiert schließlich als eine Komponente des Bauxits, der erdartigen, unreinen kristallinen Substanz, die das Haupterz von Aluminium darstellt.

Eisenreiche Minerale unterliegen ähnlich extremer, tropischer Verwitterung, und die verbleibenden lateritischen Böden erhärten manchmal, wenn sie der Luft ausgesetzt sind, so stark, daß sie als Baumaterial verwendet werden können. Die alten Tempel von Angkor Wat, Kambodscha, sind zum Teil aus gebrochenem Laterit erbaut. Sowohl Laterit als auch Bauxit können als Asche "ausgebrannter" tropischer Böden betrachtet werden. Das einzige, was übrig blieb, sind die sehr stabilen Eisen- und Aluminium-Oxide.

Das Siliziumoxid, das aus tropischen Böden gelöst wird, wird entweder zum Meer transportiert oder, wenn nicht genügend Wasser vorhanden ist, um es aus der Erde auszuspülen, bildet es durch Wasserentzug amorphe Kieselsäure-Krusten oder Lagen im verwitterten Gestein. Der Halbedelstein *Opal* entsteht in verwittertem Gestein aus solchen dehydrierten Kieselsäure-Kolloiden.

In den feuchten Tropen charakterisieren Aluminium-reiche Tone die verwitterten Schichten, die über 100 Meter mächtig sein können. Kräftiges Rot und Gelb des oxidierten Eisens färbt das verwitterte Gestein, jedoch können Kieselsäure und andere lösliche Komponenten fast vollständig verschwunden sein. Pflanzen erreichen Nährstoffe entweder durch sehr tiefe Wurzeln oder durch Wiederverwendung der Nährstoffe abgestorbener Pflanzen. Pflanzen und Tiere werden nach ihrem Tode sofort von vielen zersetzenden Mikro-Organismen angegriffen und damit treten die Nährstoffe wieder in den Zyklus der Nahrungskette ein. Zum großen Nachteil für die Landwirtschaft tropischer Gebiete reichen, nachdem auch nur eine Ernte eingebracht wurde, die im Boden verbleibenden Nährstoffe für die folgende Vegetation nicht aus und die nackte rote Erde kann dann sogar auf Dauer ziegelartig zu Laterit erhärten.

Kalkstein wird in den Tropen sowohl durch Kohlensäure-Lösungen als auch durch saure, stickstoffhaltige und organische Verbindungen aus der verwesenden Vegetation karbonatisiert und in grossen Mengen gelöst. Tropische Kalkstein-Verwitterung kann ein Gebiet in ein von Höhlen durchzogenes Flachland und eine Landschaft schwammartiger Hügel verwandeln. Durch tropische Karstlandschaften fließen nur wenige Flüsse, denn der größte Teil der Entwässerung erfolgt unterirdisch. Die eigentümlichen, nadelartigen Felsen in der klassischen chinesischen Kunst haben ihr Vorbild in tropischen Karstlandschaften der südlichen Provinzen

Chinas (Abb. 2-5). Für das westliche Auge wirken diese Szenen exotisch und traumhaft, sind aber, vom geomorphologischen Standpunkt aus, tatsächlich wirklichkeitsgetreue Zeichnungen.

Feuchte mittlere Breiten

In einem feuchten Klima mit jahreszeitlich bedingtem Gefrieren gewinnt Frostspaltung als mechanischer Verwitterungsprozeß an Bedeutung. Kaltes Wetter bringt sowohl für Pflanzen als auch für Boden-Mikro-Oragnismen eine Ruhezeit, so daß dort ein geringerer Bedarf an mineralischen Nährstoffen herrscht als in den Tropen. Die Bäume werfen ihre Blätter als Nadeln ab und die Humusschicht auf der Bodenoberfläche kann schneller wachsen als Mikro-Organismen, Würmer und Insekten sie verbrauchen können. Regenwasser oder Schneeschmelzwasser, das durch den verrottenden Humus sickert, nimmt organische Verbindungen auf, die metallische Kationen aus den darunterliegenden Mineralen herauslösen oder in Komplexen binden, so daß für gewöhnlich ein Kieselsäure-reicher Rückstand entsteht. Eisenoxide und Tonminerale, die aus den Oberflächenschichten ausgewaschen werden, sammeln sich einige Dezimeter tiefer im Boden. Chemische Verwitterungsprozesse dringen nur wenige Meter tief in das Gestein ein, mechanische Verwitterung jedoch, insbesondere Frostspaltung, kann beträchtlich tiefer reichen. Da sowohl Niederschläge als auch Temperaturen weniger intensiv sind als in den feuchten Tropen, können viele im Grundwasser gelöste Komponenten sich zu stabilen Tonmineralen neu verbinden, anstatt in Lösung davongeschwemmt zu werden. Tonminerale in der Erde können den Boden davor bewahren, daß ihn das Wasser ungehindert durchdringt. Die sich daraus ergebende Landschaft entwickelt breite, sanfte, mit Erde bedeckte Hügel, die durch Bodenkriechen und Flußerosion (Abb. 2-6) geformt wird. Bergrücken sind häufig mit einer dünnen Bodenschicht bedeckt oder entblößen rippenartig die Gesteine des Untergrundes.

Warme Trockengebiete

Ob heiß oder kalt, für Wüsten ist der Mangel an Wasser charkteristisch. Chemische Prozesse aller Art sind daher stark eingeengt. Die Verwitterung kann dazu führen, daß Gesteine mit körnigem Gefüge zerkrümeln, und doch sind für Wüstenlandschaften eingeschnittene, kantige Formen mechanisch zerbrochenen, massiven Gesteins charakteristisch, die nur wenig durch eine Bedeckung von Verwitterungsschutt gemildert werden. (Verwitterung und Erosion in trockenen

青綠開山迥
崎嶇道路長
客人無結束
李白園洋波

Abb. 2-5 Eine südchinesische Landschaft, stilisiert — aber noch immer eine vernünftige Interpretation einer Kalksteinlandschaft unter tropisch-feuchten Verwitterungsbedingungen. (Mit freundlicher Erlaubnis des Nationalpalast-Museums, Taiwan)

Abb. 2-6 Luftbild einer Landschaft im zentralen Pennsylvania. Man beachte die konvexen, gerundeten Hügelkuppen und das breite Flußtal. (Mit freundlicher Erlaubnis des Pennsylvana Travel Development Bureau)

Klimazonen werden später in Kapitel 4 beschrieben).

Die meiste Zeit über wird das Grundwasser durch kapillares Strömen und Oberflächenverdampfung nach oben gezogen. Das Grundwasser unter einer ariden Region ist an anderer Stelle in den Grund eingedrungen und bewegt sich dann lateral. Häufig kommt es von kühleren und feuchteren Bergen. Während das Wasser im Boden aufsteigt und verdampft, sammelt sich Salz an. Bei extremer Trockenheit verkrustet Salz die Bodenoberfläche. Unter weniger extremen Bedingungen sammeln sich nur die schwerlöslichen Komponenten, wie Kalziumkarbonat, im Boden an, und zwar in Form harter Schichten in einer Tiefe von einigen Dezimetern. Die leichter löslichen Salze bleiben in Lösung.

In trockenen Klimazonen sind kristalline Gesteine wie Granit weniger verwitterungsbeständig als massive monomineralische Gesteine wie Kalkstein und Quarzite. Während in feuchten Klimazonen Kalkstein leicht aufgelöst wird und für gewöhnlich Ebenen bildet, die von Hochland aus anderem Gestein umgeben sind, ist Kalkstein in einer Wüste eines der wiederstandsfähigsten Gesteine. Klippen des Redwall-Kalksteins zum Beispiel bilden die kühnsten Steilhänge im Grand Canyon (Abb. 2-7).

Kalte Regionen

Kalte Regionen gehören ebenfalls zu den trockensten Gebieten

Abb. 2-7 Der Grand Canyon in Arizona. Eine aride Landschaft, in der der massive Redwall-Kalkstein die höchsten Steilwände bildet. (Mit freundlicher Erlaubnis der Union Pacific-Railroad)

der Erde, nicht nur weil die Niederschläge gering sind, sondern auch weil das vorhandene Wasser normalerweise in fester Form vorliegt. Pflanzen und Boden-Mikro-Organismen sind selten. Eine kurze Schmelzperiode während des Sommers und große Kälte machen die Frostspaltung zum vorherrschenden Prozeß. Die Landschaft besteht dort, wo sie nicht mit Eis bedeckt ist, aus einer großen Fläche von Gesteinstrümmern, die von den freiliegenden Kliffen losgebrochen wurden (Abb. 2-8).

Selbst durch mikroskopische Untersuchung kann nur geringe chemische Verwitterung festgestellt werden. Die Gesteinsoberflächen behalten ihre natürliche Farbe, anstatt zu Braun oder Rot oxidiert zu werden. Dick gebankter Kalkstein bildet wie in den ariden Zonen kühne Klippen.

Der Boden

Der Begriff *Boden* wird gebraucht, um die Schicht auf der Oberfläche der Erde zu beschreiben, die durch physikalische, chemische und biologische Prozesse genügend verwittert ist, um das Wachstum von Pflanzen mit Wurzeln zu ermöglichen. Dies ist eine land-

Abb. 2-8 Wright Valley, South Victoria-Land, Antarktis. Die jährliche Durchschnittstemperatur beträgt etwa −20° C. Auf den steilen Hangschuttflächen keine Bodenbildung. (Mit freundlicher Erlaubnis von *C. Bull,* Institut of Polar Studies, The Ohio State University)

wirtschaftliche Definition, die betont, daß der Boden sowohl organisches als auch geologisches Material ist. Ingenieure sind bei ihrer Definition von Boden weniger genau. Für sie ist jedes lose, unverfestigte oder aus zerbrochenem Gestein bestehende Material auf der Erdoberfläche, wo immer es auch herkommen mag, Boden. *Regolith* ist ein besserer Begriff für den "Boden" der Ingenieure. Geologen neigen wie Ingenieure dazu, Boden lediglich als verwittertes Gesteinsmaterial zu betrachten. Dies ist ein zu enger Gesichtspunkt, denn Böden sind auch biologische Einheiten mit unreifen und reifen Phasen ihrer Lebensgeschichte.

Die Art von Boden, die sich an einer Stelle gebildet hat, ist das Ergebnis von Wechselwirkungen zwischen vielen Substanzen und Prozessen. Die fünf Hauptfaktoren der Bodenbildung sind: das Ausgangsmaterial (das lokale Gestein oder die verfrachteten Gesteinstrümmer), Klima, Vegetation, Hangwinkel und Zeit. Man kann sich leicht vorstellen, wie die gleichen Verwitterungsprozesse auf verschiedene Ausgangsstoffe einwirken und dadurch ganz unterschiedliche Böden erzeugen. Ähnlich kann man sich nach der vorausgegangenen Beschreibung klimatischer Varianten der Verwit-

terungsprozesse vorstellen, wie das gleiche Ausgangsmaterial bei
unterschiedlichen Klimabedingungen und Pflanzendecken verschiedene Böden hervorbringen kann. Der vierte Faktor, der Neigungswinkel eines Abhanges, entscheidet, wie schnell Regenwasser von
einer Fläche abläuft bzw. wie tief es in den Grund eindringen kann
und übt damit einen starken Einfluß auf den Grad der Verwitterung
und die Art des Bodens aus. Der fünfte Faktor, die Zeit, wird eher
im relativen als absoluten Sinne gebraucht. Wir sprechen davon,
daß ein Boden älter oder reifer ist als ein anderer, aber nicht im
Sinne von Jahren, sondern in welchem Grade an ihm diagnostische
Kriterien abzulesen sind.

Böden werden durch *Horizonte* charakterisiert: unterschiedliche,
aufeinanderfolgende Schichten, ungefähr parallel zur Bodenoberfläche, die durch bodenformende Prozesse gebildet wurden. Ein
Boden-Profil ist ein vertikaler Querschnitt durch diese Horizonte
(Abb. 2-9). Bei der Entstehung eines bestimmten Boden-Profils
kann das ursprüngliche Gestein durch Oxidation bis zu einer Tiefe
von mehreren Dezimetern verfärbt worden sein und Karbonatisierung kann das gesamte Kalziumkarbonat aus der oberen, einige Dezimeter dicken Schicht des Profils ausgelaugt haben. Tonminerale
und Eisenverbindungen, die aus den oberen 30 cm des Profils gelaugt wurden können sich in einer Schicht in 30-60 cm Tiefe angesammelt haben. Eine dunkle Schicht Humus oder verwesende Pflanzenreste bilden die oberen 15 cm des Profils. Durch Farbvergleiche,
chemische Tests, Korngrößen-Analysen und verschiedene andere
Kriterien können Boden-Profile in viele Horizonte und Subhorizonte unterteilt und durch Vergleich der Art und Stärke der Horizonte
lassen sich Böden klassifizieren.

Die fünf Haupthorizonte, von der Oberfläche nach unten in das
unveränderte Gestein, werden herkömmlicherweise mit den großen
Anfangsbuchstaben O, A, B, C und R (Abb. 2-9) bezeichnet. Der
O-Horizont ist der organische obere Horizont, in dem frisches oder
teilweise zersetztes organisches Material vorherrscht. Die anderen
vier Horizonte sind überwiegend mineralischer Natur.

Je nach Vorhandensein und Grad der Entwicklung der verschiedenen Horizonte in Boden-Profilen werden die Böden in zehn Klassen eingeteilt. Diese Klassen werden unterteilt in eine fast unendliche Mannigfaltigkeit von Unterklassen, Groß-Gruppen, Untergruppen, Familien und Boden-Serien. Die Klassifizierung, die kürzlich
von dem Landwirtschaftlichen Institut der USA angenommen worden ist und sehr wahrscheinlich auch großenteils in anderen Ländern
wegen ihrer Verständlichkeit verwendet werden wird, wird gegenwärtig die "Siebente Annäherung" genannt, denn sie stellt die siebente vollständige Revision des Boden-Klassifizierungs-Systems dar,

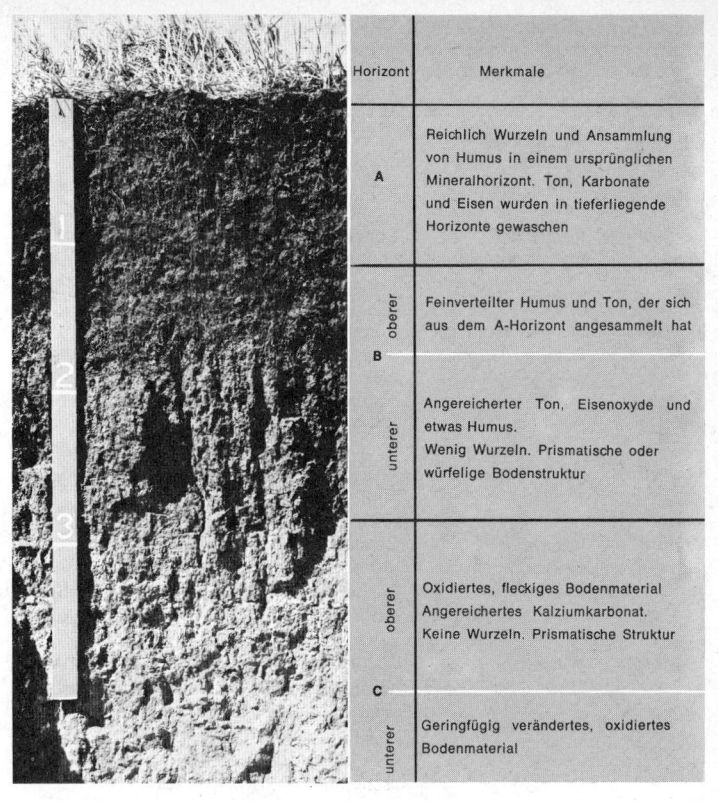

Horizont		Merkmale
A		Reichlich Wurzeln und Ansammlung von Humus in einem ursprünglichen Mineralhorizont. Ton, Karbonate und Eisen wurden in tieferliegende Horizonte gewaschen
B	oberer	Feinverteilter Humus und Ton, der sich aus dem A-Horizont angesammelt hat
	unterer	Angereicherter Ton, Eisenoxyde und etwas Humus. Wenig Wurzeln. Prismatische oder würfelige Bodenstruktur
C	oberer	Oxidiertes, fleckiges Bodenmaterial Angereichertes Kalziumkarbonat. Keine Wurzeln. Prismatische Struktur
	unterer	Geringfügig verändertes, oxidiertes Bodenmaterial

Abb. 2-9   Ein Mollisol-Bodenprofil. Es zeigt die Horizonte A, B und C

das seit 1951 in der Abteilung für Bodenforschung des US-Instituts für Landwirtschaft entwickelt wurde. Die zehn Klassen der "Siebenten Annäherung" sind in Tabelle 2-1 aufgeführt, und zwar in der Überzeugung, daß sie die bisher umfassendste Klassifizierung von Böden und boden-formenden Prozessen bieten.

Bisher hat man noch keine weltweite Landkarte über die Verteilung der zehn Klassen der neuen Boden-Klassifizierung hergestellt. Wenn jedoch eine vorliegen wird, wird sie zeigen, daß jede Boden-Klasse, mit Ausnahme von Entisol und Histosol, mit einer bestimmten Klima- und Vegetations-Zone zusammentrifft. Die Charakteristika der zehn Boden-Klassen in Tabelle 2-1 vermitteln

Tabelle 2-1 Die zehn Klassen der "Siebenten Annäherung" +

Name der Klasse	Ableitung des Namens	Bodenmerkmale
Entisol	sinnlose Silbe "ent" von englisch *recent*	Vernachlässigbare Unterteilung der Bodenhorizonte im Alluvium, Frostböden, Wüstensand usw. in allen Klimazonen
Vertisol	lat. *verto*, umkehren	Tonreiche Böden, die bei Wasseraufnahme quellen und bei Austrocknung Risse bilden. In subhumiden bis ariden Zonen häufig.
Inceptisol	lat. *inceptum*, Beginn, Anfang	Böden mit nur schwacher Horizontentwicklung. Tundraböden; Böden auf frischen vulkanischen Ablagerungen; Böden, die im Anschluß an den Gletscherrückzug gebildet werden
Aridisol	lat. *aridus*, trocken	Trockenböden. Salz-, Gips- oder Kalkansammlungen
Mollisol	lat. *mollis*, weich	Graslandböden in gemäßigten Klimazonen mit einer weichen, dicken, schwarzen Oberflächenlage, die reich an organischen Stoffen ist.
Spodosol	griech. *spodos*, Holzasche	Waldböden in humiden Klimazonen. Am häufigsten unter Koniferenbeständen, mit einem typischen B-Horizont, der reich ist an Eisen- oder organischen Verbindungen, über dem in der Regel ein ausgelaugter, aschgrauer A-Horizont liegt
Alfisol	Silben der chem. Symbole Al, Fe	Tonreicher B-Horizont; junge Böden, die im allgemeinen unter Laubholzbeständen auftreten
Ultisol	lat. *ultimus*, der Letzte	Gemäßigt-feuchte bis tropische Böden auf alten Landoberflächen, tief verwittert, mit Ton angereicherte, rote und gelbe Böden
Oxisol	F. *oxide*, Oxid	Tropische, subtropisch-lateritische und bauxitische Böden. Alte, intensiv verwitterte, fast horizontfreie Böden
Histosol	griech. *histos*, Gewebe	Moor-Böden, organische Böden, Torf und anmoorige Böden. Breiter Klimabereich

+ Aus dem Soil Survey Staff of the U.S. Department of Agriculture 1960.

eine detailliertere Vorstellung regionaler und klimatischer Variationen in Verwitterungsprozessen, als durch die vier Beispiele des klimatischen Einflusses auf die Verwitterung gezeigt werden konnte. Die fast 40 Unterklassen der neuen Klassifizierung definieren die klimatischen Einflüsse sogar noch besser.

Böden erzählen eine Menge über die Verwitterungsgeschichte eines Gebietes. Wenn sich das Klima verändert hat oder Wald von Grasland oder Landwirtschaft verdrängt wurde, zeichnen Änderungen im Boden-Profil die veränderten Bedingungen auf. Die Klimaverhältnisse auf der Erde haben sich im Laufe der letzten 2 Millionen Jahre verschiedentlich und drastisch verändert, ein Zeitraum, in dem Gletscher vorstießen und wieder zurückgingen, tropische Regionen abwechselnd nasser und trockener wurden. Boden-Fachleute finden, daß Böden in vieler Hinsicht wie der Film in einer fehlerhaften Kamera bei Mehrfach-Belichtung eine ganze Folge von Verwitterungsprozessen aufzeichnen. Manchmal ist es schwierig, in einem Boden-Profil die Verwitterungsprozesse, die heute wirksam sind, von den Prozessen zu unterscheiden, die früher wirksam waren.

Folgerung

Verwitterung bereitet der Erosion den Weg. Lange, ehe sich Flußtäler und Sinklöcher in einen Berghang einschneiden, läßt sich die Verwitterung an kaum erkennbaren tieferen Stellen, wo sich Wasser ansammelt und in den Boden dringt, feststellen. *B. T. Bunting* beschrieb 1961 ein interessantes Beispiel aus Nordengland, wo er durch detaillierte Boden-Kartierung zeigte, daß hügelaufwärts jedes kleinen Flusses oder nur kurzfristig bestehender Kanäle der Boden entlang schmaler, sich verzweigender "Sicker-Linien" ungewöhnlich tief und gut entwickelt war. Wenn Regenwasser auf den Erdboden auftrifft und seine langsame Reise zurück zum Meer beginnt, sammelt es sich in Mulden, wo sich seine Verwitterungs-Aktivität konzentriert. Ein Netz tiefer verwitterten Bodens dehnt sich über alle feuchten Landschaften aus und bereitet Gesteinsschutt für den folgenden Abtransport durch Schwerkraft und fließendes Wasser vor. Dies ist die Rolle der Verwitterung in der geomorphologischen Entwicklung des Landes.

A. L. McAlester erörtert in seinem Buch *Die Geschichte des Lebens* in dieser Serie die Theorie, daß unsere sauerstoffreiche Atmosphäre ein Nebenprodukt der Entwicklung photosynthetischen Lebens ist. Es ist eine fesselnde Idee, daß Verwitterungsprozesse, wie

z. B. die Oxidation, die seit unendlich langen, geologischen Zeiten andauern, von der Existenz des Lebens auf der Erde abgehangen haben.

Es ist sogar möglich, wie folgt zu argumentieren:

1. Die Entstehung großer Mengen von Siliziumoxid-reichen plutonischen Gesteinen, wie Granit, setzt Verwitterungsprozesse voraus, um Sedimente, die reich an Quarz und Tonmineralen sind, für die Schmelze bereitzustellen;

2. die dazu geeigneten Verwitterungsarten können nur in einer sauerstoff-reichen Atmosphäre vor sich gehen;

3. atmosphärischer, molekularer Sauerstoff wird durch photosynthetische Lebensprozesse erzeugt;

4. daher muß photosynthetisches Leben auf der Erde älter sein als der älteste Granit!

Diese vier logischen Schritte durchmessen das gesamte Spektrum geologischer Forschung und sind als Diskussions-Vorschläge zu verstehen − nicht als Behauptung von Wahrheiten.

3 Gesteinstrümmer in Bewegung

Wenn auf lose Gesteinstrümmer auf der Erdoberfläche genügend Kräfte einwirken, bewegen sie sich. Das stimmt, gleichgültig, ob es submikroskopische, im Grundwasser suspendierte Siliziumoxid-Kolloide sind oder hausgroße Blöcke, die von Steilhängen stürzen. Die allgegenwärtige Schwerkraft fügt der durch andere Kräfte hervorgerufenen Bewegung immer auch eine Abwärts-Komponente hinzu. Allgemein gesagt bewegen sich also Gesteinsteile, wenn sie sich bewegen, vorzugsweise hangabwärts.

Die Schwerkraft-Komponente, die parallel zu einer geneigten Fläche wirkt, ist proportional dem Sinus des Neigungswinkels des Abhanges (Abb. 3-1). Der Gleitreibungs-Koeffizient ist gleich dem

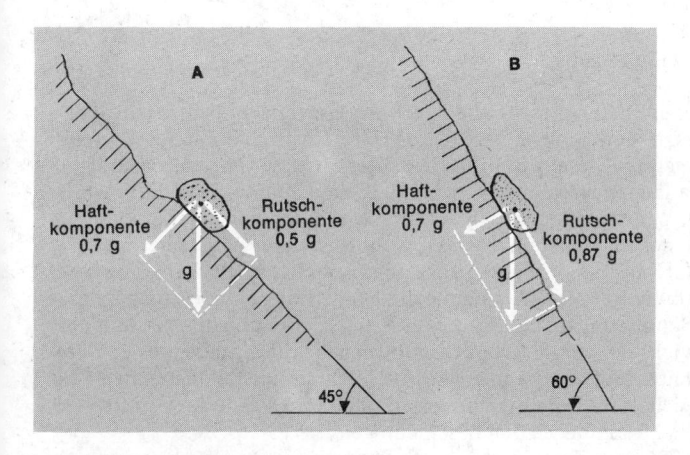

Abb. 3-1 Darstellung der Gravitationskraft g, die auf einen losen Gesteinsblock auf einem Abhang wirkt. Auf dem Hang A entsprechen die den Block hangabwärts bewegende Komponente und die den Block auf den Hang drückende Komponente beide etwa 0,7 g. Auf Hang B hat sich die hangabwärts gerichtete Komponente auf 0,87 g (sin 60°) erhöht und die auf den Hang drückende Komponente auf 0,5 g verringert. Der Gesteinsblock rutscht viel eher auf Hang B als auf Hang A.

Verhältnis zwischen der Abwärts-Komponente der Schwerkraft und der Schwerkraft-Komponente, die senkrecht zum Hang wirkt, oder der Tangente des Hangwinkels, wenn das Bruchstück in Bewegung ist. Da nur wenige Stoffe einen höheren Reibungs-Koeffizienten als 1 haben, kann die Reibung allein verwittertes Gestein auf Hängen von mehr als etwa 45° nicht halten (Abb. 3-1). Tatsächlich sind natürliche Abhänge, die steiler als etwa 40° abfallen, so selten, daß sie von einer britischen Definition in die Kategorie der Kliffs eingereiht werden. Trümmerbedeckte Oberflächen haben im allgemeinen einen maximalen Neigungswinkel zwischen 25° und 40°, je nach Form und Rauheit der Trümmer.

Massives Gestein ist fest genug, um den meisten Kräften, die auf seine Oberfläche einwirken, zu widerstehen. Die Berge brechen weder zusammen noch fließen sie wie ein Sahnebonbon unter ihrem eigenen Gewicht auseinander. Nur wenn das Gestein mit Wasser und der Atmosphäre reagiert hat, oder durch mechanischen Zug bzw. Druck zerbrochen wurde, können die Bruchstücke in Bewegung gesetzt werden. Die Verwitterung ist also eine notwendige Vorbedingung für die Bewegung der Gesteinstrümmer hangabwärts.

Massenbewegung

Der Sammelbegriff für alle durch die Gravitation bedingten Hangabwärts-Bewegungen verwitterter Gesteinstrümmer heißt *Massenbewegung*. Dieser Terminus bedeutet, daß die Gravitationskraft die allein wichtige Kraft ist und daß kein Transportmedium wie z. B. Wind, fließendes Wasser, Eis oder geschmolzene Lava an diesem Prozeß beteiligt ist. Obwohl fließendes Wasser definitionsgemäß aus diesem Prozeß ausgeschlossen ist, spielt Wasser nichtsdestoweniger eine wichtige Rolle bei der Massenbewegung, da es als Schmiermittel den Reibungs-Koeffizienten herabsetzt und das Gewicht der verwitterten Gesteinsmasse erhöht, indem es den Porenraum füllt. Eis kann genauso als Schmiermittel dienen bzw. das Gewicht der Gesteinstrümmer erhöhen und auf diese Art und Weise die Massenbewegung beschleunigen.

1938 veröffentlichte *C. F. S. Sharp* ein wertvolles kleines Buch über Erdrutsche und ähnliche Phänomene. In diesem Buch klassifiziert er die Massenbewegung durch ein geniales Diagramm, das die Tabelle 3-1 in vereinfachter Form wiedergibt. Die Faktoren, durch die er die Massenbewegung untergliederte, waren:

1. die Menge an eingeschlossenem Eis oder Wasser als Schmiermittel;

Tabelle 3-1 Klassifizierung von Massentransport-Prozessen [+]

	Art und Geschwindigkeit der Bewegung		Mit steigendem Eisgehalt	Fels oder Boden	Mit steigendem Wassergehalt	
Fließen	nicht feststellbar	Eis-Transport	Solifluktion	Kriechen (Fels oder Boden)	Solifluktion	Fluvialer Transport
	langsam bis schnell		Schuttlawine		Bodenfließen Mure Schuttlawine	
Rutschen	schnell bis langsam			Rutschen Schutt-Rutschen Stein-Schlag Bergschlipf Bergsturz		

[+] Vereinfacht nach C. F. S. Sharpe 1938

2. die Art der Bewegung, ob sie sich als Gleiten oder Fallen in einer zusammenhängenden Masse oder als Fließen durch innere Deformation darstellt und

3. die Geschwindigkeit der Bewegung, die vom Unmeßbaren bis zu vielen Metern pro Sekunde unter der vollen Gravitationsbeschleunigung reicht. Dem bekannten Begriff Erdrutsch wurde von *Sharp* keine spezifische Definition unterlegt, er wurde aber als ein nützlicher allgemeiner Begriff für alle raschen Formen der Massenbewegung beibehalten. Der Terminologie der Tabelle 3-1 folgend, werden wir die verschiedenen Kategorien der Massenbewegung kurz besprechen.

Kriechen

Die langsamste Massenbewegung wird *Kriechen* genannt. Je nachdem welches Material in Bewegung ist, sprechen wir von Boden- oder Gesteins-Kriechen. Der Betrag des Kriechens ist an der Oberfläche am größten und nimmt zur Tiefe hin allmählich auf Null ab. Infolgedessen gleitet Bodenkriechen oder Gesteins-Kriechen nicht über das feste Gestein in der Tiefe und ist also auch nicht in der Lage, eine bedecke Oberfläche zu erodieren. Einige der Erscheinungsformen des Boden-Kriechens sind in Abb. 3-2 skizziert. In manchen

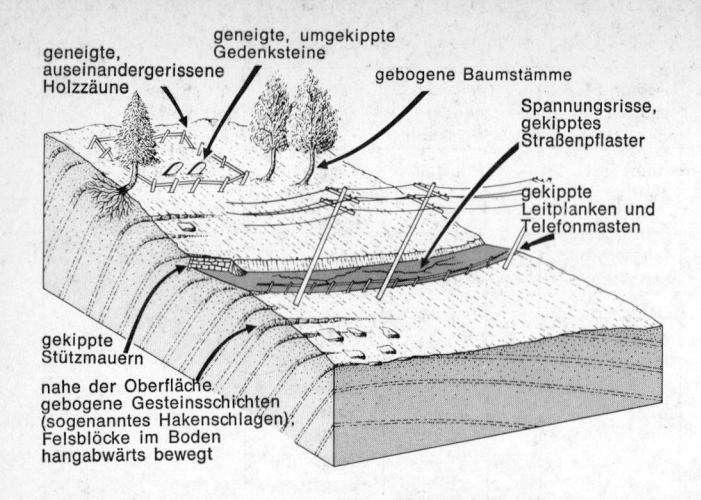

Abb. 3-2 Häufig auftretende Kriecheffekte. Nicht alle Merkmale treten an einer Stelle gemeinsam auf, aber in der Regel führt die Entdeckung eines Merkmals zum Erkennen weiterer

Fällen ist Gras in der Lage, eine zusammenhängende Grasnarbe über einem Bereich, der kriecht, zu bewahren, denn die Hangabwärtsbewegung mißt nach ein paar Zentimetern pro Jahr oder weniger. Oftmals ist das Boden-Kriechen nur an der hangaufwärtszeigenden Krümmung der Baumstämme zu erkennen, die viele Jahre alt sind.

Das Boden-Kriechen wird durch die Ausdehnung und Kontraktion des Bodens unterstützt, die bei jedem Gefrieren und Tauen, jeder Durchfeuchtung und Austrocknung stattfindet. Die Volumenausdehnung, aus welchem Grunde auch immer, bewegt die Gesteinstrümmer in Richtung der freien Oberfläche der sich ausdehnenden Masse oder senkrecht zur Bodenoberfläche. Bei der Kontraktion jedoch wird das Teilchen nicht in seine Ausgangsposition zurückgeführt, sondern senkt sich mit einer Gravitationskomponente (Abb. 3-3). Nur selten sind die kohäsiven Kräfte des Bodens und des Wassers stark genug, um die Partikel während der Kontraktion ohne eine gewisse Netto-Hangabwärtsbewegung in den Boden zurückzuziehen.

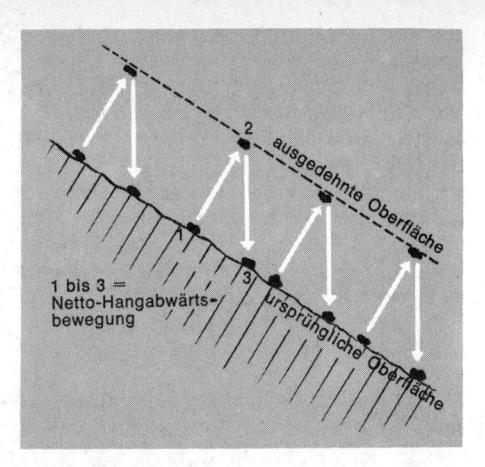

Abb. 3-3 Auf ein Oberflächenteilchen auf einem Hang einwirkende Kräfte während Dehnungs- und Schrumpfungsvorgängen des Bodens

Solifluktion, Muren und Schlammströme

Wenn der Boden oder Regolit mit Wasser gesättigt ist, rutscht die durchweichte Masse ein paar Zentimeter oder ein par Dezimeter stündlich oder täglich hangabwärts. Diese Art von Bewegung wird Solifluktion genannt (wörtlich "Bodenfließen"). Dieser Prozeß ist insbesondere in subpolaren Regionen häufig, wo der Boden unterhalb einer sehr dünnen Tauzone ständig gefroren ist. Während der kurzen sommerlichen Tauperiode fließt eine "aktive Lage" von einigen Dezimetern Dicke, die aus Tundra-Torf, vom Frost zersprengtem Gestein und anderen verwitterten Trümmern besteht, auch kaum geneigte Hänge hinab, da das Schmelzwasser die aktive Lage völlig erfüllt, aber nicht in den gefrorenen Untergrund eindringen kann. Die Masse der Solifluktions-Trümmer fließt in einer Art rollender Bewegung, wie die Kette eines Raupenschleppers. Bogenförmige Rücken und Mulden bezeichnen den Fuß bzw. den unteren Teil der Masse. Die Solifluktion kann zum Stillstand gebracht werden, indem man die sich bewegende Masse entweder durch natürliche oder künstliche Mittel entwässert.

Solifluktion ist als Prozeß nicht auf gefrorenen Boden beschränkt. Sie ist eine Art der Massenbewegung, die überall dort auftritt, wo Wasser nicht aus der durchtränkten Oberflächenschicht des Regoliths entweichen kann. Eine feste tonige Zwischenlage im Boden oder eine undruchlässige Schicht können Solifluktion genau so wirksam entstehen lassen wie ein gefrorener Untergrund.

Muren und *Schlammströme* sind Arten der Massenbewegung, die der Solifluktion sehr ähnlich sind. Sie bewegen sich etwas schneller und fließen meistens die Täler entlang, während Solifluktions-Schichten oder -Loben den ganzen Hang mit sich bewegenden Trümmern bedecken. Muren treten häufig im Tale des St. Lorenz-Stromes in Kanada auf, wo eine Tonschicht von Sand überdeckt wird. Der Ton, obgleich wassergesättigt, ist stabil, bis er durch eine Sprengung oder ein Erdbeben oder eine zu schwere künstliche Aufschüttung gestört wird. Sind erst einmal die schwachen Bindungen zwischen den Tonteilchen und dem Wasser zerbrochen, verflüssigt sich die Masse schlagartig. Die Sprengung von angestauten Holzstämmen auf dem Fluß führte bekanntermaßen zu einigen viele hundert Meter breiten und bis zu 15 m dicken Muren-Strömen. Die Spuren früherer Muren-Ströme finden sich entlang den Flußterassen des unteren St. Lorenz-Stromes. Für ähnliche immer wieder auftretende Muren-Ströme sind die Tonböden Norwegens bekannt.

Bei dem Erdbeben am 27. März 1964 in Anchorage, Alaska, wurden die größten Verwüstungen nicht durch das Beben verursacht, sondern durch Erdrutsche, die in die Kategorie der Schlammströme passen. Anchorage wurde auf einer Küstenebene erbaut, die aus Sand und Kiesschichten bis zu 20 Metern Dicke besteht und über einer dicken Tonschicht liegt. Die Bebenwellen verflüssigten eine empfindliche Lage im Ton von etwa 6-9 m Dicke, die sich ungefähr in Höhe des Meeresspiegels landeinwärts unter die Stadt erstreckt. Die überlagernden Schichten aus festerem Ton und der darüberliegende Sand und Kies wurden buchstäblich auf der verflüssigten Tonschicht zum Meer hin "geflößt". Weite Bereiche der Gleitzone bewegten sich fast horizontal, während der verflüssigte Ton am Fuße der gleitenden Masse als Durchrücken herausgepreßt wurde und ein *Grabenbruch* an der Rückseite entstand (Abb. 3-4).

Das Erdbeben löste zwar die Erdrutsche in Anchorage aus, aber die vorwärtstreibende Kraft war die Gravitation. Ein Erdrutsch bewegte sich mehr als eine halbe Meile über eine bei Ebbe freiliegende Schlammfläche ins Meer hinein. Einige Rutsche bewegten sich noch mindestens eine Minute, nachdem das Erdbeben aufgehört hatte und zeigten damit, daß die Bewegung nicht durch die durch das Erdbeben freigesetzte Energie angetrieben wurde. Viele Häuser auf den gleitenden Massen, einschließlich eines sechsstöckigen Apartment-Hauses, bewegten sich über 3 Meter zur Seite, ohne daß sie beschädigt wurden, obwohl alle Versorgungsleitungen zerstört wurden. Ende März war der Boden in Anchorage noch bis zu einer Tiefe von über 1 Meter gefroren; die gefrorene Oberflächenschicht trug dazu bei, die sich bewegenden Massen in großen Blöcken zusammenzuhalten, während sie auf dem darun-

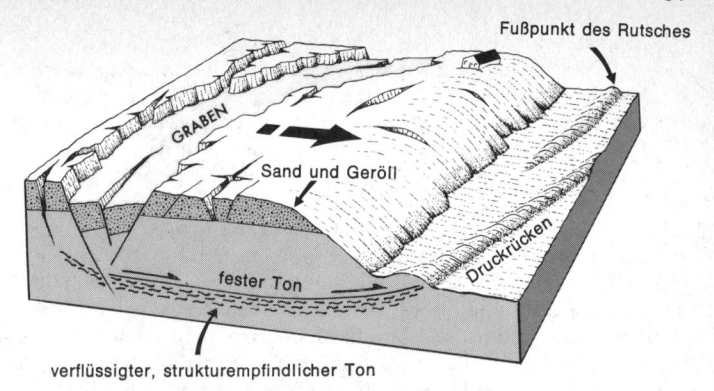

Abb. 3-4 Landrutsch auf verflüssigtem Ton, typisch für die Schäden in Anchorage, Alaska, während des Erdbebens vom 27. März 1964. (Nach *Hansen* 1965)

ter befindlichen verflüssigten Ton "schwammen", und verhinderte noch größeren Schaden und Verluste an Menschenleben.

Muren und Schlammströme enthalten genügend Wasser, um sich in turbulentem Fließen zu bewegen und man weiß, daß sie bei ihrem Fließen Kanäle erodieren. Wenn mehr Wasser beteiligt ist, wird die Bewegung eher als Transport durch fließendes Wasser denn als Massenbewegung angesehen. Es muß betont werden, daß die verschiedenen Prozesse der Massenbewegung sich untereinander und mit den Prozessen des Wasser- und Gletscher-Transports überschneiden. Weder ist die Terminologie einheitlich noch sind die Begriffe streng definiert.

Lawinen

Die schnellste Art der Massenbewegung ist die der *Lawine.* Schon der Name allein reicht aus, um die meisten Bergbewohner zu erschrecken. Die Zusammensetzung einer Lawine reicht von ausschließlich Eis und Schnee bis zu einem überwiegenden Anteil an Gesteinstrümmern. Eine Lawine beginnt normalerweise mit dem freien Fall einer Gesteins- oder Eismasse, die beim Aufschlagen pulverisiert wird, durch die druckerhitzte Luft und das in der Masse eingeschlossene Wasser verflüssigt wird und mit großer Geschwindigkeit dahinschießt.

Eine der schlimmsten Lawinen der Geschichte zerstörte das

Gebiet um Ranrahirca in Peru am 10. Januar 1962 und tötete nach offiziellen Schätzungen 3500 Menschen. Beobachter waren Zeugen der gesamten Katastrophe von dem Moment an, wo eine riesige Eiswächte von einem namenlosen Gletscher nahe der Spitze des Huascaran (6768 m) herabfiel bis zu dem Zeitpunkt, da die Trümmer an der gegenüberliegenden 9 Meilen entfernt und 2 $^1/_2$ Meilen tiefer gelegenen Talwand zur Ruhe kamen. Die anfängliche, schätzungsweise 3 Millionen Tonnen schwere Eismasse riß weitere Millionen Tonnen von Gestein los, als sie das Tal hinabdonnerte. Die Schockwelle erzeugte ein Geräusch wie immer lauter werdender Donner und fegte die Vegetation von den Berghängen. Gesteinstrümmer und Eis wurden durch die turbulente Bewegung pulverisiert. Die Lawine brauchte nur 7 Minuten, um 12 Meilen zurückzulegen. Sie prallte mindestens fünfmal von einer Seite der engen Schlucht auf die andere, bevor sie über den fruchtbaren, dichtbesiedelten Talboden am Fuße des Berges hereinbrach. Während sie sich 1 $^1/_2$ Meilen weit über Dörfer und Felder des Tales ausdehnte, verringerte sich ihre Geschwindigkeit auf etwa 60 Stundenkilometer und ihre Dicke nahm bis auf etwa 18 m ab. Als die Lawine zum Stillstand kam, sprudelten Luft und Wasser aus den sich setzenden Trümmern. Später bildeten schmelzende Eisblöcke Taschen von weichem Schlamm in der Masse, was die fast hoffnungslosen Suchaktionen zusätzlich erschwerte. Auf dem Weg, den eine Lawine nimmt, gibt es nur selten Überlebende.

Rutschen, Gleiten und Fallen

Unter bestimmten Bedingungen kann eine Gesteinsmasse oder Regolith sich von ihrer Unterlage lösen und als Einheit hangabwärts bewegen, indem sie entlang einer bestimmten Fläche über den Unterboden gleitet. Die am wenigsten dramatische Form einer gleitenden Massenbewegung ist ein *drehendes Rutschen*, wobei Teile eines Berghanges, der häufig aus unverfestigtem oder verwittertem Material besteht, sich im oberen Teil senken und im unteren Teil aus dem Hang heraustreten (Abb. 3-5). Die Gleitfläche unterhalb des Rutschblockes hat die Form eines Löffels, konkav nach oben oder außen. Die Oberfläche eines Rutschblockes kippt meist nach hinten, da sich die ganze Masse dreht, wenn ihr unterer Teil aus dem Berghang herausgedrängt wird und nach unten abgleitet. Die Vegetation und sogar Häuser können dabei unzerstört auf der Oberfläche eines großen Rutschblockes mitgeführt werden, wie es die Figur 3-4 im Bereich nahe des Grabens zeigt. Am Fuße der Gleitmasse kann eine Mure entstehen.

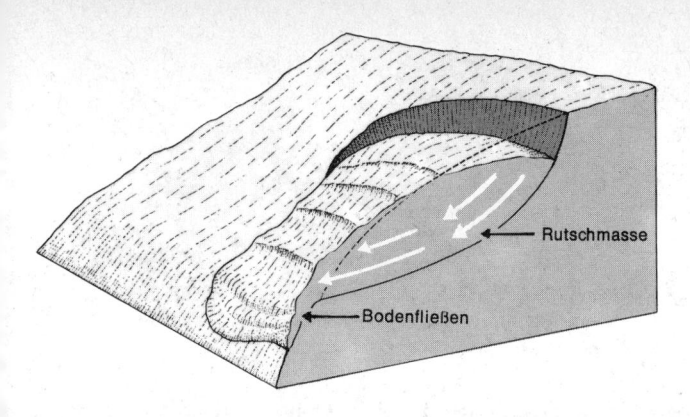

Abb. 3-5 Blockdiagramm eines typischen Erdrutsches

Rutsche können dadurch entstehen, daß ein Fluß oder Wellen den Fuß eines Abhanges unterspülen. Sie sind auch ein häufiges Ergebnis fehlerhafter bautechnischer Planung bei Dammdurchstichen. Sie werden manchmal dadurch verhindert, daß man den Fuß eines instabilen Hanges mit einer dicken Lage von grobem Geröll abdeckt, durch die Wasser vom Hang ablaufen kann und die das Gewicht der instabilen Erde weiter oben am Abhang ausgleicht.

Das Gleiten von Trümmern, Gesteinsblöcken und Steinschlag sind dramatischere Formen der gleitenden Massenbewegung. Große Massen von unverwittertem Gestein können entlang einer abwärtsgerichteten Kluft oder Schichtfläche hangabwärts gleiten. Solch eine Fläche geringster Festigkeit war wahrscheinlich an dem Unglück des Vaiont-Reservoirs in Norditalien im Oktober 1963 beteiligt. Am 9. Oktober bewegte sich plötzlich ein Gesteinsrutsch von 2 km Länge, 1 $^1/_2$ km Breite und einer Dicke von über 150 m die Südwand des Vaiont-Tales hinab und füllte das 267 m tiefe Becken bis 2 km flußaufwärts des Dammes vollständig bis zu einer Höhe von 175 m über dem ursprünglichen Wasserspiegel auf. Die Bewegung dauerte weniger als eine Minute und war so schnell, daß das im Reservoir befindliche Wasser 260 m die Nordwand der Schlucht hinaufgeschleudert und in großen Wellen sowohl flußaufwärts in das Becken als auch flußabwärts über den Damm hinausgetrieben wurde. Die daraus entstehende Flut tötete 3000 Menschen, vor allem in der Gegend der Stadt Longarone, die über 2,4 km flußabwärts vom Damm hinter einem breiten Tal am Ende der Vaiont-Schlucht gelegen ist.

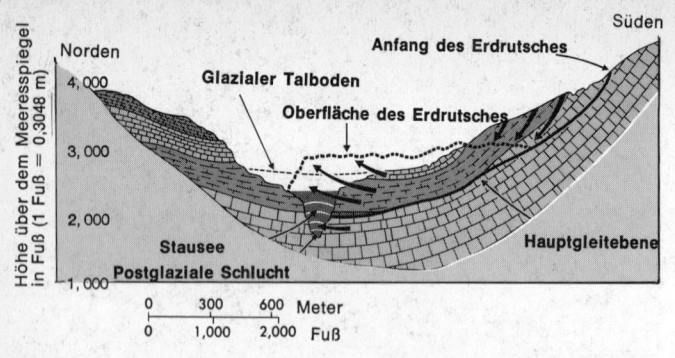

Abb. 3-6 Vereinfachter geologischer Querschnitt durch den Vaiont-Stausee, Italien. Siehe auch Abb. 5-3, die eine Skizze der inneren Schlucht und des Dammes gibt. Blickrichtung ist stromaufwärts (Osten). (Zeichnung nach *Kiersch* 1964)

Das geologische Profil des Reservoirs ist in Abb. 3-6 dargestellt. Das hervorstechendste Merkmal der Geologie ist die schlüsselförmige Struktur der Gesteine, die sich von beiden Seiten zur Talachse hin neigen. Die Gesteine sind vorwiegend Kalksteine mit dünnen Tonlagen dazwischen. Der Kalkstein ist voll von Höhlen und kleinen Lösungskanälen, so daß große Mengen von Regenwasser in das Gestein eindringen und die Tonlagen zu Gleithorizonten werden. Eine ganze Serie von natürlichen und künstlichen Faktoren trugen zu dem Unglück bei.

Die Hauptfaktoren waren die folgenden:

1. die steil abfallenden Kalksteinschichten und Tonlagen setzten Rutschvorgängen einen geringen Reibungswiderstand entgegen.

2. Alle Gesteinsarten haben von Natur aus eine geringe Zugfestigkeit.

3. Der Fluß hatte an der steilen Innenseite der Schlucht die Gesteinsstruktur durchschnitten und die seitlichen Stützen dieses Gefüges beseitigt, lange bevor der Damm gebaut wurde.

4. Zwei Wochen anhaltende, schwere Regenfälle hatten den Wasserspiegel in dem höhlendurchzogenen Gestein ansteigen lassen und sowohl den hydrostatischen Druck als auch das Gewicht der potentiellen Rutschmasse erhöht.

5. Der hohe Wasserspiegel des Reservoirs führte dazu, daß sich der untere Teil des Abhanges mit Wasser vollsaugte. Dadurch verringerte sich der Reibungswiderstand, während sich der Auftrieb verstärkte.

Das Unglück vom Vaiont-Reservoir überraschte nur durch seine Schwere. Die Schlucht ist von alten Erdrutschen gezeichnet. 1960 ereignete sich ein kleinerer Erdrutsch und an der Südwand des Tales entwickelte sich ein Muster von Rissen und Rutschungen, die letztlich den großen Erdrutsch von 1963 vorbereiteten. In den 6 Monaten vor dem Rutsch zeigten exakte Aufzeichnungen der Überwachungsstationen im Rutschgebiet, daß ein Prozeß von Gesteinskriechen von 1 cm pro Woche im Gange war. Drei Wochen vor dem Unglück hatte sich die Kriechgeschwindigkeit auf 1 cm pro Tag erhöht; während der schweren Regenfälle in der letzten Woche vor dem Erdrutsch hatte sich die Kriechgeschwindigkeit von 20 auf 40 cm pro Tag gesteigert. Wilde Tiere, die am Südhang des Tales gegrast hatten, spürten die Gefahr und verließen das Gebiet um den 1. Oktober. In der Nacht des Unglücks taten im Kontrollgebäude am Südpfeiler des Dammes 20 Techniker Dienst und weitere 40 waren in dem Hotel und dem Bürogebäude am Nordpfeiler, aber kein einziger der Augenzeugen überlebte den Erdrutsch. Verzweifelt ergriff man verschiedene Maßnahmen, um den Wasserspiegel des Reservoirs zu senken, aber das Gesteinskriechen drückte offensichtlich das Reservoir zusammen und erhöhte dadruch den Wasserspiegel trotz geöffneter Stauwehre. Weder ein Erdbeben noch ein anderer "Auslöser" konnte für den Vaiont-Rutsch festgestellt werden. Entlang der Hauptrutschschicht gab das Gestein einfach unter dem zu großen Gewicht und zu starker Aufweichung durch das Wasser nach.

Massenbewegung und Landschaften

Am Fuße eines Gesteinskliffs befindet sich normalerweise eine abfallende Rampe oder *Böschung* aus zerbrochenem Gestein (Abb. 2-8). Das Wort bezieht sich auf den Abhang oder die Landform; die Trümmer, die eine Böschung formen, werden *Hangschutt* genannt. Wenn Gesteine vom Kliff auf die Oberfläche der Böschung fallen, rutschen oder rollen sie, bis sie an einem Platz zur Ruhe kommen. Große Blöcke können bis zum Fuß der Böschung rollen oder sie werden zerbrochen und ihre Trümmer auf dem Abhang verstreut. Die ganze aus Hangschutt bestehende Lage kriecht nach und nach hangabwärts in dem Maße, in dem Material am Fuße entweder zu leichter transportierbaren Trümmern verwittert oder durch fließendes Wasser erodiert wird.

Eine Böschung ist ein Hang, auf dem Massen transportiert werden. Das heißt, daß sie gerade den richtigen Neigungswinkel annimmt, um eine ständige Hangabwärts-Bewegung zu ermöglichen. Wenn eine Böschung einmal durch größere Gesteinsabbrüche vom Kliff zu steil geworden ist, erhöht sich die Abwärtskomponente der Gravitation und Kriechen und Rutschen verstärkt sich, bis ein stabiler Neigungswinkel wieder hergestellt ist. Wenn der Fuß einer Böschung durch einen Fluß unterspült wird, bewegt sich die Rutschmasse hangabwärts und legt mehr vom oberen Teil des Kliffs frei, von wo dann mehr Trümmer herabfallen können, um die Böschung zu erhalten. Wenn das Kliff soweit verschwunden ist, daß sich die Böschung bis zur Spitze erstreckt, hört die Versorgung mit Rutschgestein auf, die Böschung bedeckt sich mit Erde und Vegetation und verliert ihren besonderen Charakter.

Bedauerlicherweise wird unsere Darstellung einer Analyse der Massenbewegung eine Beschreibung größerer Unglücksfälle. Da Lawinen und Bergrutsche Tausende von Menschen töten, sollten ihnen intensive Studien gewidmet werden, um durch bessere Voraussagen, Kontrollen und Warnsysteme Menschenleben retten zu können. Diese Schauspiele beschränken sich jedoch auf Gebiete mit hohem Relief, steilen Abhängen und besonderen lokalen Bedingungen. In viel unverdächtigerer Art und Weise kriecht verwittertes Gestein und Erde langsam alle Hänge hinab, ob unter Gras, Wald, Wüsten-Steppe oder Tundra. Mit Sicherheit stellt das Kriechen den vorherrschenden Prozeß der Massenbewegung dar. Die Anzeichen dafür sind jedoch so fein, daß sie oft übersehen werden. Jede gekippte Platte auf dem Gehweg, jedes zerbrochene Pflaster und jede eingesunkene Uferanlage zeigen an, daß Kriechen im Gange ist.

Hang-Entwicklung und Erhaltung

Eine Landschaft besteht zum größten Teil aus gekrümmten, abfallenden Oberflächen, die weitgehend durch Massentransport geformt wurden. Wie diese Abhänge gebildet werden, wie sie erhalten werden und wie sie sich mit der Zeit verändern, sind Hauptthemen der geomorphologischen Forschung. Es ist außerordentlich schwierig Abhänge zu studieren, denn sowohl die Prozesse als auch die Formen sind Übergansstadien. Man erinnere sich an die willkürlichen Definitionen der Massenbewegung: fügt man etwas Wasser hinzu, wird aus Bodenkriechen eine Mure, kommt noch etwas mehr Wasser dazu, dann entsteht daraus ein schlammiger Strom.

Schon die geometrische Beschreibung eines natürlichen Abhanges ist überraschend schwierig. Meist verfügen wir zur Beschreibung des Abhanges nur über ein Profil, das an der steilsten Stelle eines Hügels genommen wurde. Offensichtlich wird jedoch ein Profil, das entlang des Kammes eines abfallenden Bergrückens aufgemessen wurde, eine ganz andere Bedeutung haben als ein ähnlich geformtes Profil, das entlang des Bettes einer angrenzenden Wasserrinne genommen wurde. Abhänge sind unregelmäßige Oberflächen, die nicht durch einfache mathematische Gleichungen beschrieben werden können. Die besten topographischen Karten stellen nur Annäherungen an die unendlichen Unregelmäßigkeiten eines Bergabhanges dar. Bis jetzt wissen wir noch nicht, welcher Grad von Unregelmäßigkeit für die Stabilität eines Abhanges bedeutend ist, deshalb sind wir nie sicher, daß wir die richtigen Winkel und Abstände messen.

Warum sind Landschaften so kompliziert gekrümmt? Als Anfang einer Antwort auf diese Frage kann man zwei große Klassen formender Prozesse unterscheiden. Erstens: Innere Kräfte der Erde heben Gebiete über den Meeresspiegel als *tektonische* Landformen, zum Beispiel Gebirgsketten. Die Anhebung erfolgt niemals regelmäßig. Das Gestein ist gefaltet oder zerbrochen und bildet Rücken oder Mulden, und schon das allein gibt den Abhangflächen eine große Mannigfaltigkeit. Zweitens sehen wir selten die wirkliche tektonische Struktur der Landschaft. Die meisten Landschaften sind das Resultat der Erosion. Sobald Land über den Meeresspiegel aufsteigt, beginnen Schwerkraft und fließendes Wasser damit, es wieder abzutragen. Die "Geomorphologie-Maschine" beginnt ihre Arbeit. Fließendes Wasser schneidet ein Netz von Tälern in das Land und jedes Tal, das erodiert wird, entwickelt zwei neue Abhänge an den Talseiten. Die Wechselbziehung zwischen Erosionsprozessen (wobei im Augenblick Verwitterung und Massentransport eingeschlossen sein sollen) und tektonischer Verformung läßt die unendliche Mannigfaltigkeit der Gehängeformen entstehen. Es ist eine nützliche geistige Übung sich darüber klar zu werden, daß Erosionsprozesse und sogar tektonische Prozesse unterhalb des Meeres oder auf dem Mond nicht die gleichen sind wie auf den der Atmosphäre ausgesetzten Landoberflächen. Da wir nun beginnen, die Meeresböden und den Mond zu erforschen, müssen wir den Formen, die wir sehen, unvoreingenommen gegenüberstehen.

Über das Studium von Abhängen gab es zwei Ansichten. Eine ältere Schulmeinung, die von *W. M. Davis* vertreten wurde, leitete die systematischen Veränderungen aus Hangformen ab, die langanhaltende atmosphärische Verwitterung und Erosion begleiten. Da die Landschaftsentwicklung zu langsam vor sich geht um direkt beobachtet zu werden, basierten Folgerungen bezüglich der Veränderungen von Hangformen auf Annahmen, die nicht geprüft werden konnten, bevor wir über die Techniken der Isotopen-Altersbestimmung verfügten, um alte Landoberflächen zu datieren. Es ist daher kein Wunder, daß die deduktive Annäherung an Hangform-Analysen die geologische Literatur um einige bemerkenswert eigensinnige und autoritäre Schriften bereichert hat. Die Mehrzahl der deduktiv arbeitenden Geomorphologen war der Ansicht, daß Abhänge, besonders in humiden Gebieten, mit der Zeit flacher und breiter gerundet werden. Eine lautstarke Minorität bestand darauf, daß Abhänge stabile Formen sind, deren Neigungswinkel von der Gesteinsart und dem Verwitterungsprozess abhängen, daß ein einmal entstandener stabiler Abhang über die Zeit bestehen bleibt und sich parallel zu seiner Abhangfläche zurückbildet, bis er durch das Hineinschneiden anderer Abhänge aufgelöst wird. Diese Überlegungen werden wir im fünften Kapitel fortsetzen.

Eine andere Gruppe von Geomorphologen befaßte sich mit der empirischen Beschreibung der Abhänge. Mit weniger Rücksicht auf theoretische Projektionen in die Zukunft studierte sie die Prozesse der Hangbildung und die Geometrie der Hänge. Es wurden unzählige Hangprofile und beschreibende Texte veröffentlicht, aber weil eine leitende Theorie fehlte, litt auch das empirische Studium. Nur aufopferungsvolle und hartnäckige Arbeiter klettern weiterhin mit Maßband und Wasserwaage die Hügel rauf und runter.

Einige Fortschritte wurden jedoch gemacht — sowohl durch die Anwendung der deduktiven als auch der empirischen Untersuchungsmethode. Heute wissen wir, daß Hangprofile im allgemeinen über einen oberen, zum Himmel konvexen und einen unteren konkaven Abschnitt verfügen (Abb. 3-7A), daß einige Hangprofile zwischen oberer und unterer Krümmung einen geraden Abschnitt aufweisen (Abb. 3-7B) und daß, wenn ein Kliff den Abhang unterbricht, ein zusätzlicher, durch freien Fall und verwitterte Trümmer gekennzeichneter Abschnitt in das Profil über dem geraden Abschnitt eingefügt wird (Abb. 3-7C). Für gewöhnlich besteht der gerade Abschnitt unterhalb eines senkrechten Abfalles aus Hangschutt.

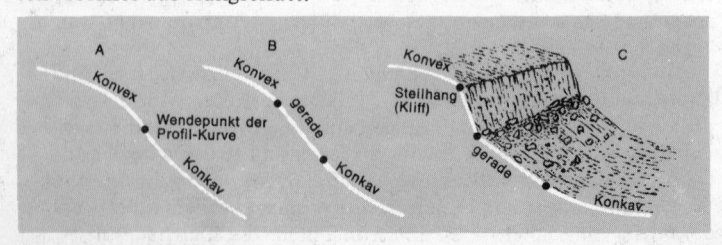

Abb. 3-7 Hangprofile

Im allgemeinen wird die obere konvexe Krümmung des Profils durch Massenbewegung, insbesondere durch Kriechen beherrscht. 1909 legte *G. K. Gilbert* eine Erklärung für die konvexe Krümmung der Kuppe vor, die weitgehend deduktiv ist, aber noch immer die beste Erklärung darstellt. Er nahm eine gleichmäßig dicke Schicht von Erde oder Regolith über der konvexen Oberfläche an (Abb.3-8).

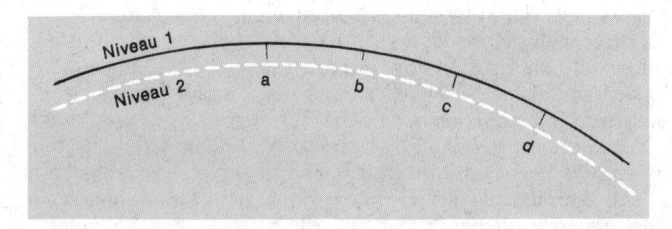

Abb. 3-8   G. K. Gilberts Erklärung für die konvexe Kuppenkrümmung. Da die Oberfläche vom Niveau 1 zum Niveau 2 gleichmäßig erniedrigt wird, müssen zunehmend größere Massen von b über c und d in einem gegebenen Zeitraum bewegt werden. Aus diesem Grunde muß sich die Hangneigung in radialer Richtung von der Kuppe verstärken.

Wenn in einem bestimmten Zeitraum eine gleichmäßig dicke Masse verwitterten Materials aus dem ganzen Gipfelgebiet entfernt wird, müssen zunehmend wachsende Schuttmengen durch weiter und weiter hügelabwärts gelegene Profil-Schnitte bewegt werden. Mit anderen Worten: Unter den gegebenen Voraussetzungen ist die Materialmenge, die über jeden beliebigen Punkt kriecht, proportional zum Abstand dieses Punktes vom Gipfel. Da Kriechen vor allen Dingen ein Phänomen der Gravitation ist, muß sich der Hangwinkel in radialer Richtung vom Gipfel vergrößern, um die zunehmende Menge an Gesteinstrümmern zu bewegen. Damit wird die Gipfelkrümmung konvex. Messungen bei Bodenkriechen bestätigen, daß dies der vorherrschende Prozeß im bewachsenen, oberen Hügelbereich ist.

Bei niedrigeren Abhängen tritt überwiegend Transport durch fließendes Wasser im Gegensatz zum Kriechen ein. Zwei kleine Rinnsale, die während eines starken Regens einen nackten Berghang hinabfließen, benötigen einen bestimmten Hangwinkel, um mit ihrer mitgeführten Sedimentfracht weiterfließen zu können. Wenn die beiden Rinnsale zusammenfließen, zeigt der entstehende Bach eine größere proportionale Steigerung seiner "Masse" als der Zunahme an wasserbedeckter Oberfläche entspricht. Die Reibung verringert sich proportional zur Abflußmenge und der größere Wasserfluß kann die gemeinsame Fracht der beiden kleinen Rinnsale ohne Geschwindigkeitsverlust, jedoch mit flacherem Neigungswinkel transportieren. Daher sind Abhänge, die durch Regenabschwemmung, Schichtfluten oder Rillenspülung kontrolliert werden, im allgemeinen konkav. An einigen Stellen auf einem Abhang herrscht Regenabschwemmung über Bodenkriechen vor und das Hangprofil geht von konvex nahe der Spitze in konkav nahe der Basis über.

Es scheint, daß sich Abhänge mit geradem Zwischenabschnitten dort bilden, wo die Erosion ungewöhnlich schnell vor sich geht. In dem extremen Beispiel von Wasserrinnen, die durch einen einzigen starken Sturm in einer künstlichen Uferbefestigung ausgewaschen werden, sind die meisten Abhänge gerade. Natürliche Landschaften, die von engständigen V-förmigen Rinnen mit geraden Seiten gekerbt sind, die messerrückenartige Kämme formen, nennt man *Ödland*.

Bisher haben wir lediglich Hang-Profile betrachtet. Schon allein an Profilen können wir erkennen, wie Bodenkriechen nahe des Gipfels eines Abhanges den Neigungswinkel hangabwärts erhöht, bis Regenwasser über die Oberfläche zu fließen beginnt, statt in den kriechenden Boden einzudringen und ihn mit Wasser zu sättigen. In dieser Höhe der Hügelseite beginnen Flächenerosion und konkave Formung des Abhanges.

Abhänge krümmen sich nicht nur hangabwärts, sondern auch in davon abweichenden Richtungen, und diese anderen Krümmungen beeinflussen die Wasserbewegung. Wo die Höhenlinien konvex aus einem Berghang um Ausläufer oder *Nasen* herum hervortreten, wird das abwärts fließende Wasser seitwärts verteilt. Nasen und Rücken neigen dazu trockener zu sein als angrenzende Mulden, wo die Höhenlinien konkav in den Hang hineinschwingen. Konkave Formen neigen dazu, Wasser aus einem großen, hügelaufwärts gelegenen Gebiet zu sammeln. Flußquellen findet man unterhalb von Mulden.

Wir können die Profilkrümmung und die Höhenschichten-Krümmung zu einer einzigen diagrammartigen Klassifizierung der Hänge zusammenfassen (Abb. 3-9). Die horizontale Achse des Diagramms teilt "wassersammelnde" Abhänge mit konkaven Höhenschichtlinien (Quadrant I und II) von "wasserverteilenden" Hängen mit konvexen Höhenschichtlinien (III. und IV. Quadrant). Die vertikale Achse des Diagramms trennt Abhänge mit konvexen Profilen, die durch Bodenkriechen beherrscht werden, (Quadrant II und III) von denen mit konkaven Profilen, die durch Regenabschwemmung beherrscht werden (Quadrant I und IV). *F. R. Troeh*, der diese geniale Hang-Klassifizierung 1965 veröffentlichte, fand,

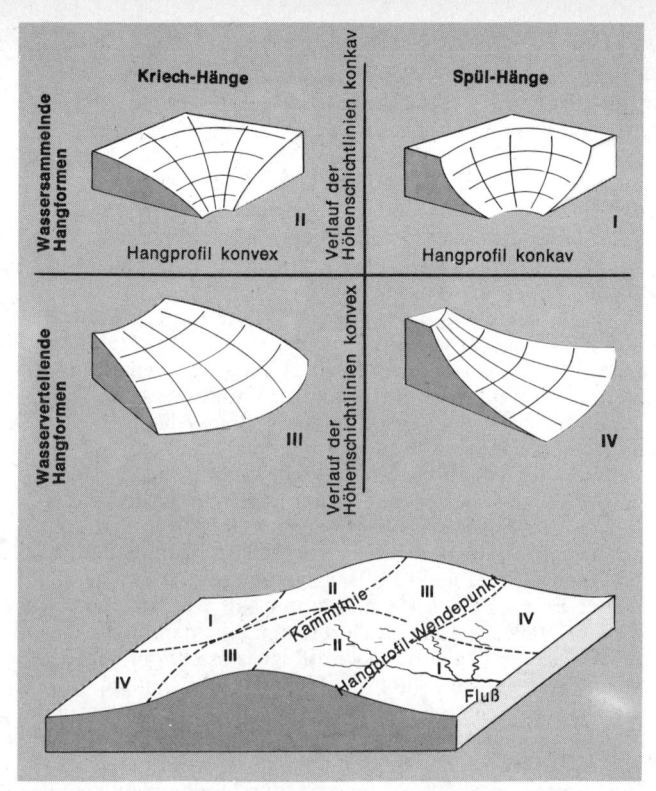

Abb. 3-9 Klassifizierung der Hangelemente einer Landschaft aufgrund ihrer Formen und morphologischen Prozesse (Nach *Troeh* 1965)

daß er fast jede beliebige Landoberfläche in einem der vier Quadranten unterbringen konnte. Die einzige Ausnahme bilden sattelförmige Oberflächen, die einer komplizierteren mathematischen Analyse bedürfen. Horizontale Oberflächen oder gerade, flache Hänge haben ihren Platz auf den Achsen des Diagramms. Das Block-Diagramm eines gekrümmten Rückens im unteren Teil der Abb. 3-9 zeigt, wie ein Hügel in die einzelnen Abhang-Elemente unterteilt werden kann.

Jedes Abhang-Element der Abb. 3-9 kann mathematisch durch eine Gleichung 2. Grades dargestellt werden. Jede Oberfläche wird durch Rotieren eines Segments einer Parabel um eine vertikale

Achse erzeugt. Um seine Klassifizierung zu vervollkommnen, beobachtete *Troeh* landwirtschaftlich genutztes Land bei der Cornell-Universität. Mit einem Computer errechnete er die am besten passende Rotationsparabel für jeden kleinen Abschnitt des untersuchten Landes. Er dentdeckte, daß in Gebieten, deren jetzige Landoberfläche durch eine einzige quadratische Gleichung mit einer vertikalen Abweichung von nicht mehr als 12-15 cm dargestellt werden konnte, ein einziger Bodentyp vorhanden war. Wo die Landoberfläche von der berechneten Oberfläche um mehr als 15 cm abwich, erschien ein neuer Bodentyp. Für gewöhnlich wurde der Unterschied in den Böden durch einen etwas besseren oder schlechteren Wasserabfluß bedingt. *Troehs* Folgerungen unterstützen stark das erste, in der Einleitung zu diesem Buch aufgeführte Thema: Beständigkeit der Landform zeigt Kontinuität der Prozesse an.

Für gewöhnlich ist eine Landschaft aus kleinen Abhang-Elementen zusammengesetzt, die alle auf besondere Art auf die lokale Wirksamkeit der Verwitterung. Massenbewegung und Erosion reagieren. Alle Elemente stehen jedoch miteinander in Beziehung, denn ein zufälliges Ungleichgewicht in einem beliebigen Teil des Abhanges beeinflußt die benachbarten Abschnitte darüber und darunter. Wenn ein Tier in einem Hang gräbt, schüttet es einen Haufen loser Erde auf dem Hang darunter auf. Der Abhang wird an dieser Stelle zu steil und die Trümmer werden rasch hangabwärts verteilt. Gleichzeitig wird Regenwasser vom oberen Teil des Hanges in dem ausgehöhlten Loch aufgefangen und durch diese Unterminierung wird Bodenkriechen beschleunigt. Ein dynamisch stabiler oder ausgeglichener Abhang ist ein Beispiel für ein *offenes physikalisches System*, durch das sowohl Energie als auch Masse bewegt wird, ein System, das durch selbstregulierende Prozesse dazu neigt, sich selbst die günstigste Struktur zu erhalten. Abhänge verändern sich ständig, sie neigen aber immer zu einem mittleren, ausgeglichenen Stadium, das den gegenwärtigen Umweltbedingungen angemessen ist.

4 Ströme und Flußläufe

Die bestimmende landschaftsändernde Kraft ist Wasser, das über die Landoberfläche zum Meer hinabfließt. Durch Oberflächenverwitterung und Grundwasser-Lösung wird Fracht für die fließenden Ströme bereitgestellt. Massenbewegung kann große Mengen von Gesteinstrümmern am Fuß eines Abhanges aufhäufen. Letzten Endes müssen aber die Flüsse bis auf einen geringen Teil die gesamte Menge der Gesteinstrümmer vom Land zum Meer transportieren. Im Vergleich zu Flüssen bewältigen Wind, Gletscher, Ozeanwellen und andere Erosionsarten nur einen geringen Teil der Arbeit. Um zu verstehen, wie Landschaften sich verändern, müssen wir daher erst lernen, wie Flüsse wirken.

Während eines Regenfalles sammelt sich das Wasser in Rinnen an den Bergabhängen und schneidet eine Vielzahl vergänglicher Rillen ein. Wenn der Regen zu Ende ist, versickert das Wasser im Rillengrund und intensiviert örtlich die Verwitterung. Die kleinen Rinnen verschwinden rasch durch Bodenkriechen, aber unterhalb einer jeden verwitterte etwas mehr Gestein und wurde so für den Abtransport vorbereitet. Unterhalb der wassersammelnden Abhänge dauert der Wasserabfluß noch eine Weile nach dem Regen an. Wenn die *Wassersammelstelle eines Gebietes*, oder das *Wassereinzugsgebiet*, eines Abhanges groß genug ist, kann nahe der Basis ein dauerhafter Fluß entstehen, der sowohl von oberirdischem als auch unterirdischem Wasserfluß gespeist wird.

Das Verhältnis der oberirdisch fließenden Wässer zu unterirdischen, die einen Fluß speisen, variiert stark je nach Klima, Bodentyp, Untergrundgestein, Hangneigung, Vegetation und vielen anderen Faktoren. Eine Schätzung besagt, daß $^1/_8$ des jährlichen Abflusses des hydrologischen Zyklus (Abb. 1-3) direkt von der Landoberfläche in die See geht, während $^7/_8$ des Wassers zumindest kurzfristig unterirdisch läuft. Wenn man sich daran erinnert, wie schnell eindringendes Wasser mit Mineralen reagiert (Kapitel 2), versteht man, warum "reines" Quellwasser genau die chemische Zusammensetzung des örtlichen Gesteins widerspiegelt. Schon wenn Flußwasser seinen Weg bergab beginnt, ist seine chemische Energie weitgehend verbraucht.

Dynamik des fließenden Wassers

Die Muster von Flußläufen sind unterschiedlich und kompliziert. Wie die Äste eines Baumes unterteilt sich ein Abfluß-System stromaufwärts wiederholt in immer kleinere Flußläufe. Die Quellen-Zuflüsse eines Fluß-Systems, also diejenigen, die aus dem Boden hervortreten und, ohne selbst Nebenflüsse aufzunehmen, einem Zusammenfluß zufließen, werden *Flüsse erster Ordnung* genannt. Wenn man einen Abhang während eines Regenfalles untersuchen würde, könnte man feststellen, daß jeder Strom erster Ordnung tatsächlich der Hauptfluß eines komplizierten, jedoch fast mikroskopisch kleinen Abfluß-Systems ist, das nur so lange existiert, wie der Regen fällt.

Wenn man Abfluß-Systeme statistisch analysiert, ergibt sich ein Muster, das einen großen Wahrscheinlichkeitswert hat. Man kann ein gutes Modell eines Fluß-Systems durch ein "random walk"-Spiel aufstellen. Man setze eine Anzahl von Spielsteinen in gleichen Abständen entlang der Kante eines Millimeter-Papiers. Die Steine läßt man je nach Würfelaugen immer einen Abstand entweder vorwärts, nach links oder nach rechts gehen. Eine Beschränkung bei dieser zufälligen Bewegung liegt darin, daß die Steine nicht rückwärts gehen können. Dies entspricht im Spiel der Gravitation. Wenn ein Stein den Weg eines anderen überschneidet, muß er dem vorgegebenen Weg von diesem Punkt an folgen. Diese Spielregel stellt den Zusammenfluß von Wasser dar. Die Wege der Steine zeichnen Abfluß-Netze, in denen Flüsse erster Ordnung zusammenfließen, um Flüsse zweiter Ordnung zu bilden und so weiter, bis alle Wege sich in einem einzigen Hauptstrom vereinigt haben oder sich so weit voneinander entfernten, daß ein Zusammenfluß unmöglich wird. Die Häufigkeit, mit der sowohl Spielsteine als auch Flüsse zusammentreffen, die durchschnittliche Wegstrecke zwischen aufeinanderfolgenden Zusammenflüssen und andere Parameter des Netzes hängen nur von den Spielregeln ab. Wenn ein Teil des Netzes bekannt ist, kann der andere vorausgesagt werden. In der Natur beinhalten diese "Spielregeln" die Struktur des Untergrundes, die tektonischen Abhänge und die bisherige Erosions-Geschichte. Die Spielregeln der Natur sind ebenso kompliziert wie fein.

Einer der interessanten Aspekte der Wasserläufe ist, daß sich die Wassermenge eines Flusses erhöht, der Neigungswinkel der Wasseroberfläche jedoch sich talabwärts verringert. Als emprische Regel kann man sagen, daß Neigung eine umgekehrte Funktion der Abflußmenge ist. Es gibt keine angemessene Theorie, um diese Regel zu erklären, aber ihre Gültigkeit basiert auf direkter

Beobachtung. Offensichtlich fließt Wasser in breiten Kanälen besser und bedarf daher eines geringeren Neigungswinkels, um seine Geschwindigkeit konstant zu halten.

Die umgekehrte Beziehung zwischen Neigung und Abflußmenge kann, wenn schon nicht durch eine allgemeine Theorie erklärt, durch eine praktische Anwendung illustriert werden. Bei einem Bewässerungs-System muß jeder Graben steil genug abfallen, um das Wasser in Bewegung zu halten und Schlamm daran zu hindern, sich in den Kanälen abzusetzen, er darf jedoch nicht so steil sein, daß das Wasser die Grabenseiten erodieren kann. Es muß ein heikles Energie-Gleichgewicht gewahrt bleiben. Durch jahrhundertelange Versuche und Fehler und neue Experimente hat der Mensch gelernt, daß zunehmend schmalere Bewässerungsgräben einen größeren Neigungswinkel haben müssen, um das Wasser in der erforderlichen Geschwindigkeit fließen zu lassen. In einem Bewässerungs-System nimmt die Abflußmenge stromabwärts ab, indem das Wasser aus einem einzigen großen Hauptkanal in Distrikte, Bauernhöfe und Felder weiterverteilt wird. Die umgekehrte Proportion zwischen Neigung und Abflußmenge gilt auch bei dieser Umkehrung eines normalen Fluß-Systems.

In feuchten Gebieten verstärkt sich die Abflußmenge der Flüsse flußabwärts. Nicht der ganze jährliche Wasserabfluß des Landes wird an den Zusammenflüssen der Nebenflüsse erster Ordnung, die sich wie Spielsteine am Start eines Spieles in gleichen Abständen von den Flußmündungen befinden, in die Flüsse geführt. An jeder beliebigen Stelle entlang eines Flusses kann Wasser durch Oberflächenabfluß oder unterirdisches Sickern hinzugefügt werden. Flüsse in feuchten Regionen werden *effluent* genannt, da sie Wasserzuflüsse aus dem Grundwasser erhalten. In ariden Gebieten verlieren Flüsse im allgemeinen Wasser an den Untergrund zusätzlich zu dem Verdampfungsverlust, und oft trocknen sie vollständig aus, ohne das Meer zu erreichen. Diese werden *influente* Flüsse genannt; ihre unterschiedlichen Flußlauf-Eigenschaften werden später in diesem Kapitel beschrieben.

Wo Flüsse in das Meer münden, sinkt die potentielle Energie des fallenden Wassers auf Null. Eine weitere Umsetzung von potentieller Energie in Flußarbeit ist nicht mehr möglich und daher wird der Meeresspiegel und seine Projektion unter das Land das *letzte Basis-Niveau* der Flußerosion genannt. In der Tat fließen die meisten Ströme mit einer beträchtlichen Geschwindigkeit ins Meer und verfügen daher über kinetische Energie, um ihre Flußbetten ein ganzes Stück unterhalb des Meeresniveaus zu erodieren. Diese Beobachtung macht jedoch nicht den Nutzen des Meeresspiegels als Bezugsebene für das Ende der potentiellen Energieumsetzung ungültig. Wir werden später sehen, daß es auch *lokale oder zeitlich beschränkte Basis-Nieveaus* gibt, die die Flußerosion verzögern, aber niemals aufhalten können.

Da Flüsse ihre stärkste Wasserführung und daher flachsten Neigungswinkel nahe ihrer Mündung haben, fließen sie mit flachen, kaum meßbaren Tangenten ins Meer. Bei New Orleans hat der Mississippi den Meeresspiegel bereits erreicht, 172 km stromaufwärts seiner (gegenwärtigen) Mündung in den Golf von Mexiko. Der mächtige Amazonas-Strom liegt bei Obidos, Brasilien, nur 6 m über der Mittelwasserlinie, 800 km von seiner Mündung entfernt.

Zur hydraulischen Geometrie der Flußläufe

Regierungsstellen haben viele Jahre hindurch überall auf der Welt Pegel-Meß-Stationen entlang der Flußläufe unterhalten. In diesen Stationen wurden periodisch oder durchgehend der Wasserstand, Flußlauf-Form, Fließ-Geschwindigkeit, Menge der gelösten und mitgeführten Minerale und andere Variable aufgezeichnet. Die Abflußmenge des Stromes wird ebenfalls gemessen, und zwar nicht direkt, sondern indem man den Querschnitt des Flußlaufes bei der Pegel-Station mit der durchschnittlichen Geschwindigkeit der Strömung multipliziert. Die *Abflußmenge* wird in Kubikmeter pro Sekunde (Fläche des Querschnitts in m^2 mal Geschwindigkeit in m/sec) ausgedrückt oder in gleichwertigen Einheiten.

Die Aufzeichnungen der Pegel-Stationen werden zur Voraussage von möglichen Flutschäden, Wasserverunreinigungen und anderen Katastrophen benötigt. Diese Aufzeichnungen stellen auch eine umfangreiche Geschichte der Fluß-Strömung dar. Eine Gruppe von Geologen und Ingenieuren der U. S. Geological Survey veröffentlichte 1953 eine Analyse von Tausenden von Messungen von Fluß-Pegel-Stationen in den ganzen Vereinigten Staaten. Ihre Analyse über die Beziehungen zwischen Abflußmenge, Form des Flußbettes, Sedimentfracht und Neigungswinkel nannten sie die *hydraulische Geometrie der Flußläufe.* Die Arbeit wird forgesetzt und ist eine der ertragreichsten und potentiell nützlichsten Bereiche geologischer Forschung.

Die Ausbildung der beiden Wissenschaftler, die die Bezeichnung "hydraulische Geometrie" einführten, zeigt die Komplexität der Forschung auf. *L. B. Leopold* hat akademische Grade in Maschinenbau, Ingenieurwissenschaften, Meteorologie und Geologie; *Thomas Maddock* hat akademische Grade in Ingenieurwissenschaften und spezialisierte sich auf dem Gebiet der hydraulischen

Ingenieurwissenschaften. Diese ganze Ausbildung und Erfahrung benötigen sie, um die geomorphologische Bedeutung der Veränderungen in Fluß-Strömung und Flußbett-Form zu erkennen.

Ein erster Schritt zur Analyse der hydraulischen Geometrie der Flußläufe war, die Veränderungen in Breite und Tiefe der Flußläufe, Strömungsgeschwindigkeit und gelöste Fracht an besonderen Pegel-Stationen bei Bedingungen zu studieren, die von Niedrigwasser über Hochwasser bis zu Überschwemmungen reichen. Für einen großen Bereich verschiedener Bedingungen gilt, daß Breite, Tiefe, Geschwindigkeit und mitgeführte Fracht sich mit der Abflußmenge erhöhen und als einfache Funktion darstellen lassen. Einige der erfreulichen einfachen Gleichungen sind:

$$w = aQ^b \qquad d = cQ^f \qquad v = kQ^m$$

wobei Q = Abflußmenge, w = Breite, d = durchschnittliche Tiefe und v = durchschnittliche Geschwindigkeit bedeuten. Die Veränderungen der Fracht je nach Abflußmenge wird später in diesem Kapitel beschrieben.

Die Zahlenwerte der arithmetischen Konstanten a, c, und k sind für die hydraulische Geometrie der Flußläufe nicht signifikant. Sehr wichtig sind jedoch die Zahlenwerte der Exponenten b, f und m. *Leopold* und *Maddock* erkannten, daß der Mittelwert von 20 repräsentativen Pegel-Stationen im zentralen und südwestlichen Teil der Vereinigten Staaten für die Exponenten b, f und m die folgenden Werte angab:

$$b = 0{,}26 \qquad f = 0{,}40 \qquad m = 0{,}34$$

Diese Werte bedeuten, daß, wenn sich die Wasserabflußmenge hinter einer Pegel-Station, z. B. während einer Flut, erhöht, die Flußlaufbreite sich ungefähr mit der vierten Wurzel der Abflußmenge ($w = aQ^{0,26}$) vergrößert, die durchschnittliche Tiefe sich fast mit der Quadratwurzel der Abflußmenge ($d = cQ^{0,40}$) und die Geschwindigkeit sich ungefähr mit der Kubik-Wurzel der Abflußmenge ($v = kQ^{0,34}$) vergrößert. Sowohl die Breite des Flußbettes wie die Tiefe und die Strömungsgeschwindigkeit vergrößern sich bei steigendem Wasser an den Pegel-Stationen. Für jemanden, der einen Fluß bei Hochwasser gesehen hat, sind diese Folgerungen keine Überraschung, aber die Gesetzmäßigkeit der Veränderungen ist wesentlich.

Überraschender sind die Ergebnisse, wenn man die Veränderungen der Flußbettform und Strömungsgeschwindigkeit flußabwärts vergleicht. Wir haben gesehen, daß sich die Abflußmenge der Flüsse in feuchten Gebieten flußabwärts erhöht. Als man die durchschnittliche jährliche Abflußmenge vieler Flüsse an einander folgenden Pegel-Stationen verglich, fand man, daß dieselben Gleichungen, die sich für den Strömungswechsel an einem einzigen Punkt ergeben hatten, anwendbar waren. *Die Abflußmenge eines Flusses erhöht sich flußabwärts und Flußbett-Breite, Flußbett-Tiefe und Strömungsgeschwindigkeit erhöhen sich ebenfalls.*

Jedermann weiß, daß Flüsse, während sie flußabwärts größer werden, auch breiter und tiefer werden, aber bevor *Leopold* und *Maddock* ihre Arbeit veröffentlichten, hatte niemand vermutet, daß auch die durchschnittliche Strömungsgeschwindigkeit flußabwärts steigt. Diese Folgerung zerstört unsere poetischen Eindrücke von wilden reißend fließenden Bergflüssen und tiefen, breiten, ruhig dahinströmenden Flüssen, wie z. B. dem Mississippi. Man wird sich nicht gleich darüber klar, daß sich der größte Teil der Strömung in einem Gebirgsbach in kreisförmigen Strudeln ausdrückt, wobei die Rückwärtsbewegung fast so groß ist wie die Vorwärtsbewegung.

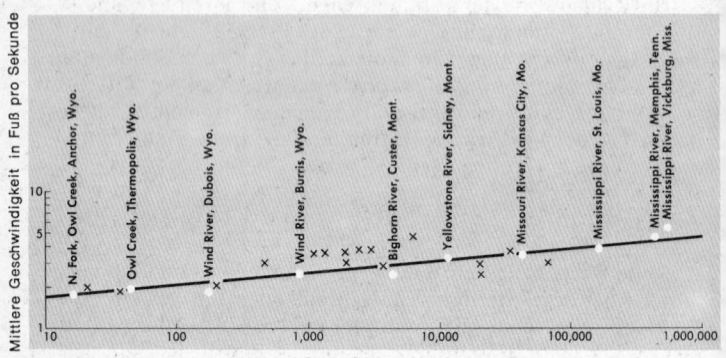

Abb. 4-1 Geschwindigkeit und Wasserführung des Yellowstone-Missouri-Mississippi-Flußsystems. Die durchschnittliche Strömungsgeschwindigkeit eines Flusses nimmt stromabwärts mit steigender Menge der Wasserführung zu. Namenlose, zusätzliche Meßstationen sind mit X bezeichnet. (Angaben nach *Leopold* und *Maddock* 1953)

Abb. 4-1 zeigt ein zuerst von *L. B. Leopold* im Jahre 1953 veröffentlichtes Beispiel für den Beweis, daß die durchschnittliche Strömungsgeschwindigkeit flußabwärts mit der Abflußmenge steigt. Sowohl Geschwindigkeit wie Abflußmenge sind logarithmisch dargestellt, um als gerade Linie die exponentielle Beziehung zwischen den Variablen zu zeigen.

Die Zahlenwerte der beiden Exponenten b und m sind nicht die gleichen für Änderungen flußabwärts und für Änderungen mit der Abflußmenge hinter einem Meßpunkt. In der Richtung flußabwärts wurden folgende Durchschnittswerte für die Exponenten gefunden:

$$b = 0{,}5 \qquad f = 0{,}4 \qquad m = 0{,}1$$

Flußabwärts verbreitert sich das Flußbett am schnellsten mit der Abflußmenge, die Tiefe vergrößert sich am zweitschnellsten und die Durchschnittsgeschwindigkeit steigt nur leicht an, aber sie steigt mit Sicherheit. Man nimmt an, daß die flußabwärts zunehmende Tiefe eine bessere Strömung im Fluß ermöglicht, dadurch die abnehmende Neigung überkompensiert und so eine geringe Netto-Steigerung in der Geschwindigkeit bei einer durchschnittlichen jährlichen Abflußmenge ermöglicht.

Eine mathematische Probe der hydraulischen Geometrie-Gleichungen ermöglicht nützliche Anwendungen der Prinzipien. Wir definierten Abflußmenge als Gebiet-Zeit-Geschwindigkeit, oder $Q = wdv$. Wenn

$$w = aQ^b \qquad d = cQ^f \qquad v = kQ^m$$

das ist durch Ersetzen:

$$Q = (aQ^b)(cQ^f)(kQ^m)$$

oder:

$$Q = ack Q^{b+f+m}$$

dann folgt, daß

und

$$a \times e \times k = 1{,}0$$

$$b + f + m = 1{,}0$$

Es ist nicht nötig, daß wir uns mit den arithmetischen Konstanten a, c und k beschäftigen, aber es ist interessant festzustellen, daß in den für beide Pegel-Stationen gegebenen Beispielen und flußabwärts $b + f + m = 1{,}0$ ist.

Wir sind vielleicht dem Tag nahe, wo wir in der Lage sein werden, aufgrund der hydraulischen Geometrie die Strömungsmerkmale der Flüsse aus einem Minimum an Beobachtungsdaten voraussagen zu können. Viel Instrumentarium und Zeit wird gespart werden können, wenn eine kleine Anzahl von repräsentativen Pegel-Stationen, die vielleicht mit automatischer Aufzeichnungs- und

Übertragungsausrüstung ausgestattet sind, alle Informationen, die wir für die Wiederauffüllung von Reservoiren, Flutvoraussagen, Bewässerung, Maßnahmen gegen Wasserverschmutzung, Fluß-Schiffahrt und viele andere menschliche Nutzungen der Flüsse benötigen, zur Verfügung stellen werden. Der nordamerikanische Geologische Dienst unterhält zur Zeit etwa 4300 Pegel-Stationen als *hydrologisches Netz* oder *Oberflächenwasser-Basisdaten-Netz*. Weitere Tausende von Pegel-Stationen werden zusätzlich für die besonderen Bedürfnisse der regionalen Wasserbewirtschaftung unterhalten.

Transport und Erosion durch Flüsse

Flüsse transportieren fast alle verwitterten Gesteinstrümmer vom Land zum Meer. Im Vergleich dazu transportieren Winde und Gletscher nur einen geringen Teil und die Wellen, die die Festlandsränder erodieren, sind nur in einer schmalen Küstenzone wirksam. Flüsse befördern ihre Fracht an verwittertem Gestein auf drei verschiedene Arten. Einige Teilchen (Silt und Ton, in nassem Zustand zusammenfassend *Schlamm* genannt, oder *Staub*, wenn er trocken ist) sind klein genug, um in turbulentem Wasser zu schweben. Diese Teilchen sind die *schwebende Sediment-Fracht*. Größere Körner (Sand und Kies) oder schwere Gesteinstrümmer rollen, rutschen oder springen das Flußbett entlang. Sie bilden die *Flußbett-Fracht* des Stromes. Die verwitterten Bestandteile der Gesteine, die in chemischer Lösung verfrachtet werden, stellen die *gelöste Fracht*.

Von den verschiedenen Bestandteilen der Fluß-Fracht ist nur die schwebende Sediment-Fracht gut bekannt. Bei bestimmten Pegel-Stationen werden routinemäßig Standardmengen an Wasser entnommen, das schwebende Sediment wird abgetrennt, getrocknet und gewogen. Das Sedimentgewicht pro Standardmenge Wasser wird mit der Abflußmenge zur Zeit der Probennahme multipliziert, um die Sedimentfracht in Tonnen pro Tag oder in entsprechenden Einheiten azugeben.

Eine befriedigende Methode zur Messung der Flußbett-Fracht hat man noch nicht gefunden. Jeder Versuch zur Probennahme, den man in einem Flußbett unternimmt, lenkt die Strömung ab und ändert die Transporteigenschaften entlang des Flußbettes. Man nimmt im allgemeinen an, daß die Flußbett-Fracht etwa 10% der schwebenden Sediment-Fracht ausmacht, es gibt jedoch Flüsse, in denen sie über die Hälfte der gesamten Fracht beträgt.

Die gelöste Fracht wird aus chemischen Analysen des Wassers

und den Werten der Abflußmenge berechnet. Die speziellen chemischen Analysen sind zu teuer und zeitraubend, um außer von einigen wenigen Stationen, routinemäßig durchgeführt zu werden. Daher schätzen wir regionale Zusammensetzungen der gelösten Fracht dadurch, daß wir einige wenige, vielversprechend typische Flüsse, untersuchen.

Die hydraulische Geometrie der Flußläufe beinhaltet die schwebende Sediment-Fracht und die Flußbett-Fracht wie auch Abflußmenge, Breite, Tiefe, Geschwindigkeit und Neigungswinkel. Soweit wir wissen, beeinflußt die gelöste Fracht die physikalischen Eigenschaften des fließenden Wassers nicht. Die Gleichung, die schwebende Sediment-Fracht und Abflußmenge in Beziehung setzt, ähnelt in der Form den Gleichungen für Breite, Tiefe und Geschwindigkeit. Die von *Leopold* und *Maddock* angegebene Gleichung lautet: $L = pQ^j$, wobei L die schwebende Sediment-Fracht, Q die Abflußmenge ist und p und j numerische Konstanten sind.

Im allgemeinen steigt bei Erhöhung der Abflußmenge an einer Pegel-Station die schwebende Sediment-Fracht. Die Werte für den Exponenten reichen von 2,0 bis 3,0. Die großen exponentiellen Werte bedeuten, daß bei einem zehnfachen Anwachsen der Abflußmenge an einer Station die schwebende Fracht um das Hundert- oder Tausendfache ansteigen kann: Abb. 4-2 zeigt den Vergleich zwischen schwebender Sediment-Fracht und Abflußmenge in Form eines typischen Diagramms. An einer Station vergrößert sich die schwebende Sediment-Fracht mit der Abflußmenge sehr viel schneller als die Flußbettbreite oder -tiefe. Die Vergrößerung des Flußbettes durch Erosion kann daher nicht für die ganze vermehrte Fracht verantwortlich sein. Der größte Teil des schwebenden Sediments kommt aus dem Wassereinzugsgebiet stromaufwärts der Pegel-Station. Das Sediment wird während der gleichen Regenfälle oder Schneeschmelzen, die die Abflußmenge des Flusses anschwellen lassen, frisch durch Massenbewegung und Rillenausspülung in den Strom geliefert.

Die Veränderung der schwebenden Sediment-Fracht bei wachsender Abflußmenge flußabwärts ist nicht direkt gemessen worden, sie kann jedoch indirekt aus anderen Parametern der hydraulischen Geometrie geschätzt werden. Der Wert für den Exponenten j in Richtung flußabwärts ist 0,8 und dies bedeutet, daß die gesamte schwebende Sediment-Fracht flußabwärts etwas weniger rasch anwächst als die Abflußmenge und daß die Konzentration des schwebenden Sediments zur Flußmündung hin geringer wird.

Messungen der Form des Flußbettes und der schwebenden Sediment-Fracht bestätigen, daß Flüsse den größten Teil ihrer Fracht in Zeiten hoher Abflußmengen befördern. Wenn das Wasser bei

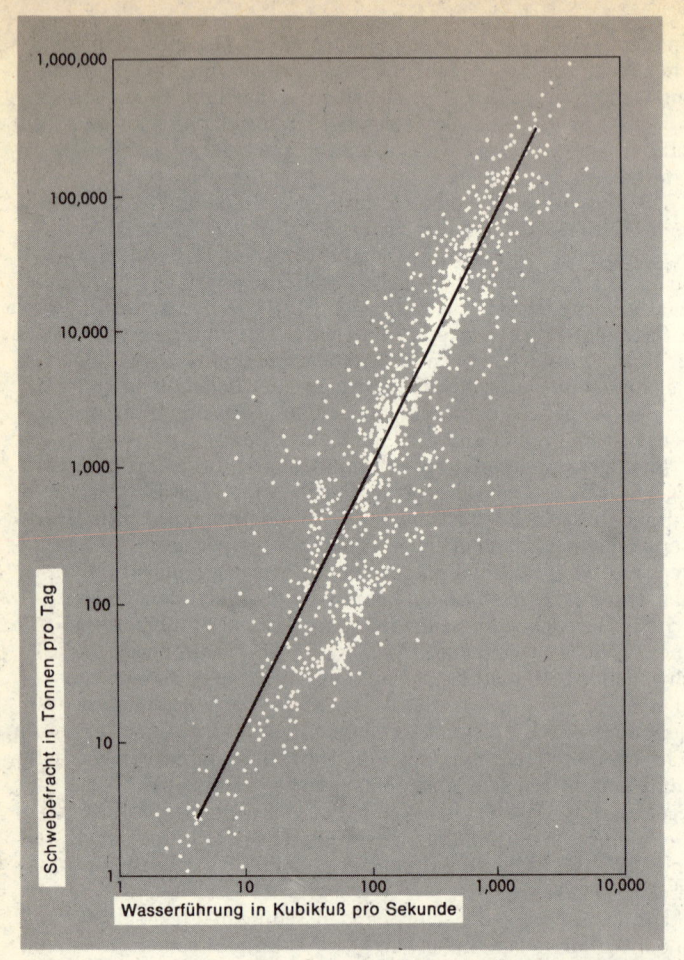

Abb. 4-2 Beziehung zwischen Menge der Schwebefracht und Wasserführung, Pulver-Fluß bei Arvada, Wyoming. (*Leopold* und *Maddock* 1953)

Hochwasser steigt, wird der Kanal tiefer und breiter ausgewaschen und zusätzliche Mengen von schwebendem Sediment werden dem Fluß aus den Hängen des Wassereinzugsgebietes zugeführt. Die Geschwindigkeit steigt und ermöglicht es dem Fluß, größere

Gesteinsbrocken und eine größere Gesamtfracht zu befördern, als er in Zeiten geringerer Abflußmenge bewegen kann. Bei Abnahme des Hochwassers und Verringerung der Geschwindigkeit wird die Fracht wieder abgesetzt und baut den Flußbett-Boden wieder in seiner ursprünglichen Form auf. Man könnte glauben, keine dauerhafte Veränderung habe in einem Flußbett während der Periode großer Abflußmengen stattgefunden, bis man bemerkt, daß Schlamm, Sand und Geröll, die vorher an einem bestimmten Punkt das Flußbett bildeten, flußabwärts dem Meere zu bewegt wurden und durch neues Sediment von weiter flußaufwärts ersetzt wurden. Die Geomorphologie-Maschine hat sich ein Stückchen weitergefressen.

Bei Niedrigwasser oder während Perioden geringer Wasserführung setzt sich viel von der nicht gelösten Sedimentfracht des Flusses ab. Dieses Sediment nennt man *Alluvium*. Gutentwickelte Flüsse haben im allgemeinen ihre Talböden mit Alluvium bedeckt, in das sich das Niedrigwasserbett eingegraben hat. Die Oberfläche des Alluviums, von den Ufern des Niedrigwasserbettes bis zum Fuß der Talwände, wird die *Flußaue* eines Flusses genannt. Dieser Name ist angemessen, denn bei Hochwasser wird die ganze Flußaue zum Flußbett. Viele Flüsse treten regelmäßig in Abständen von 1 oder 3 Jahren über die Ufer des Niedrigwasserbettes. Das "mittlere jährliche Hochwasser" ist ein normales Kennzeichen der Flüsse, die nicht künstlich auf ihre Niedrigwasserläufe eingeengt wurden.

Die Flußaue und das Alluvium, aus dem sie besteht, sind für einen Fluß in mehrfacher Hinsicht lebensnotwendig. Wenn ein Fluß bei Hochwasser über seine Ufer tritt, dehnt sich die Kanalbreite plötzlich auf die volle Breite der Flußaue aus. Da die Abflußmenge ein Produkt der Breite, Tiefe und Geschwindigkeit (Q = wdv) ist, kann eine große Zunahme der Weite die gesteigerte Abflußmenge eines Hochwassers mit nur geringem Ansteigen der Strömungsgeschwindigkeit und Tiefe des Flußlaufes regeln. Die Geschwindigkeit des Wassers, das außerhalb des Hauptarmes über die Flußaue dahinfließt, kann sogar langsam genug sein, Sediment aus der Suspension absetzen zu lassen und dem Alluvium hinzuzufügen. Leute, die in Flußauen leben, wissen, daß ein einziges Hochwasser eine Schicht von 30 cm und darüber eines schlammigen Alluviums auf ihren Feldern und in ihren Häusern ablagern kann.

Ein Fluß mit einer gutentwickelten Flußaue strömt in breiten, regelmäßigen Kurven dahin, die *Mäander* genannt werden. Dies ist eine weitere, bislang wenig verstandene Grundeigenschaft des Wassers, in geschwungenen Bogenzügen dahinzufließen. Sedimentfreie Ströme, die zur Sommerszeit über einen Gletscher fliessen, entwickeln auf dem blanken Eis mäandrierende Kanäle. Sogar vom Golfstrom nimmt man an, daß er im Atlantischen Ozean wie ein großer Fluß mäandriert. Ströme, die in erodierbarem Material fließen, tendieren dazu, Mäanderformen zu bilden, und das Alluvium der Flußauen ist in idealer Weise erodierbar. Der gleiche Fluß, der das Alluvium so weit in Richtung See transportiert hat, ist offensichtlich in der Lage, es wiederum zu erodieren und weiter zu verfrachten.

Ströme unterspülen in der Außenseite der Mäanderkurven ihre Ufer und bauen Sand- oder Kiesbänke auf, die *Gleithänge* genannt werden und auf der Innenseite der Flußbiegung gebildet werden. Meist wird das erodierte Ufermaterial eine kurze Strecke stromabwärts bis zum nächsten Gleithang verfrachtet. Mit der Zeit schwingt ein mäandrierender Fluß seitlich in der ganzen Breite der Flußaue hin und her. Zu gleicher Zeit wandern die Mäander stromabwärts. Flußauen sind durch bogenförmige Depressionen ehemaliger Mäander, verlandete Totarme charakterisiert. Abgeschnittene Mäandersegmente bilden auf der Flußaue *Ochsenjochförmige Teiche;* kleine *Terassen,* die in das Alluvium eingeschnitten sind, markieren verschiedene Hochwasserstände.

Von Zeit zu Zeit wird jedes Teilchen des Alluviums in der Flußaue von dem mäandrierenden Flußlauf wieder freigelegt. Kleine Teilchen, die bei geringer Geschwindigkeit abgelagert wurden, werden schwebend wieder abtransportiert. Gesteinstrümmer des Alluviums, die durch die Verwitterung seit dem Zeitpunkt ihrer Ablagerung kleiner geworden sind, werden weiterbewegt. Die Komponenten des Alluviums werden fortgesetzt klassiert, gerundet und durch Abrasion in ihrer Größe verringert, während sie stromabwärts dem Meere zu bewegt werden. Man schätzt, daß die durchschnittliche Lagerzeit für Alluvium auf einer Flußaue in der Größenordnung von 1000 Jahren liegt.

Wenn große, schlammige Ströme Hochwasser führen, setzt sich viel der überschüssigen Schwebefracht in der Nähe der Ufer des Niedrigwasserbettes ab, so daß die beiden Ufer der höchste Bereich der Flußaue werden. Solche Ufer oder natürlichen Dämme können tatsächlich so hoch werden, daß der normale Flußpegel über der benachbarten Flußaue liegt. Häufiger jedoch wird das Alluvium auf ihre lageverändernden Gleithänge abgelagert, je nachdem wie der Fluß seitlich über die Flußaue schwingt. Detaillierte Studien der Alluvial-Flächen bestätigen, daß der größte Teil des Alluviums eher durch seitliche als durch vertikale Anlagerung abgelagert wird. Die vertikale Anlagerung auf Flußauen könnte sie vielleicht so stark aufhöhen, daß das Hochwasser seltener werden würde. Aber das regelmäßige Auftreten von Hochwasser bedeutet, daß der Nettobetrag vertikalter Anlagerung gering ist, es sei denn, daß der Mensch den Wassereinzugsbereich zur Anlage seiner Felder abgeholzt oder auf andere Weise die Geometrie der hydraulischen Eigenschaften eines Flusses geändert hat.

Ein Fluß mit einer alluvialen Flußaue nimmt leicht die für den Wasserabfluß und die Frachtbeförderung günstigste Flußbettform an. Flüsse, die schwebend, feinkörniges Sediment transportieren müssen, haben Bettformen, die im Verhältnis zu ihrer Breite tief sind. Ströme, die große Mengen von Sand und Geröll von ihren Zuflüssen erhalten, entwickeln typische weite, flache Betten mit einer maximalen Flußbettoberfläche. Diese Form ist besonders geeignet, um Flußbett-Fracht zu befördern. Wenn die Flußbett-Fracht sehr groß ist, nehmen Ströme ein flechtenartiges Kanalmuster an, wo das Wasser in anastomosierenden, sich verschiebenden, flachen Kanälen zwischen kleinen Inseln und Gleithängen fließt. In Zeiten niedrigen Wasserstandes kann ein verflochtener Strom vollständig von der Oberfläche verschwinden, obwohl Wasser das Alluvium in geringer Tiefe durchdringt. Bei Hochwasser ist die gesamte Flußaue von Wasser überspült und die Flußbett-Fracht wird durch die Geschwindigkeit des darüber hinfließenden Wassers vorwärtsbewegt.

Die Flüsse in den trockeneren Gebieten der Great Plains in Nordamerika sind gute Beispiele für verflochtene Kanäle. Die meisten dieser Flüsse fließen über eine sanfte Neigung regionaler Ausdehnung von etwa 2 m pro 1 km und viele von ihnen verlieren Wasser durch Verdampfung und Versickern, während sie das Gebirge verlassen und die halbariden Ebenen überqueren. Das lokale Gestein verwittert zu Sand und Geröll und die Massenbewegung belastet die Flüsse mit schwerer Fracht. Die amerikanischen Siedler, die im 19. Jahrhundert nach Westen zogen, waren überrascht von diesen breiten, flachen und oft trockenen Flußbetten, die "zum Pflügen zu dünn und zum Trinken zu dick" waren. Loser, wassergesättigter Sand konnte Vieh und Wagen verschlingen. Die Kanäle wechselten nach jedem Regen ihren Ort. Obwohl sie Leuten aus feuchteren Gegenden fremd vorkommen, sind die verflochtenen Flüsse der Grossen Ebenen sehr gut für die Arbeit geeignet, die sie tun müssen.

Flüsse transportieren nicht nur das durch Massenbewegung herbeigeschaffte Sediment, sondern sie erodieren auch den Gesteinsuntergrund, über den sie fließen. Die detritische Fracht eines Stromes stellt das Werkzeug, mit dem das fließende Wasser festes Gestein abtragen kann. Die Kraft der Strömung kann gelockerte Gesteinsblöcke losreißen und aufeinanderprallen lassen, bis sie zerbrechen. Chemische Reaktionen mit dem Wasser können die Flußbetten korrodieren. Flüsse, deren Kanäle nicht von Alluvium gesäumt sind, besitzen eine starke Erosionskraft. Besonders in den

Anfängen der Entwicklung eines Tales, wie in rauhen Gebirgsgegenden, schneiden Flüsse agressiv in das feste Gestein ein, um ihren Kanal zu vertiefen und zu verbreitern. Schluchten von einer Tiefe von mehreren hundert Metern bezeugen, daß die Erosionskraft des fließenden Wassers in der Lage ist, die größten Veränderungen in der Landschaft hervorzurufen.

Wieviel Gesteinsschutt wird jährlich von den Flüssen ins Meer transportiert? Die Antwort variiert je nach den Voraussetzungen, die man für die Beantwortung heranzieht. Wegen der großen Unterschiede bezüglich Wasserabflußmenge und Sedimentfracht können Durchschnittswerte um 50% oder mehr falsch sein. Im allgemeinen nimmt man an, daß die Flußbett-Fracht etwa 10% der gesamten Fracht ausmacht, sie kann aber 50% der Fracht in den verflochtenen Flüssen überschreiten. Gelöste Fracht beträgt normalerweise etwas weniger als die schwebende Sedimentfracht, aber in den feuchten, dichtbewaldeten Gebieten der Vereinigten Staaten beträgt die gelöste Fracht 56% der in Durchgang befindlichen durchschnittlichen Gesamtfracht. Der St. Lorenz-Strom transportiert praktisch keine schwebende Fracht, da die Großen Seen als Ablagerungsbecken für den festen Detritus, der aus den Quellflüssen herausgewaschen wird, dienen. Die gelöste Fracht des St. Lorenz-Stromes beträgt 88% der gesamten Fracht. Der Mississippi, der 40% der angrenzenden Vereinigten Staaten entwässert, befördert etwa 65% seiner Fracht in Suspension, ungefähr 29% in Lösung und ca. 6% als Flußbett-Fracht.

Eine neue Berechnung des Flußtransports in den Vereinigten Staaten von *Sheldon Judson* und *D. F. Ritter* ergab, daß im Durchschnitt jede Quadratmeile der Vereinigten Staaten jährlich 461 Tonnen von verwittertem Gestein an das Meer verliert. Diese Erosionsrate genügt, um die Landschaft um etwa 7 cm in 1000 Jahren zu senken oder um 30 cm in 5000 Jahren. Diese Raten sind nach menschlichen Maßstäben gering, aber in der weiten Perspektive geologischer Zeit können ganze Kontinente Hunderte von Malen weggewaschen werden. Die Durchschnittshöhe der Kontinente beträgt 820 m. Wenn die Erosion in der für die Vereinigten Staaten zur Zeit typischen Geschwindigkeit andauern würde, würden 13-14 Millionen Jahre ausreichen, um die gesamte Oberfläche der Erde bis auf Meeresspiegel-Niveau zu erniedrigen. In dem Maße, in dem Landschaften flacher werden, nimmt offensichtlich die potentielle Energie des fließenden Wassers und die Geschwindigkeit der Erosion ab. Trotzdem würden wir, insofern nicht innere Kräfte der Erde in Höhe der Kontinente periodisch wiederherstellten, auf oder in einer Hydrosphäre leben.

Der Begriff des ausgeglichenen Stromes

Der Begriff *ausgeglichener Abhang* wurde im vorangegangenen Kapitel eingeführt, um einen Abhang zu beschreiben, der durch selbstregulierende Prozesse dazu tendiert, sich selbst die günstigste Struktur zu bewahren. Jetzt sind wir soweit, um diesen Begriff auf Fluß-Systeme auszudehnen.

Veränderlichkeiten des ausgeglichenen Flusses

Mindestens zehn Variable sind an der Tendenz eines Flusses, einen ausgeglichenen Zustand aufrecht zu erhalten, beteiligt. Sie sind nicht alle von gleicher Wichtigkeit und einige liegen nicht innerhalb der selbstregulierenden Fähigkeiten der Flüsse. Wir unterteilen die Variablen des ausgeglichenen Zustandes in drei Klassen; unabhängige, halbunabhängige und abhängige Variablen.

Abflußmenge, Sedimentfracht und letztendliche Basis-Ebene der Erosion sind die drei unabhängigen Variablen eines ausgeglichenen Stadiums. Der Strom beeinflußt diese drei Faktoren kaum; er muß sich eher ihnen anpassen. Die Abflußmenge ist abhängig von den Niederschlägen, der Verdampfung im Wassereinzugsbereich, der Durchlässigkeit des Bodens, der Menge und der Art der Vegetation und der Größe des Wassereinzugsgebietes. Nur das Wassereinzugsgebiet wird von anderen Veränderungen im Fluß-System beeinflußt. Erosion an der Spitze der Zuflüsse erster Ordnung kann das Wassereinzugsgebiet vergrößern und dadurch die Abflußmenge erhöhen, aber selbst dieser Prozeß ist beschränkt, da sich benachbarte Entwässerungsnetze höchstwahrscheinlich ebenfalls vergrößern. Die Grenzen des für jeden Fluß zuständigen Wassereinzugsgebietes werden ziemlich früh in der erosionsbedingten Entwicklung einer Landschaft festgelegt.

Auch die Sedimentfracht ist fast unabhängig von den anderen Variablen des Flußlaufes. Viele der gleichen klimatischen, Boden- und biologischen Faktoren, die die Wasserabflußmenge bestimmen, bestimmen auch die Sedimentmenge, die von den Hängen in die Flüsse geliefert werden. Die Untergrundgesteinsart beeinflußt zusätzlich stark die Sedimentfracht. Manche Gesteine verwittern schnell zu Sandkorngröße; andere ergeben nur Silt oder Ton. Kalksteinverwitterung ergibt eine hauptsächlich gelöste Fracht mit wenig festem Detritus. Flüsse erodieren zwar ihre Betten und verfügen dadurch über eine gewisse Selbstregulierung ihrer Fracht, aber wir haben gesehen, daß der größte Teil der Fracht "gebrauchsfertig" durch Verwitterung und Massenbewegung die Flüsse erreicht.

Das letztliche Basis-Niveau der Erosion ist die dritte unabhängige Variable der Flußläufe. Wenn ein Strom das Meer erreicht, verliert er seine Identität. Die potentielle Energie des Stromes ergibt sich aus der Höhe über dem Meeresspiegel, in der Niederschläge fallen. Unabhängig von der Abflußmenge, der Fracht oder irgendeiner anderen Variablen, wird ein Fluß, der in einer Küstenebene nur 30-50 Meter über dem Meeresspiegel entspringt, niemals ein Gebirgsbach sein.

Die halbunabhängigen Variablen, die dazu beitragen, ein gradiertes Stadium zu erreichen, schließen die Kanalbreite, Kanaltiefe, Unebenheit des Flußbettes, Korngröße der Sedimentfracht, Geschwindigkeit und die Tendenz eines Stromes entweder zu mäandieren oder sich zu verflechten, ein. Sie sind halbunabhängig, insofern sie zum Teil durch die drei unabhängigen Variablen bestimmt werden, teilweise aber zu einer gemeinsamen Selbstregulierung in der Lage sind. Die halbunabhängigen Variablen leisten ihren Beitrag in einer Weise, die den Intellekt eines jeden Beobachters herausfordert.

Man betrachte die Verflechtungsart einiger Flüsse. Ein verflochtener Flußlauf kann einfach als ein Flußlauf definiert werden, bei dem das Verhältnis zwischen Breite und Tiefe groß ist. Wir haben jedoch gesehen, daß sowohl Breite als auch Tiefe exponentielle Funktionen der Abflußmenge sind und daher muß die Abflußmenge ein Faktor sein, der das Entstehen verflochtener Flußläufe bestimmt. Bedeutsamer als die Abflußmenge ist die Menge und Korngröße der Sedimentfracht. *S. A. Schumm* erkannte, daß die Beziehung zwischen Breite und Tiefe der Flüsse auf den Great Plains umgekehrt proportional ist zu dem Prozentsatz an feinkörnigem Sediment in der Fracht. Sedimentkörner von Sandgröße oder größer reisen als Flußbett-Fracht; Silt und Tongrößen (aus praktischen Gründen als Schlamm zusammengefaßt) werden im allgemeinen als schwebende Sediment-Fracht transportiert. 1960 drückte *Schumm* die Beziehung zwischen Kanalform und Sedimentkorngröße durch die Gleichung

$$w/d = kM^{-1,08}$$

aus, wobei w = Kanalbreite, d = Kanaltiefe, M = Prozentsatz der Fracht in Schlammgröße und k = eine numerische Umrechungskonstante sind. In vielen Flüssen der Great Plains beträgt die Flußbett-Fracht mehr als die Hälfte der Gesamtfracht, so daß der Wert für M niedrig und umgekehrt für die w/d Beziehung groß ist. Die Verflechtungsweise dieser Flüsse ist zum Teil eine innere Anpassung zwischen halbabhängigen Variablen der Breite, Tiefe und

Sediment-Korngröße und zum Teil eine Antwort auf die unabhängigen Variablen der Abflußmenge und Fracht.

Der mäandrierende Verlauf vieler Flüsse, besonders solcher, die auf Alluvium in feuchten Regionen fließen, steht auch in Beziehung zu dem Breite/Tiefe-Verhältnis des Flußlaufes und der Sediment-Korngröße. Während die schwebende Sediment-Fracht (Schlamm) im Verhältnis zur Flußbett-Fracht anwächst, nimmt das Verhältnis Breite zu Tiefe ab und der Flußlauf wird schmaler und tiefer. Bei diesen wechselbezüglichen Anpassungen wirkt der größere Teil der Flußenergie auf die Ufer, der geringere Teil auf den Grund. Die Windungen des Flußlaufes verstärken sich und Mäander entstehen.

Freie Mäander sind bemerkenswert regelmäßig und ihre Dimensionen sind proportional zur Flußbreite. Der Radius einer Mäanderkrümmung beträgt meist die zwei- bis dreifache Breite des Flußlaufes. Die Wellenlänge der meisten Mäander variiert von Sieben- bis zum Zehnfachen der Flußbreite. Die geringe Variation dieser und anderer verwandter Beziehungen ist es, die die Muster von Rinnsalen auf bloßem Grund nach einem Regen aussehen lassen wie die Muster von großen Flußläufen, die man von die Erde umkreisenden Satelliten aus photographiert. Mäanderbildung (Mäandrierung) schließt eigene Eigenschaften des fließenden Wassers, wie auch Größe und Form des Flußlaufes, Erodierbarkeit der Flußufer, Proportion von schwebender zu Flußbett-Fracht und wahrscheinlich andere Faktoren ein. Auf der anderen Seite vergrößert Mäandrieren die Flußlänge zwischen zwei Punkten und mindert so den Neigungswinkel des Flusses. Der Neigungswinkel beeinflußt die Geschwindigkeit und die Sediment-Transport-Kapazität, daher werden Mäander nicht nur von anderen Variablen des Flußlaufes beeinflußt, sondern beeinflussen ihrerseits eben diese Variablen.

Die Sediment-Korngröße ist wiederholt als ein entscheidender Faktor für die Flußlaufform und Windung einbezogen worden. Man könnte denken, daß die Korngröße nur durch die Art des Untergrundgesteins und die Verwitterungsprozesse im Wassereinzugsgebiet bestimmt wird. Während das Sediment zum Meer hin transportiert wird, werden jedoch die Teilchen durch ständigen Kontakt miteinander abgeschliffen und zum Teil durch das Flußwasser gelöst. Die Größe der Teilchen nimmt im allgemeinen flußabwärts ab, erstens aufgrund der Abrasion, zum Teil aber auch aufgrund von Veränderungen der Form und der Unebenheiten des Flußbettes. Indem die Wasserturbulenz flußabwärts nachläßt, bleiben nur die feineren Teilchen in Schwebe. Die Unebenheit des Flußbettes jedoch, eine der halbunabhängigen Variablen, die Turbulenz hervorruft, wird zum Teil durch die Größe der Sedimentkörner bestimmt, die vorher transportiert und in diesem

Teil des Flusses abgelagert wurden. Daher beeinflussen sich Korngröße der Sedimentfracht und die Unebenheit des Flußbettes an einem bestimmten Punkt wechselseitig.

Geschwindigkeit, die verbleibende halbunabhängige Variable, wird durch die Gleichung Q = wdv bestimmt. Eine Veränderung in der Wasserabflußmenge, Flußbreite oder Flußtiefe kann die Fließgeschwindigkeit beeinflussen. Die Geschwindigkeit wird auch durch die Menge und Korngröße der Fracht beeinflußt. Bei dem einen Extrem wird die von einer Wassermasse beförderte Fracht so groß, daß wir die Mischung eher einen Schlammstrom nennen als einen Fluß. Die Geschwindigkeit eines Schlammstromes ist viel geringer als die eines Flusses, es sei denn, er fließt einen sehr steilen Abhang hinab.

Nur eine Variable der Flußdynamik, der Neigungswinkel der Wasseroberfläche flußabwärts, wird als abhängig von allen anderen Variablen betrachtet. Der Neigungswinkel kann nur dadurch verändert werden, daß ein Teil des Flußlaufes aufgebaut und ein anderer abgebaut wird, oder die Flußlänge wie bei Mäandrieren und Delta-Bildung verändert wird. Alle diese Veränderungen brauchen Zeit, so daß der Neigungswinkel im allgemeinen die abschließende Anpassung eines Flusses auf seinem Weg zum ausgeglichenen Zustand ist. Wenn sich der Neigungswinkel plötzlich verändern könnte, wäre er gemeinsam mit den vorher aufgeführten Variablen halbunabhängig. Da er das für gewöhnlich jedoch nicht kann, unterliegt er der Beeinflussung durch all die anderen bekannten Variablen.

Fortschreitende Entwicklung des ausgeglichenen Zustandes

Das Entstehen eines ausgeglichenen Stadiums in einem Fluß können wir uns dadurch vor Augen führen, daß wir uns zuerst einen nicht ausgeglichenen Fluß vorstellen, der über eine tektonische Landschaft fließt, die neu vom Meeresboden gehoben wurde. Niederschläge und daher Abflußmenge variieren auf der neuen Landoberfläche. Das Wasser fließt hangabwärts entlang von zufälligen Vertiefungen und wassersammelnden Abhängen. Durch das Wasser werden Täler erodiert, aber die Variablen des Fluß-Systems sind völlig aus dem Gleichgewicht. Die Hälfte der potentiellen Energie eines solchen Flusses kann in einem einzigen großen senkrechten Wasserfall verbraucht werden. Die Fracht des Flusses wird durch zufällige Erdrutsche entlang der Ufer bestimmt. Flußbreite und -tiefe werden von der Erodierbarkeit des Gesteins, durch das der Fluß führt, begrenzt. Die Neigung des Flusses wird ungefähr die gleiche sein, wie die Neigung der ursprünglichen Abhänge der Landschaft.

Ziemlich schnell wirken die halbabhängigen Variablen des Wasserflusses zusammen, um ein für die zu bewältigende Arbeit angemessenes Flußsystem zu schaffen. Viele der hydraulischen Geometrie-Gleichungen für den Wasserfluß sind sowohl auf ausgeglichene als auch auf nicht ausgeglichene Flüsse anwendbar. Die unabhängigen Variablen von Ablußmenge, Fracht und Basis-Niveau können für ausgeglichene und nicht ausgeglichene Flüsse die gleichen sein. Der kritische Faktor bei der Erreichung eines ausgeglichenen Zustandes ist, daß der Fluß über "regulierbares" Material fließen muß, damit die Veränderungen einer Variable die entsprechenden Veränderungen in anderen bewirken können. Alluvium ist für einen Fluß das ideale Bett, und die Entwicklung eines von Alluvium eingefaßten Flußlaufes auf einer dauerhaften Flußaue bedeutet, daß in diesem Bereich des Flusses der ausgeglichene Zustand erreicht wurde.

Alluvium ermöglicht den Flußkanälen nicht nur, sich auf ein Gleichgewicht hin anzupassen, sondern absorbiert auch sehr wirkungsvoll Spitzenenergiebeträge, die in das Fluß-System eingespeist werden. Die Abflußmenge kann sich durch viele Faktoren bei einem Hochwasser vergrößern (Abb. 4-3). Wenn die Überschuß-

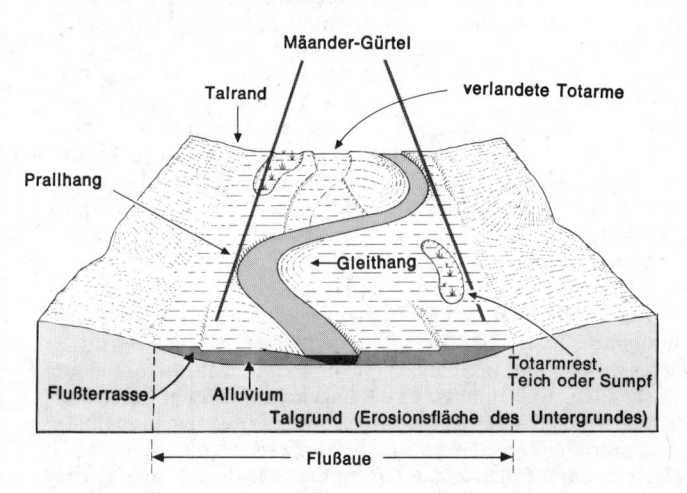

Abb. 4-3 Idalisierte Flußebene. Nicht alle in der Zeichnung dargestellten morphologischen Kennzeichen treten in jeder Flußebene auf.

energie des Hochwassers nicht vollständig durch die erhöhte Fracht, die von den Quellenabhängen in den Fluß geführt wird, absorbiert wird, wird das Alluvium erodiert, bis die Arbeitsfähigkeit des Flusses durch die Arbeit, die verrichtet wird, ausgeglichen ist. Alluvium ähnelt einer chemischen Pufferkomponente, die in großer Menge einer Lösung hinzugefügt wird um sicherzustellen, daß einige Eigenschaften der Lösung während der Reaktion konstanz bleiben. Alluvium ist ein ausgezeichneter Puffer für Veränderungen in der Flußenergie, denn jeder kleine Teil der Flußaue verfügt über eine gewisse kritische Transport-Energieschwelle. Da es einmal vom Fluß transportiert wurde, wird es sich wieder in Bewegung setzten, wenn das Energieniveau hoch genug ist.

Der ausgeglichene Zustand wird zuerst in den flußabwärts gelegenen Teilen des Flusses erreicht und wird nach und nach flußaufwärts ausgedehnt. Große Flüsse erreichen ihn eher als kleinere. Ein Hauptfluß kann ihn schon erreicht haben, während sich seine Nebenflüsse erster Ordnung immer noch in unzergliederte Abhänge hineinnagen. Ein *ausgeglichener* Abschnitt eines Flusses kann sich flußaufwärts einer widerstandsfähigen Gesteinsschranke in leicht erodierbarem Material bilden. Das widerstandsfähige Gestein bildet dann die *lokale oder zeitweilige Basisebene* für den ausgeglichenen Teilbereich. Während die Barriere langsam erodiert wird, bleibt der ausgeglichene Bereich erhalten, denn er kann sich während des langsamen Absenkens der zeitweiligen Basisebene leicht anpassen.

Ausgeglichene Bereiche großer Fluß-Systeme enden für gewöhnlich flußabwärts abrupt bei einer tiefen Schlucht, die durch die sie kontrollierende Gesteinsbarriere geschnitten ist. Einige der schönsten Landschaften der Welt befinden sich entlang ausgeglichener Abschnitte von Flüssen. Das berühmte und umstrittene Tal von Kashmir ist eine von ihnen. Das obere Cauca-Tal in Kolumbien ist eine weitere. Das "Rote Becken" der Provinz Ssu-ch'uan (Szechwan) in Südwest-China ist ein Beispiel für einen ausgeglichenen Abschnitt im großen Maßstab. Vier lange Nebenflüsse des Iangtse-Flusses mäandrieren durch leicht zu erodierende rote Tonschichten in dem Becken, 300-600 m über dem Meeresspiegel, bevor sie sich vereinen und in Stromschnellen eine Anzahl tiefer Schluchten durcheilen. Vielleicht ist es das angenehme Klima dieser breiten Hochlandtäler oder der Kontrast zwischen ihren Flußauen und mäandrierenden Flüssen mit gefährlichen Schluchten, durch die der Reisende früher eintreten mußte, das diesen ausgeglichenen Flußabschnitten den Ruf großer Schönheit eingebracht hat.

Ausgeglichenheit als thermodynamischer Gleichgewichtszustand

Ein anderer Weg zum Konzept des ausgeglichenen Zustandes ist die

Betrachtung eines ausgeglichenen Flusses vom Standpunkt der theoretischen Thermodynamik. In jedem beliebigen physikalischen steady-state-System, durch das sich Material und Energie bewegen, finden wir eine Tendenz dahingehend, möglichst wenig Arbeit zu tun und gleichzeitig eine Tendenz zu gleichmäßiger Verteilung der Arbeit. Die Natur ist in diesen Dingen konservativ. In einem Fluß-System, das seine Energie von dem hangabwärts fließenden Wasser bezieht, steht die Tendenz zu einem Minimum an Arbeit der Tendenz zu gleichmäßiger Verteilung der Arbeit entgegen.

Wenn das gesamte Wasser eines Flusses am Beginn eines einzigen Nebenflusses eingebracht würde, würde das "least work"-Profil ein Wasserfall direkt hinab zum Meeresspiegel sein. In feuchten Gegenden, in denen Flüsse flußabwärts mehr Wasser erhalten, ist das "least-work"-Profil eine Kurve, in der der größte Höhenverlust da stattfindet, wo die Abflußmenge am geringsten ist, also nahe am Beginn des Flusses. Das Profil ist nahe des Beginns sehr steil und fast horizontal nahe der Mündung.

Im Gegensatz zu dem scharf konkav geformten theoretischen "least-work"-Profil hat das theoretische Profil für gleichmäßig verteilte Arbeit eine fast konstante Neigung. Das Profil ist nach oben nur leicht konkav, denn, während die Arbeitsrate mit der Abflußmenge flußabwärts steigt, vergrößert sich auch das Oberflächengebiet des Flußbettes. Die Arbeitsrate pro Einheit Flußbettfläche ist in einem Fluß konstant, der sich flußabwärts verbreitert, dessen Gefälle jedoch nur langsam abnimmt.

Wenn die zwei Tendenzen einander entgegenwirken, ist das sich ergebende Gleichgewicht sehr wahrscheinlich ein voraussagbarer Zwischenzustand. 1964 schlossen *W. B. Langbein* und *L. B. Leopold* aus ihren Beobachtungen der Flußdynamik, daß sowohl die Profile flußabwärts wie auch die Kanal-Querschnitte der Flüsse sich der Gleichgewichtsform nähern, die nach den Prinzipien des "least work" und gleichmäßigen Verteilung der Arbeit vorausgesagt worden waren, *vorausgesetzt, daß die Flußbetten in anpassungsfähigem Material liegen*. Wieder ist eine alluviale Flußaue Bedingung für den ausgeglichenen Zustand.

Es ist nicht leicht, thermodynamische Prinzipien auf die Beschreibung ausgeglichener Flüsse anzuwenden und Flüsse sind genügend kompliziert, so daß strenge "Gesetze des Wasserflusses" wahrscheinlich niemals geschrieben werden. Es ist aber befriedigend zu entdecken, daß ausgeglichene Flüsse mit alluvialen Flußauen offensichtlich bestimmte breit definierte Gleichgewichtsbedingungen erfüllen, die typisch sind für die offenen steady-state Systeme, die in sorgfältig kontrollierten Laboratoriums-Versuchen erzeugt werden können.

Zusammenfassung

Die kürzeste Definition für ausgeglichene Flüsse wurde 1948 von *J. H. Mackin* in einem Aufsatz über dieses Thema vorsichtig formuliert. Für die hydraulische Geometrie von *Leopold* und *Maddock* bedurfte es nur einer leichten Umstellung der Sätze in *Mackins* Definition. Sie wird hier in der Modifizierung von *Leopold* und *Maddock* als Zusammenfassung des Konzepts über ausgeglichene Flüsse zitiert:

"Ausgeglichen ist ein Fluß, in dem über einen Zeitraum von Jahren Neigungs- und Bett-Charakteristiken fein angepaßt sind, um mit der verfügbaren Abflußmenge genau die Geschwindigkeit zu erreichen, die benötigt wird, um die Fracht aus dem Entwässerungsbecken zu transportieren. Der ausgeglichene Strom ist ein im Gleichgewicht befindliches System; seine diagnostische Eigenschaft ist, daß jede Veränderung an irgendeinem der kontrollierenden Faktoren eine Verschiebung des Gleichgewichts in einer Richtung verursacht, die dazu tendiert, den Veränderungseffekt zu absorbieren."

Es müssen nur ein paar zusätzliche Bemerkungen über den "ausgeglichenen Zustand" gemacht werden. Es ist ein Zustand, nicht eine Höhe oder ein bestimmter Neigungswinkel. Er entwickelt sich zuerst nahe der Flußmündungen und erstreckt sich nach und nach weiter flußaufwärts. Absenkung des Landes durch Erosion dauert lange Zeit an, nachdem Ausgeglichenheit erreicht wurde, denn solange Flüsse Sedimente zur See befördern, fahren sie fort, die Landschaft, über die sie fließen, abzusenken. Über einen Zeitraum von Millionen Jahren, der typisch ist für die Zeiträume, in denen sich Landschaften entwickeln, nähert sich die potentielle Energie eines ungestörten Fluß-Systems langsam dem Punkte Null, und der Veränderungsgrad des Systems nimmt ebenfalls ab. Der Fluß bleibt ausgeglichen, aber die Charakteristiken dieses Zustandes verändern sich mit der Zeit. Die Bedeutung dieses Konzeptes für die Lebensgeschichte regionaler Landschaften wird in Kapitel 5 betont.

Wasser in trockenen Gebieten

Wasser ist die wirksamste Kraft für die Erzeugung geomorphologischer Veränderungen. Wenn es nur ungenügend oder unregelmäßig verfügbar ist, spiegelt die Landschaft diesen Mangel in kennzeichnender Weise wider. Die hervorstechendsten Merkmale trockener Landschaften stehen in Beziehung zu der Arbeit des fließenden Wassers, den Verwitterung und Massentransport unterscheiden sich in trockenen und feuchten Gebieten nur graduell. Die Arbeit

fließenden Wassers in trockenen Regionen illustrieren sehr schön einige der größeren Prinzipien ausgeglichener Abhänge und Bettbildung, die auf den vorhergehenden Seiten beschrieben wurden.
Die bemerkenswerte Entwicklung einer Landform, in trockenen Klimata, *Pediment* genannt, verdient unsere besondere Aufmerksamkeit. Außerdem ist Wasser der Schlüssel zu einer ökonomischen Entwicklung trockenen Landes und das Verständnis seiner Tätigkeit hat viele praktische Anwendungen.

Trockenes Klima

Nach der Definition übertrifft in einem trockenen Klima die potentielle Verdunstung aus dem Boden und über die Vegetation die durchschnittliche jährliche Niederschlagsmenge. Die Temperatur der Region ist für die Definition nicht wichtig, soweit sie nicht dazu beiträgt, die potentielle Verdampfung zu bestimmen. Trockene Klimata werden in zwei Intensitätsgrade unterteilt: semiarid oder Steppe oder arid oder Wüste. Das semiaride Klima unterscheidet sich vom humiden Klima durch ein Verhältnis von Niederschlag zu Verdunstung, das geringer ist als eins. Die Trennungslinie zwischen Wüste und Steppe wird willkürlich als die Hälfte der Niederschlagsmenge, die lokal Steppe von humiden Bedingungen trennt, angesetzt. In diese Definitionen kann keine absolute jährliche Niederschlagsmenge eingeschlossen werden, denn wenn die Durchschnittstemperatur steigt, steigt auch die Niederschlagsmenge, die benötigt wird, um die Verdunstungsmenge zu übersteigen. In den Vereinigten Staaten steigt die für ein humides Klima benötigte minimale jährliche Niederschlagsmenge zum Süden zu um etwa 50 cm in Nord-Dekota bis zu ungefähr 75 cm in Texas an. Weniger als 25 cm jährlicher Niederschlag wird in fast jedem Temperaturgebiet eine Wüste hervorbringen.

Trockene Klimata bedecken mehr Landgebiete als irgendein anderes Klima (Abb. 4-4). Ungefähr 26% der Landgebiete der Erde sind trocken. Dies ist eine beeindruckende Proportion, wenn man die Menge an Wasser auf der Erdoberfläche bedenkt. In niedrigen Breiten treffen zwei aride Gürtel mit subtropischen Antizyklon-Gürteln von hohem atmosphärischem Druck etwa bei 15-30° C nördlich und südlich des Äquators zusammen. Die Wüsten werden von den planetarischen atmosphärischen Zirkulationsmustern bestimmt. Sie werden von relativ schmalen Gürteln halbarider Durchgangsklimata umrandet.

In mittleren Breiten befinden sich die trockenen Klimata im Inneren der großen Kontinente. Temperatur und Verdampfung sind in diesen Regionen nicht so hoch wie in den subtropischen

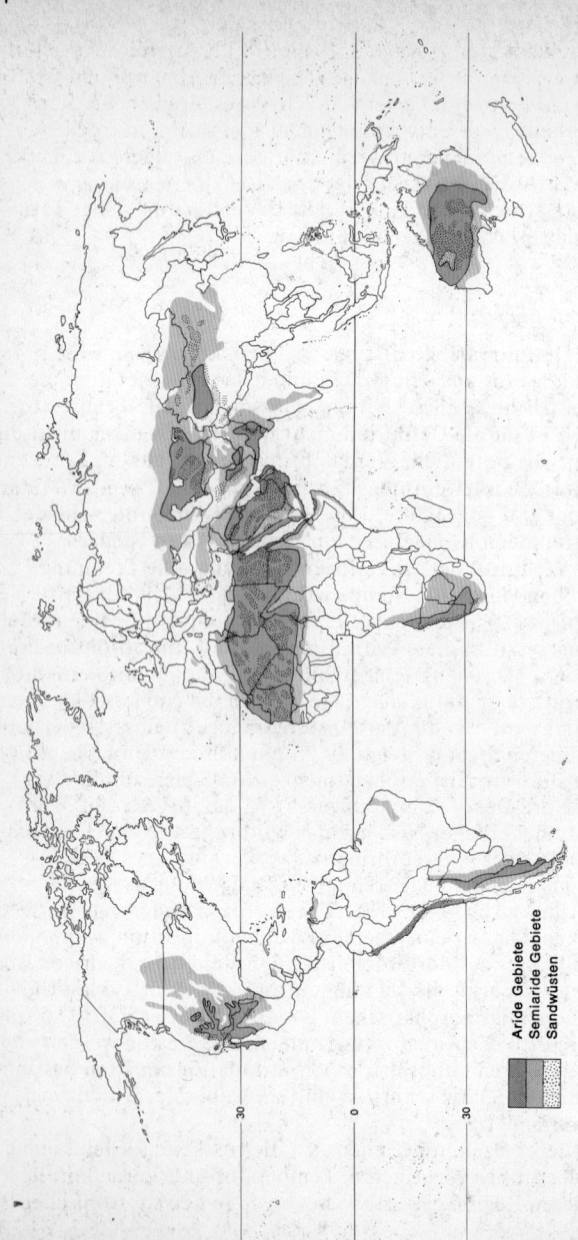

Abb. 4-4 Aride und semiaride Gebiete der Erde in niedrigen und mittleren Breiten. Dunkelgraue Stellen bezeichnen aride, mittelgraue Stellen semiaride Gebiete. Sandwüsten sind punktiert. Polarregionen, hier nicht aufgeführt, gehören wegen der geringen Niederschlagsmengen und des Fehlens von H_2O in flüssigem Zustand ebenfalls zu den trockensten Bereichen der Erdoberfläche

Gebieten. Ein Teil der Niederschläge kann als Schnee fallen. Trokkene Klimata in mittleren Breiten werden durch raltiv große semiaride Gebiete um kleine Kernstücke richtiger Wüste gekennzeichnet. Kleine Gebiete trockenen Klimas befinden sich auch an den Westseiten der Kontinente, wo kalte Ozeanströme an der Küste entlangfließen, und an der Abwind- oder Regenschatten-Seite von Gebirgszügen. Die polaren Wüsten werden von dieser Aufstellung ausgenommen, da sie weitgehend mit Eis bedeckt sind.

Geomorphe Prozesse im trockenen Klima

Die geomorphologische Bedeutung der trockenen Klimata beginnt mit der Vegetation. Semiaride Klimata bedingen in der Regel eine Vegetation von dünnem Grasland oder Steppe. In den Vereinigten Staaten liegt die Grenze zwischen humidem und semiaridem Klima etwa dort, wo zum Westen hin mittelhohes Gras mit dauerhaftem Soden des humiden Gebietes in kurzes, flachwurzelndes Büschelgras auf sonst kahlem Boden der semiariden Zone übergeht. In ariden Zonen verschwindet sogar das Büschelgras und die Vegetation besteht günstigstenfalls aus weit auseinanderliegenden Büschen und salzverträglichen Sträuchern.

Der Wind wird als Erosions- und Transportmedium in Wüsten wichtig. Staub und Sand können von dem kahlen Boden hochgewirbelt und durch einen Erosionsprozeß, der *Deflation* genannt wird, aus dem Gebiet entfernt werden. Meist wird Sand in flachen Bögen von nicht mehr als einigen Dezimetern über Bodenniveau bewegt, aber Staubteilchen können viele hundert Meter hoch in die Luft und über Kontinente hinweggetragen werden. Auf dem Höhepunkt der "schmutzigen dreißiger Jahre", einer Zeit lang anhaltender Trockenheit in den Vereinigten Staaten, wurden im Osten gelegene amerikanische Städte um die Mittagszeit bis zum Zwielicht durch Staub verdunkelt, der von den Great Plains, über 3000 km entfernt, nach Osten geblasen wurde. Vom Wind transportierter Staub fällt schließlich ins Meer oder bildet eine dünne deckenartige Ablagerung über der Abwind-Landschaft. Vom Wind transportierter Sand wird bald durch Widerstände eingefangen und sammelt sich als *Düne* in geringer Entfernung abwindig vom Ursprungsgebiet an (Abb. 4-5).

Wüstenregen sind gewöhnlich von großer Intensität, geringer Dauer und lokaler Ausdehnung. Konvektive Gewitter oder *Wolkenbrüche* über Wüstengebirgen bringen den meisten Regen. Kahler, sonnengetrockneter Boden fördert raschen Abfluß und Sturzfluten. Ein leichter Oberflächenabfluß kann nur eine kurze Distanz zurücklegen, bevor er vom ausgetrockneten, rissigen Wüstenboden aufgesogen wird. Größerer Oberflächenabfluß bewegt

Abb. 4-5 Große Sanddünen, Nationaldenkmal, Colorado. Diese Dünen erreichen Höhen von rund 200 m. Der Sand wird durch kräftige Winde über das trockene San Luis-Tal in nordöstliche Richtung gegen den Fuß einer Bergkette geblasen. (Mit Erlaubnis des US-Innenministeriums, Abteilung Nationalpark)

sich als *Schichtflut*, schlammiges Wasser, das zu sehr mit schwebendem Sediment beladen ist, um mehr als anfängliche, flache Kanäle zu erodieren, die in der gleichen Geschwindigkeit wieder aufgefüllt werden wie sie entstehen.

Niederschläge in semiariden oder Steppen-Gebieten sind ebenfalls von kurzer Dauer und hoher Intensität, aber die Häufigkeit ist etwas größer als in Wüsten. Die meisten semiariden Regionen haben ein unterschiedliches, jahreszeitlich bedingtes Niederschlagsmuster, so daß wenigstens während eines Teiles des Jahres der Boden mit Vegetation bedeckt ist. Es fällt genügend überschüssiger Niederschlag, um während dieser Zeit Wasser in den Boden eindringen zu lassen und seinen Abfluß in Flüssen zu ermöglichen. In den Steppen der mittleren Breiten ist der Sommer die Zeit der meisten Niederschläge, aber auch die Verdunstung ist dann am wirksamsten. Damit Quellen entstehen können, sind aber Schnee- und Regenfälle während der Jahreszeiten mit niedriger Verdunstungsrate Voraussetzung, um den notwendigen Überschuß an Bodenfeuchtigkeit entstehen zu lassen, der zur Grundwasserbildung führt.

Bei Wassermangel entwickeln trockene Böden keine besonders kennzeichnenden Horizonte außer Salzkrusten oder Konkretions-Lagen. Die Mollisole des gemäßigten Graslandes (Tabelle 2-1) weichen den Vertisolen, Aridisolen und Entisolen der semiariden und ariden Zonen. Das definitive klimatische Kriterium: Niederschlagsmenge geringer als Verdunstungsmenge bedeutet, daß wenn Bodenfeuchtigkeit durch laterale Infiltration bedingt ist, wie zum Beispiel in einem Wüstenbecken, das von feuchteren Berghängen flankiert ist, das Wasser durch Kapillarwirkung im Boden aufsteigt und entweder während des Aufstieges oder an der Bodenoberfläche verdampft. Wenn das Bodenwasser verdunstet, fallen gelöste Mineralbestandteile aus: Kalziumkarbonat (Caliche), Gips oder Alkaliverbindungen können sich auf diese Art in Wüstenböden ansammeln. Außer bei Aufwärtsbewegung des Grundwassers besteht für verwittertes oder lösliches Material wenig Möglichkeit sich vertikal in einem Wüstenboden zu bewegen, um Mineral-Horizonte zu bilden. Die Vegetation ist zu spärlich, als daß sich eine Humuslage entwickeln könnte.

Steppenböden sind besser als Wüstenböden ausgebildet, haben aber trotzdem nur schwachentwickelte Horizonte und sind dünner als Böden in humiden Zonen. In nassen Jahren können Gras und Sträucher eine fast durchgehende Bodenbedeckung in Steppengebieten bilden. Verdunstung ist selten so extrem, daß die löslicheren Salze im Bodenwasser ausfallen, relativ unlösliches Kalziumkarbonat kann jedoch Knötchen oder Lagen im Bodenprofil, entweder durch auf- oder absteigendes Bodenwasser, bilden.

Die Verwitterung geht in trockenen Regionen durch die gleichen Prozesse vor sich, die auch in humiden Regionen wirksam sind, aber die durchschnittliche Verwitterungsrate unter aridem Klima ist sehr gering. Die seltenen Regenfälle und der Nachttau sorgen offensichtlich für die Feuchtigkeit, die für Hydrolyse und Hydrierung nötig ist. Die bizarren Formen zerbrochenen Gesteins heißer Wüsten wurden in Kapitel 2 beschrieben. Mechanische Verwitterung wird in trockenen Gebieten relativ wichtig im Vergleich zu chemischer Verwitterung, aber beide Arten der Verwitterung laufen viel langsamer ab und viele Forscher sind der Ansicht, daß sogar in den trockensten Wüsten die chemische Zersetzung unter Mitwirkung des Wassers die mechanische Zerlegung übertrifft.

Bodenkriechen ist in Wüsten fast unbekannt, denn der Boden wird nicht von Grassoden oder miteinander verschlungenen Wurzeln zusammengehalten. Andere Arten von Oberflächenkriechen sind jedoch verbreitet. Hangschutt (Talus) aus grobem Rutschgestein bedeckt viele Abhänge in der Wüste. Konvexe Gipfelformen treten bei Wüstenbergen fast nie auf. Das typische Wüstenprofil hat ein Kliff und einen Talus, der über einen konkav abfallenden Spülhang hinaufreicht. Gesteinsstrukturen treten kräftig hervor.

Abhänge in semiariden Regionen spiegeln die geschlossenere Vegetationsdecke und intensivere Bodenbildungs-Prozesse wider, die fast ausreichende Niederschläge hervorbringen. Bodenkriechen erhält die konvexe Gipfelform, wo immer Vegetation und Bodendurchlässigkeit flächenhafte Abspülung verhindern. In Steppen mittlerer Breiten und in Hochsteppen trägt Frostspaltung im Winter wahrscheinlich zum Kriechen bei.

Landformen der Wüste

In ariden Zonen haben Flußläufe im allgemeinen rechteckige Querschnitte mit fast vertikalen Ufern und flachen alluvialen Betten. Der Kontrast zu den sich nach oben öffnenden trapezförmigen oder bogenförmigen Querschnitten der Flußläufe feuchter Regionen ist die Folge höchst unregelmäßigen Wasserflusses in trockenen Gebieten, der im allgemeinen großen Menge der Flußfracht, die als Flußbett-Fracht transportiert wird, und die Neigung trockener Böden, in vertikalen Säulen aufzubrechen. In jedem Trockengebiet gibt es besondere Namen für steilwandige Flußkanäle mit flachem Boden. In Südamerika und im spanischen südlichen Teil der Vereinigten Staaten nennt man sie *Arroyos*. In den Teilen der Sahara, wo man Französisch spricht, heißen sie *Ouadis*, eine offensichtliche Abwandlung der ursprünglichen arabischen Wortes *wadi*.

Zur Zeit der Wasserführung ist der ganze Boden eines Arroyos mit Wasser bedeckt. Die Ufer werden unterminiert und Trümmer, die von den Kanalwänden entlang von Klüften im Untergrundgestein oder Trockenrissen in unverfestigtem Material losbrechen, fallen direkt in den Strom und werden weggeführt. Die Talabwärtsneigung der Arroyos ist aufgrund ihrer übermäßigen Sedimentfracht steil.

Im allgemeinen endet der steile Neigungswinkel von Gebirgsströmen abrupt dort, wo sich die Ströme aus der Gebirgsfront in ein tektonisches Becken oder in das Tal eines sanfter abfallenden Hauptstromes ergießen. Das Alluvium und die Schlammfluttrümmer, die von solch einem Strom am Punkte der Neigungsverringerung abgelagert werden, bilden einen konischen Hügel, dessen Spitze sich an der Öffnung der Schlucht in der Bergfront befindet. Hangabwärts bleibt der Radius all solcher *alluvialer Kegel* oder *alluvialer Fächer* mehr oder weniger gleich, denn sobald ein Fächer-Teil durch Ablagerung aufgebaut wurde, läuft der

Kanal über und lagert dann an einer benachbarten Stelle den mitgeführten Schutt ab. Die Größe und Symmetrie alluvialer Fächer sind beeindruckende Merkmale bergiger Wüstenlandschaften (Abb. 4-6).

Abb. 4-6 Alluvialer Schuttfächer im Tal des Todes, Kalifornien. (Mit Erlaubnis von *John S. Shelton*)

Die Höhenschichtenlinien alluvialer Fächer sind meist konzentrische Kreisbögen, deren Zentrum am Ausgang der Schlucht liegt. Die Profile der alluvialen Fächer sind nach oben konkav, ein typisches Merkmal aller Spülhänge. Die Oberfläche eines alluvialen Fächers ist die Fortsetzung der steilen Talbodenneigung einer Schlucht oder eines Arroyos von der Spitze des Fächers in Richtung stromabwärts. Die Oberflächen alluvialer Fächer sind perfekte Beispiele für wasserverteilende Spülhänge (Abb. 3-9, Quadrant IV), und sie sind ideale Formen für die Verbreitung von Abflußmengen und Sedimentfrachten aus Gebirgsströmen während Sturzfluten. Die Oberfläche eines alluvialen Fächers kann mit verflochtenen Kanälen bedeckt sein oder sie kann nur ein paar radial verlängerte Kanäle haben, die sich aufeinanderfolgend über den Fächer verschieben.

Die größten alluvialen Fächer bauen sich in aride intramontane Becken hinein auf, die die örtlichen Basis-Nieveaus für die Erosion der benachbarten Berghänge bilden. Viele der intramontanen Becken der ariden südwestlichen Vereinigten Staaten haben sich tektonisch gesenkt, als die benachbarten Gebirgsblöcke sich hoben. In diesen geschlossenen Becken hat sich viele hundert Meter mächtiges Alluvium angesammelt. Das spanische Wort *bolson* (das heißt Beutel) ist ein angemessener Name für Gebirgsbecken, die den Verwitterungsschutt der sie einschließenden Berge aufnehmen (Abb. 4-7). Die Oberfläche eines solchen Beckens besteht aus sich ver-

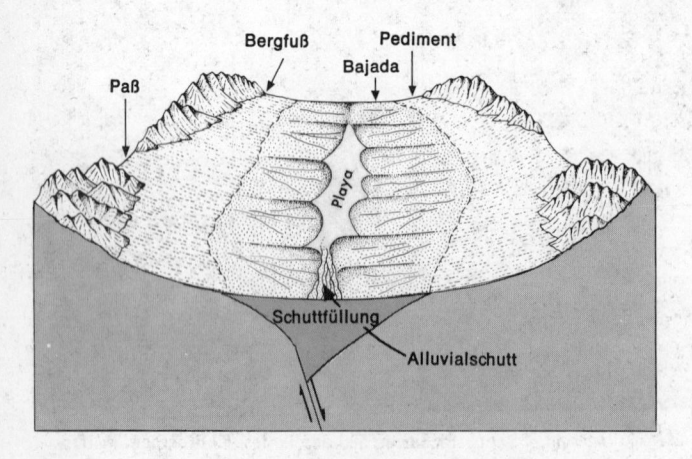

Abb. 4-7   Typische Gruppe von Wüsten-Landschaftsformen

einigenden alluvialen Fächern oder einer *Bajada.* Im Bereich des tiefsten Niveaus der Bajada kann sich nach einem schweren Regenfall ein kruzfristig existierender Playa-See bilden. Wenn der See verdunstet, markiert eine sehr flache Playa, die mit Salz oder getrocknetem Schlamm verkrustet ist, die lokale Basisebene der Erosion.

Ein eingenartiges, aber bedeutsames Merkmal der Landform in ariden Regionen ist, daß die Playa eine ansteigende Basisebene ist. Wenn der Bolson gefüllt ist, werden die alluvialen Fächer immer mächtiger, in denen die Berghänge, die sie nähren, schließlich ertrinken. Aufgrund der Geometrie eines Bolson vergrößert sich das Oberflächengebiet in dem Maße, in dem die Ebene der alluvialen Füllung sich erhöht, so daß sogar eine konstante Rate der Gebirgsverwitterung und Erosion zu einem langsameren Ansteigen der lokalen Basisebene führt. Dadurch, daß die Berge mit der Zeit durch die Erosion abgetragen werden und durch den Verlust an potentieller Energie, in dem Maße wie die Berge niedriger werden, wird ausserdem eine verlangsamte Bolson-Füllungsrate erreicht. Aride Regionen mit innerer Entwässerung unterscheiden sich fundamental von allen anderen Regionen, in denen die Basisebene der Erosion lokal und steigend ist, anstatt endgültig und ungefähr ortsstabil zu sein. Die Konsequenzen dieses Unterschiedes werden im folgenden Kapitel umfassend dargelegt werden.

Pediment

Die bezeichnendste Komponente trockener Landschaften ist das *Pediment*. Der Name bezieht sich auf die erodierten Spülhänge, die zur Basis der Berge in trockenen Gebieten aufsteigen. Aus der Ferne gesehen scheint ein Wüstenberg auf der Spitze eines tiefgezogenen Daches zu stehen und der Begriff Pediment wurde der klassischen Architektur entliehen, wo er sich auf das dreieckige Ende oder den Giebel eines Gebäudes bezieht.

Der Begriff wurde zuerste 1880 von *G. K. Gilbert* benutzt und wurde auf die Oberflächen der alluvialen Fächer, die Wüstenberge kreisförmig umgeben, bezogen. Im Laufe der Erkundung der ariden südwestlichen Vereinigten Staaten erkannte man, daß große Gebiete der Spülhänge um Berge herum nicht von Alluvium aufgebaut werden, sondern Erosionsformen in festem Gestein darstellen. 1897 publizierte *W. J. McGee* eine graphische Beschreibung der Pedimente in der Sonora-Wüste Arizonas und Nordwest-Mexikos, in der er zu seiner Überraschung schrieb, daß "die Pferdehufe auf geglätteten Granit oder Schiefer oder anderes harte Gestein treffen, wenn man Ebenen überquert, 3 bis 5 Meilen von Bergen entfernt, die scharf aus eben diesen Ebenen aufragen, ohne daß vermittelnde Flußhügel dazwischen liegen." Er schloß daraus, daß gut die Hälfte der intramontanen Abhänge des Distrikts aus dem Untergrundgestein geschnitten wurden und entweder ganz kahl oder so dünn mit Alluvium bedeckt sind, daß es durch eine einzige Schichtflut weggespült werden könnte.

Nach McGee gab *Kirk Bryan* 1922 den Namen "Pediment" offiziell einer Oberfläche, die am Fuße eines ariden oder semiariden Berges durch Erosion und Ablagerung durch ephemere Ströme entstanden war. In seiner Definiton betonte er, daß Pedimente Transportabhänge sind, die für gewöhnlich mit einer dünnen Schicht von Alluvium bedeckt sind, das sich im Durchgang von höher zu niedriger gelegenen Niveaus findet. Diese Betonung, daß Pediment ein Transportabhang ist, der der Verwitterung und Erosion in trockenen Klimata einmalig angepaßt ist, berechtigt seine Aufnahme in ein allgemeines Buch über Geomorphologie. Das Studium der Pedimente gibt uns eine Gelegenheit, das Konzept der Ausgeglichenheit und die Beziehung zwischen Sediment beim Transport und der Arbeit des fließenden Wassers in Zusammenhang mit einem Klima, das sich von dem des humiden stark unterscheidet, in dem die meisten Menschen leben, neu zu bedenken.

Pedimente haben eine Oberflächenform, die von alluvialen Fächern nicht zu unterscheiden ist. Beide sind wasserverteilende Spülhänge (Abb. 3-9, Quadrant IV), die dem kahlen Boden und schnellen Ablauf von Sturzfluten unvergleichlich gut angepaßt sind. Wenn eine Sturzflut aus einer Schlucht heraus auf die niedrigeren Berghänge heraustritt, verteilt sie sich seitwärts und dünnt zu einer *Schichtflut* aus. Loses Sediment wird rasch von der Flut davongeschwemmt und wenn das Wasser auch nicht voll befrachtet war, als es die Schlucht hinabstürzte, wird es auf dem niedrigeren Abhang schnell bis zu seiner Kapazitätsgrenze beladen. Infiltration, Verdampfung und laterales Ausbreiten verringern die Abflußmenge hangabwärts und beladen das fließende Wasser zusätzlich mit Schlamm und Gesteinsschutt. Eine Schichtflut bewegt sich mit der Geschwindigkeit eines Rennpferdes als ein Wasserwall von 30 cm und mehr Höhe vorwärts und brandet lappenartig um Widerstände herum vorwärts. Die schwebende Fracht kann das Wasser so dicht machen, daß große Gesteinsbrocken wie Korken halbschwimmend in dem schlammigen Wasser springen.

Wenn die Strömung einer Schichtflut durch eine Buschgruppe oder andere Hindernisse gebremst wird, wird ein Teil der Fracht abgeladen. Von seiner Last befreit, brandet das Wasser vorwärts und gräbt sofort ein Loch in die dünne alluviale Schicht auf dem Pediment. Auf diese Weise kann sich eine einzige Schichtflut mehrere Kilometer über ein Pediment hinab ausbreiten, bevor sie zu einem Schlammfluß verdickt und anhält. Vermutlich ist eine Schichtflut in der Lage, vorübergehend das gesamte Alluvium auf dem Pediment zusätzlich zu der Fracht, die sie durch Erosion aus dem Gebirgsquellstrom bezieht, zu verfrachten. Niemals ist die gesamte dünne alluviale Schicht gleichzeitig in Bewegung, doch durch wiederholtes Einschneiden und Wiederauffüllen wird das Sediment hangabwärts bewegt.

Im allgemeinen wird Schichtflut als Gegenteil der Fluß- oder Kanalströmung beschrieben. Wie die Schichtausspülungen oder Rillenausspülungen auf konkaven Abhängen der feuchten Gebiete, jedoch in viel größerem Ausmaß, ist die Schichtflut so mit Fracht beladen, daß keine kinetische Energie übrig bleibt, um Kanäle zu erodieren. In feuchten Gebieten verstärken sich Abflußmenge und Transportkapazität hangabwärts und das Wasser sammelt sich in Kanälen; in trockenen Regionen nimmt die Abflußmenge hangabwärts ab und verdunstet oder wird durch die Fracht absorbiert.

Wenn trockene Berghänge erodiert werden, bilden sich an ihrem Fuß Pedimente. Zungenartige Verlängerungen der Pedimente erstrecken sich, größeren Tälern folgend, weit ins Gebirge hinein. Einige trockene Gebirgsketten haben bereits Pediment-Pässe, die sich über die Ketten hinziehen. Sie sind das Resultat der hangaufwärts gerichteten Fortsetzung und der Überschneidung der Pedimente, die von gegenüberliegenden Abhängen des Gebirgszuges stammen. Pedimente verbreitern sich durch die laterale Wanderung von Rillen und kurzfristigen Kanälen, die periodisch auf die Bergfront einwirken und Talus und Klippen unterspülen. Außerdem dehnen sie sich durch den, durch normale Massenbewegung bedingten Rückzug von Kliffen und Schuttkegeln, aus, wie auch durch Abrasion der in das anstehende Gestein geschnittenen Pedimentoberfläche durch Schichtfluten. Die relative Bedeutung dieser drei Prozesse scheint je nach Region zu variieren. Einige Pedimente besitzen zahlreiche flache Arroyos, die ihre Oberfläche durchschneiden, und man nimmt an, daß sie durch die laterale Verschiebung der Kanäle erodiert wurden. Andere Pedimente zeigen keine Anzeichen irgendeines dauerhaft kanalisierten Abflusses. Die Analyse dieser Details ist schwierig, da jede Erosion in trockenen Gebieten langsam ist und einige Pedimente wahrscheinlich unter einem anderen Klima gebildet wurden und nun langsam zerlegt werden. Es ist daher möglich, daß eine Analyse der gegenwärtigen Prozesse keinen richtigen Eindruck von der Herkunft eines Pediments gibt.

Während einerseits Pedimente sich die Berghänge hinauf ausdehnen, von denen sie mit Wasser und Gesteinsschutt beliefert werden, kann andererseits der untere Teil der Pedimente nach und nach durch die ansteigende Alluvium-Bajada begraben werden (Abb. 4-7). Aus diesem Grunde bestehen Pedimente in echt ariden Gebieten, wo das lokale Basisniveau die Playa ist, für gewöhnlich aus schmalen, nackten Streifen anstehenden Gesteins zwischen Bergfront und Bajada. Die Pedimente tauchen hangabwärts unter die dicker werdende alluviale Füllung des Bolson. Wer auf eine genaue Definition Wert legt, würde sagen, daß der sanft ansteigende Spülhang an einer solchen Bergfront in seinem oberen Teil, wo die gesamte Masse des Alluviums sich in Bewegung befindet, ein Pediment genannt werden könnte und in seinem unteren Teil, wo das Alluvium in dem Bolson dauerhaft zur Ruhe gekommen ist, als Bajada zu bezeichnen wäre. Die Grenze zwischen Pediment und Bajada ist dann durch die Dicke des Alluviums definiert, das periodisch durch Schichtflut oder Einschnitte von Arroyos und deren Wiederauffüllung erneut aufgearbeitet werden kann.

Die ausgedehntesten Pedimente findet man in Gebieten mit ausreichendem Niederschlag, der zumindest gelegentlich einen Abfluß zum Meer vermöglicht. Unter diesen Umständen, die technisch eher als semiarid denn als arid zu bezeichnen sind, kann verwittertes Gestein hangabwärts zum endgültigen Basisniveau transportiert und vollständig aus der subaerischen Landschaft entfernt werden, anstatt Bolsone zu füllen und zunehmend den unteren Bereich der entstehenden Pedimente zu begraben. Die Sonora-Wüste in Arizona und der angrenzenden mexikanischen Provinz Sonora ist das klassische Gebiet für Pediment-Entstehung in Nordamerika. In diesem Gebiet gibt es steile Flußläufe mit Alluvium-Boden, die zum Meeresspiegel ausgeglichen sind, obwohl nur selten Wasser in ihnen fließt. Die gesamte Landschaft von Sonora ist vielleicht ein Relikt aus einer Zeit, in der Niederschläge reichlicher waren.

Die inneren Hochflächen großer Teile Afrikas enthalten große, sanft abfallende Pedimente. Ebenso haben weite Gebiete des trockenen Kontinents Australien geneigte Pedimente. Das aride Innere Asiens ist weniger gut bekannt als andere trockene Gebiet, aber man kann voraussagen, daß auch dort Pedimente zu den vorherrschenden Landformen gehören. Wenn man sich vorstellt, daß 26% der Landoberfläche arid oder semiarid sind, ist das Pediment wahrscheinlich die am meisten verbreitete erosionsbedingte Landform der Erde.

Um die Form eines Pediments zu verdeutlichen, wandte *F. R. Troeh* seine Technik der Abhang-Analyse (Kapitel 3, Abb. 3-9) auf ein wohlbekanntes Pediment am Nordhang der Sacaton-Mountains in Süd-Arizona an. Abb. 4-8 ist der Teil einer Höhenschichtenlinien-Karte des Pediments, in die gestrichelte Bögen eingezeichnet sind, um die optimale Oberfläche zu kennzeichnen, die *Troeh* durch Drehung eines parabolischen Segments um eine vertikale, zentrale Achse erstellen konnte. Die Höhe eines beliebigen Punktes Z auf der Oberfläche des Pediments wird in der folgenden Gleichung angegeben:

$$Z = 1708 \text{ ft} - (102{,}8 \text{ ft/mile}) R + (5{,}06 \text{ ft/mile}^2) R^2$$

wobei R die horizontale radiale Distanz zwischen Punkt Z und der Rotationsachse ist. Dies ist eine allgemeine Gleichung 2. Grades; sie ist jedoch umgekehrt zur üblichen Anordnung geschrieben:

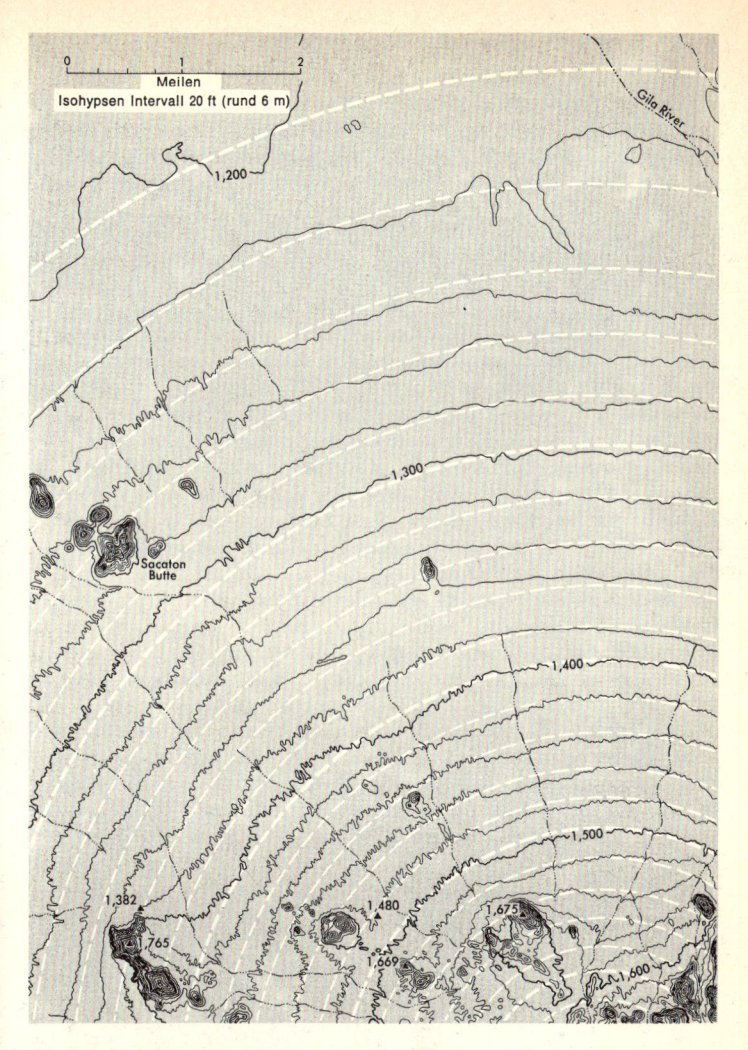

Abb. 4-8 Höhenlinienkarte des Nordhanges der Sacaton-Berge, Arizona. Die unterbrochenen Bogenlinien sind Höhenlinien einer parabolisch gekrümmten Fläche, die der gegenwärtigen Hangform am besten folgt. Abstände zwischen den Linien betragen 20 Fuß (rund 6 m) mit Ausnahme im Bereich der Spitzkuppen, der generalisiert dargestellt ist (*Troeh* 1965).

$$Z = c + bR + aR^2$$

Die Höhe der Oberflächenspitze wird durch die Konstante c angegeben, die Anfangsneigung durch b (hier ein negativer Abhang) und die stetige Änderung des Neigungswinkels des Abhanges radial nach außen vom Ausgangspunkt ist 2a. Der Neigungswinkel an jedem beliebigen Punkt Z ist durch die Differentialgleichung gegeben:

$$\frac{dZ}{dR} = b + 2aR$$

Mathematisch gesehen, beschreibt die Gleichung das Pediment in Abb. 4-8 als einen parabolischen Kegel, dessen Zentrum bei einem hypothetischen Ausgangspunkt 520,60 m über dem Meeresspiegel liegt, der eine Anfangsneigung von 19,5 m pro 1 km hangabwärts hat und eine Abnahmerate der Neigung von + 5,06 oder + 191,7 cm pro 1 km über jeden Radialkilometer besitzt. Die Gleichung paßt fast perfekt auf das Pediment und weicht nur dort von der Landoberfläche ab, wo unverwitterte Berge auf dem Gipfel des Pediments stehen, und an der äußersten Nordkante der Karte, wo das Pediment an der Flußaue des Gila-Flusses endet. Sowohl in den Bergen als auch auf den Flußauen wirken andere Arten von Erosion und Transport. Für eine radiale Entferung von mindestens 11 km über hervorstehendes Gestein und Alluvium ist Pediment ein idealer wasserverteilender Spülhang, der perfekt ausgeglichen ist, um große, aber unregelmäßige Wassermengen und verwittertes Gestein von den Sacaton-Mountains hangabwärts in den Gila-Fluß zu transportieren. Die Gleichmäßigkeit des Abhangs weist auf einen gleichmäßigen Prozeß und das Pediment ist ein ideales Beispiel für einen Förderabhang, der ausgeglichen bleibt, während die Landschaft langsam durch Erosion niedriger wird.

5 Lebensgeschichte der Landschaften

Deduktive Geomorphologie

Die vorangegangenen vier Kapitel beschäftigten sich mit den Prozessen, die Landschaften verändern, den Geschwindigkeiten, mit denen die Prozesse arbeiten, und dem Beobachtungsnachweis, daß sich Landschaften von Ort zu Ort aufgrund der Natur, der Intensität und der Dauer der Veränderungsprozesse unterscheiden. Unsere Überlegungen gingen von speziellen Beispielen aus und führten zur Aufstellung genereller Prinzipien. Dies ist der Induktionsweg und ist ein wesentlicher Teil des Systems logischen Denkens, das wir Wissenschaft nennen.

Die andere Seite der logischen Münze "Wissenschaft" ist der deduktive Weg. Hier schließen wir von allgemeinen Prinzipien auf die Analyse spezieller Probleme. Der deduktive Weg in der Geomorphologie betrifft vor allen Dingen Landschaftsveränderungen im Laufe der Zeit. Wir sind nicht in der Lage zu sehen, wie sich eine Landschaft entwickelt, wenn wir auch reichliche Gründe zu der Annahme haben, daß sie es tut. In unserer Folgerung verwenden wir die Prinzipien, die wir aus dem immer nur kurzfristigen Studium vieler Orte erkannt haben, für die Voraussage von Ereignissen an einem einzigen Punkt, durch viele einander folgende Zeitabschnitte hindurch. Wir wollen einen Film der Landschaftsentwicklung machen, aber unser Ausgangsmaterial ist eine Serie von Fotos vieler verschiedener Landschaften.

Biologen oder Philosophen argumentieren vielleicht, daß eine Landschaft nicht lebt und daher keine "Lebensgeschichte" hat. Aber in dem gleichen Sinne, in dem wir im allgemeinen vom Leben eines Autos, einer Glühbirne oder eines Buches sprechen, verwenden wir hier "Lebensgeschichte" für die Ereignisse, die während der erkennbaren Dauer einer Landschaft vorkommen. Wir müssen die ursprüngliche Form und Ursprungszeit der Landschaft spezifizieren wie auch die Bedingungen ihrer letztendlichen Zerstörung. Zwischen diesen Grenzen hat sie eine Lebensgeschichte, die gefolgert werden soll.

Das deduktive Studium der Landschaften ist insofern stark kritisiert worden, als es die Einschränkungen des Beobachtungsbeweises überschritten habe. Es stimmt, daß *W. M. Davis* und andere in den ersten Jahrzehnten dieses Jahrhundert das deduktive System der "erklärenden Beschreibung" ein gutes Stück über das hinaus erweiterten, was experimentell nachgewiesen worden war. Die große Gefahr der deduktiven Erklärung besteht darin, daß bei falscher und unkorrekter Anwendung der allgemeinen Prinzipien sogar die sorgfältigsten logischen Vorgänge unvermeidlich zu falschen Schlußfolgerungen führen. Man stelle sich zum Beispiel vor, daß durch wiederholte Beobachtungen in feuchten Regionen ein allgemeines Prinzip erstellt wurde (es wurde nicht), daß die Berghänge im Laufe der Zeit flacher werden. Wenn dieses Prinzip unkorrekt dazu verwendet würde, um die zukünftige Form eines Wüstenabhanges vorauszusagen, würde die gefolgerte Form wegen der unterschiedlichen Prozesse von Massenbewegung, die in ariden und feuchten Klimata dominieren, wenig Beziehung zu realen Landformen haben.

In den vergangenen Jahrzehnten haben wir entdeckt, daß die wiederholte Vergletscherung des Landes in den mittleren und hohen Breiten nur ein Aspekt der sich wiederholenden allgemeinen Klimaveränderungen während der letzten 12 Millionen Jahre ist. Wir kennen nicht die Gründe für diese klimatischen Veränderungen, erkennen aber ihre Einflüsse in den Landschaften. Einige Geomorphologen meinen, daß wir nicht versuchen sollten, das forgeschrittene Stadium der Landschaftsentwicklung unter bestimmten klimatischen Bedingungen zu folgern, da lange bevor das fortgeschrittene Stadium erreicht sein wird, neue klimatische Bedingungen eintreten werden, die den Kurs der Landschaftsentwicklung ändern. Sie vergessen, daß wir die Einflüsse klimatischer Veränderungen auf Landschaften nur dadurch erkennen, daß die Landschaften nicht so sind, wie sie nach unserer Voraussage unter den heute beobachteten Bedingungen sein sollten.

In diesem Kapitel wird der aufeinanderfolgenden Entwicklung der Landschaften unter feuchten Klimabedingungen und reichlich fließenden Flüssen die größte Wichtigkeit zugemessen. Wir wollen dies tun, obwohl trockene Klimata einen größeren Teil des Festlandes prägen als jede andere Klimaart für sich. Abb 1-3 ist ein angemessener Beweis dafür, daß jährlich mehr Wasser auf das Land fällt als von ihm verdampft wird und daß die "normale" oder "typische" Landschaft sich unter Bedingungen extremen Wasserabflusses bildet. Folglich werden Variationen über das Thema der Landschaftsentwicklung durch fließendes Wasser vorgetragen werden. Wie bei einer musikalischen Komposition kann der die Komplexität der Variationen nicht würdigen, der das Thema nicht kennt.

Wenn für manche Menschen der deduktive Weg zur Geomorphologie weniger genau, mehr intuitiv und weniger "wissenschaftlich" ist als die induktive Methode, spielt er doch eine wesentliche

Rolle im Verständnis des Menschen für seine Umwelt. Bei dem
Versuch, zukünftige und vergangene Bedingungen zu rekonstruieren,
verstehen wir die Unermeßlichkeit geologischer Zeit und die unendliche Geduld, mit der Veränderungen in der Natur vor sich gehen. Wir
bedürfen noch immer der alten Philosophen, die über die zweifelhafte Dauerhaftigkeit der Hügel meditierten und dadurch Kraft
für sich selbst fanden. Verstehen an sich macht Freude.

Beweise für die Entwicklung der Landschaften in Sequenzen

Ein anderer Ausdruck für die Lebensgeschichte der Landschaft ist
Evolution in Sequenzen. Der letztere Begriff bedeutet, daß eine
Gruppe von Landschaftsformen sich nach und nach in eine andere
in einer einheitlich gerichteten Sequenz entwickelt, wenn nicht
tektonische oder klimatische Ereignisse dazwischentreten. Es gibt
mindestens fünf experimentelle oder Beobachtungsbeweise, daß
sich Landschaften in voraussagbaren Formsequenzen entwickeln.
Einige sind genauer als andere, aber alle sind nützlich.

1. *Experimente in kleinem Maßstab* über Landschaftsevolution können in Sandkästen oder anderen Modellen durchgeführt
werden. Eine in die abfallende Sandoberfläche gekratzte Rinne leitet das Wasser und wird dabei ihre Form verändern und sich der
Abflußmenge anpassen. Ein Hügel aus feinem Sand wird unter
einem Sprühregen hangabwärts ein Entwässerungsnetz entwickeln.
Wenn man Material und Experimentbedingungen sorgfältig aussucht, kann man viele Landformen in Miniatur im Laboratorium
reproduzieren. Es sieht so aus, als ob modellmaßstäbliche Experimente die besten Beweise für die Entwicklung von Landschaften zur Verfügung stellen und das wäre auch der Fall, wenn
sie wirklich die Natur kopierten.

Die Schwierigkeit bei allen maßstäblichen Modellen besteht darin, durch Dimensionsveränderungen in Länge, Masse und Zeit nicht
die eigentlichen Eigenschaften des Versuchsobjektes zu verändern.
Wasser, das sich in einem wenige Dezimeter tiefen Modellkanal befindet, hat zum Beispiel die gleiche Dichte und Viskosität wie das
Wasser in einem echten Fluß; daher fallen aus diesen Eigenschaften
resultierende Wasserturbulenzen im Modell völlig aus dem Maßstab.
Darüber hinaus nimmt das Volumen im Kubik zur Länge ab, wenn
die Längendimensionen eines Objektes verringert werden, aber die
Obfläche verringert sich nur im Quadrat zur Länge. Daher verfügen
kleine Teilchen über viel größere Oberflächen im Verhältnis zu
ihrer Masse als große Teile des gleichen Materials. Oberflächenffekte

können dazu führen, daß sehr feingekörnte, nasse Teilchen in einer Modell-Landschaft in einer Art fest zusammenhängen, die überhaupt nicht dem Sand oder Geröll der echten Landschaft, die sie maßstäblich darstellen sollen, entspricht. Schließlich können physikalische Konstanten, wie die Gravitation, nicht maßstäblich verringert werden. Ein experimenteller Flußlauf im Sandkasten beweist, wie sich Flußläufe im Sandkasten bilden, aber wenig mehr. Kleinmaßstäbliche Experimente sind nur nützlich, wenn man die aufeinanderfolgenden Stadien in Entwicklungssequenzen studieren möchte, von deren Existenz man durch andere Anzeichen Kenntnis hat. In dieser Beziehung beweisen sie, daß Landschaften sich entwickeln.

2. *Echte Landschaften, die sich unter beschleunigten Bedingungen entwickeln,* zeigen uns, welche Sequenzen wir erwarten können, wenn Veränderungen zu langsam sind, als daß man sie beobachten könnte, wie das normalerweise der Fall ist. Komplizierte Entwässerungsnetze können sich auf Wattflächen während der wenigen Stunden jeder Ebbe bilden. Nachdem vulkanische Aschenregen vorher existierende Landschaften vollständig ausgelöscht hatten, entwickelten sich neue Entwässerungssysteme, deren Entwicklung man dann über einen Zeitraum von Monaten oder Jahren beobachtet hat. Jeder hat schon gesehen, wie sich Wasserrinnen in die künstliche Auffüllung auf Bauplätzen einschnitten. Es ist bekannt, daß sich größere Schluchten bis zu 30 m Tiefe und mehreren Kilometern Länge in weniger als einem Jahrhundert entwickelten, nachdem das Land für die Landwirtschaft gerodet wurde.

Beschleunigte Erosion, die auf natürliche oder durch den Menschen verursachte Katastrophen zurückzuführen ist, ist ein guter Beweis dafür, daß Landschaften sich entwickeln, denn die Veränderungen erfolgen bis auf die Zeit im natürlichen Maßstab. Leider beeinflußt ein "Unfall", der beschleunigte Veränderungen veranlaßt, nur einen oder einige wenige Veränderungsprozesse. Beschleunigte Erosion, die auf Abholzung und Landwirtschaft zurückzuführen ist, wird durch schnelleren und konzentrierten Wasserabfluß hervorgerufen. Die Bodenbildung wird jedoch nicht beschleunigt und Massenbewegung kann von Bodenkriechen zu Einbrüchen und Bodenfließen übergehen. Daher gleichen die daraus resultierenden Landformen nicht denen, die sich gebildet hätten, wenn alle Veränderungsprozesse proportional beschleunigt worden wären. Es ist sehr lehrreich, die Ergebnisse beschleunigter Erosion zu beobachten und zu messen. Sie können jedoch nicht direkt herangezogen werden, um die Landschaftsentwicklung in geologischen Zeiträumen zu interpretieren.

3. *Playfairs Gesetz der "Überbestimmenden Verbindungen"*

(Law of accordant junctions) beinhaltet einen dritten Beweis dafür, daß Landschaften sich in Sequenzen entwickeln. In seinen 1802 veröffentlichten *"Illustrationen zur Theorie Huttons"* schrieb *John Playfair* den folgenden Satz, dem wenige an Klarheit und Stil gleichkommen und der als "Gesetz" bekannt wurde, obwohl Wissenschaftler für gewöhnlich nicht viel von Dogmen halten.

"Jeder Fluß scheint aus einem Hauptfluß zu bestehen, der von einer Vielzahl von Nebenflüssen gespeist wird, deren jeder in einem proportional seiner Größe entsprechenden Tal fließt, und alle zusammen bilden ein System von Tälern, die miteinander in Verbindung stehen und so schön in ihrem Gefälle aufeinander abgestimmt sind, daß keines von ihnen auf zu hohem oder zu niedrigem Niveau auf das Haupttal trifft; ein Umstand, der außerordentlich unwahrscheinlich wäre, wenn jedes dieser Täler nicht das Ergebnis des Flusses selbst wäre, der in ihm fließt."

Wir erkennen, daß *Playfairs* Feststellung kein strenger Beweis für ein Naturgesetz ist, sondern nur eine Bemerkung über einen höchstwahrscheinlichen Umstand. Würden sich Täler nicht durch die Tätigkeit der in ihnen fließenden Flüsse entwickeln, dann wäre "die schöne Abstimmung ihres Gefälles" ein höchst unwahrscheinlicher Zustand. Nachdem die hydraulische Geometrie der Flüsse und das Konzept des ausgeglichenen Flusses erläutert wurden, ist der Durchschnittsleser dieses Buches besser vorbereitet, die Bedeutung der Worte *Playfairs* zu würdigen als die größten Wissenschaftler von 1802.

4. *Flüsse verbrauchen ihre eigene Energiequelle.* Solange ein Fluß Sediment zum Meer befördert, trägt er die Landschaft ab, die das Schwerkraftpotential für das Fließen liefert. Verwitterungsprozesse, Massenbewegung und Erosion, die auf die potentielle Energie der Lage angewiesen sind, nehmen fortlaufend bei Abnahme der Höhe in ihrer Effektivität ab. Daher muß sich die Landschaft, während sie abgesenkt wird, fortlaufend verändern. In einem physikalischen System abnehmender Energiezufuhr kann es kein Langzeit-Gleichgewicht geben. Ausgeglichene Flüsse sind in der Lage, sich Veränderungen von Jahr zu Jahr anzupassen, sie passen sich aber auch nach und nach dem Verlust an potentieller Energie an. Ein ausgeglichener Fluß bleibt ausgeglichen, während die Landschaft abgesenkt wird, aber die Bedingungen für diesen Zustand verändern sich fortwährend.

Das von Flüssen transportierte Sediment ist ein starker Beweis dafür, daß Landschaften sich entwickeln. Das gilt auch für das Alluvium, das zeitweilig als *Flußterasse* beim Eintiefen des Tales hinterlassen wird. Alluviale Terassen beweisen mit ihren Oberflächenmerkmalen und ihrer inneren Zusammensetzung, daß sie einst

Teil der Flußaue eines Flusses gewesen sind. Wenn sie jetzt nicht von Hochwässern erreicht werden heißt das, daß das Tal seit ihrer Bildung tiefer geworden ist oder das Wasser aus dem Fluß abgeleitet wurde. Dieser Beweis für die Talerosion ist ein weiterer Beitrag *John Playfair's*. Terassen-Alluvium muß schließlich seine Reise zur See hin wieder aufnehmen, wenn Verwitterung und Massenbewegung es wieder in den Fluß befördern, der es einst zurückgelassen hat.

5. *Landschaften aus vielen verschiedenen Gebieten können in einer Folge angeordnet werden.* Dies ist kein streng logischer Beweis, daß jede einzelne Landschaft sich auf dem Weg der Folge entwickeln wird; es ist jedoch noch immer die beste praktische Darstellung der Landschaftsentwicklung. Weiter vorn war gesagt worden, daß wir einen Film über eine sich entwickelnde Landschaft machen wollen, aber unser Ausgangsmaterial besteht aus einer Serie von Fotos von vielen verschiedenen Landschaften. Die Tatsache, daß wir diesen Film machen können, ist der überzeugendste Beweis für seine Richtigkeit. Wir können jede Gruppe von Landschaftsfotos in Untergruppen nach ihrer größten Ähnlichkeit zusammenfassen. Dann können wir innerhalb dieser Untergruppen die Fotos so arrangieren, daß Übergangsformen den anschließenden Untergruppen am ähnlichsten sind, wobei wir die regionalen Unterschiede von Klima und Gesteinsarten berücksichtigen.

Die Möglichkeit, Landschaften in einer gewissen Ordnung zusammenzustellen, sagt uns nicht, in welcher Richtung die Aufstellung verläuft. Selbst wenn wir unseren Film machen wissen wir nicht, in welcher Richtung wir ihn laufen lassen sollen. Um eine nur in eine Richtung verlaufende Serie aufzustellen, kehren wir zu dem vorausgegangenen Beweis für Landschaftsentwicklung zurück, dem, daß Flüsse Sediment befördern. Wenn Landschaften eine entwicklungsgemäße Folge bilden, muß sie in der Richtung der größeren Täler und kleinerer verbliebener Hügel zu finden sein, denn verwittertes Gestein wird fortlaufend seewärts befördert.

Die praktische Tatsache, daß Landschaften in Sequenzen angeordnet werden können, hat ihre theoretische Basis in thermodynamischen Prinzipien. In ihrer Analyse von 1964 (beschrieben in Kapitel 4) über das ausgeglichene Stadium der Flüsse durch kombinierte Prinzipien von geringstem Arbeitsaufwand und gleichmäßiger Arbeitsverteilung ziehen *W. B. Langbein* und *L. B. Leopold* den bedeutsamen Schluß, daß in dem Streben nach Gleichgewicht zwischen diesen beiden gegensätzlichen Tendenzen "die Zeitdifferenzen sich denen nähern werden, die an vielen anderen Orten beobachtet werden können".

Manche Landschaftsbedingungen sind wahrscheinlicher als andere, und die Natur begünstigt Tendenzen zum Wahrscheinlichen. Die zwei wahrscheinlichsten Veränderungen in Landschaften sind:

1. daß die Flüsse ausgeglichen werden und
2. daß ihre potentielle Energie im Lauf der Zeit abnimmt.

Es scheint vielleicht eine Verschwendung von Zeit und Intelligenz zu sein diese Beweise der Landschaftsentwicklung zu umreißen, denn sie sind alle ganz offensichtlich. Man darf aber nicht vergessen, daß vor nur 150 Jahren das Konzept der langsamen, geordneten Entwicklung der Landschaften unter den gleichen Bedingungen, die heute wirksam sind, eine gefährliche Herausforderung für die etablierte religiöse und philosophische Ordnung darstellte. Die Annahme von *Huttons* Konzept der Gleichförmigkeit und Fortdauer von Prozeß und Veränderung und des daraus folgenden Konzeptes der Ungeheuerlichkeit geologischer Zeit, bereitete den intellektuellen Boden für die Theorie der organischen Evolution Mitte des 19. Jahrhunderts[4].

Ursprüngliche Landschaften

Wenn sich Landschaften in Sequenzen entwickeln, so muß es originale oder nicht erodierte Stadien geben, die man beschreiben kann. Das bevorzugte Ausgangsstadium, das von deduktiven Geomorphologen postuliert wird, ist der frühere Boden eines flachen Meeres, der neu aus dem Meeresspiegel heraustrat. Man nimmt an, daß der Meeresboden glatt ist und ohne besondere Merkmale und daß er, im Verhältnis zu Erosions-Prozessen, rasch herausgehoben wird. Abb. 5-1 deutet ohne Maßstab eine solche Landschaft an. Die Zeichnung könnte 1 oder 1000 Quadratmeilen darstellen. Das Heraustreten der glatten Ablagerungsoberfläche eines flachen Meeresbodens könnte entweder durch Absinken des Meeresspiegels oder Hebung des Landes erfolgen. Im ersten Fall würde sich, falls überhaupt, als einziger Hang der ehemalige, sanft geneigte Meeresboden ergeben. Auch im zweiten Fall könnte der ursprüngliche Hang der ehemalige Meeresboden sein, dessen Neigung durch unterschiedlich intensives Kippen während des Hebungsvorganges verstärkt oder vermindert wird.

Der wahrscheinlichste Anlaß für das Heraustreten neuen Landes aus dem Meer ist tektonische Hebung. Obwohl der Meeresspiegel aufgrund der wiederholten Ausdehnung und Schrumpfung von Gletschern zwischen 90 und 120 m schwankte (Abb. 1-3), waren diese Schwankungen doch von zu kurzer Dauer, um Landschaften regional zu beeinflussen. (Der Effekt der Meeresspiegelveränderung

---

[4] *D. L. Fischers* Buch über *Geologische Zeit* in dieser Serie behandelt diese interessanten Themen in größerer Ausführlichkeit.

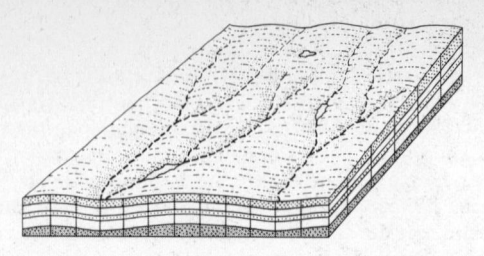

Abb. 5-1 Eine hypothetische ursprüngliche Landoberfläche eines soeben aus dem Meer aufgetauchten Landes. Die ursprüngliche Landoberfläche liegt konform zu den unterlagernden Sedimentschichten. Die Entwässerung folgt konsequent den Unregelmäßigkeiten der Oberfläche. (Umgezeichnet nach *Cotton* 1942)

auf Küsten wird eingehender in Kapitel 6 beschrieben.) Tektonische Hebungen werden in zwei Arten eingeteilt: *orogenetische* oder gebirgsbildende Bewegungen, und *epirogenetische* oder weite, regionale Bewegungen, die das Gestein nicht intensiv verformen.

Die Geschwindigkeit einiger orogenetischer Hebungen können wir direkt an historischen Aufzeichnungen oder prähistorischen Zeugnissen messen. Teile der Küste von Alaska wurden als Ergebnis des Erdbebens von 1964 bis zu 10 m angehoben. Aus Neuseeland, wo anscheinend eine großangelegte Orogenese in Gang ist, wird berichtet, daß einige Gebiete sich um 1,20-10,70 m pro 1000 Jahre erhöhen. Aufsteigende Antiklinen haben die Richtung der Entwässerung über einigen geneigten Feldern in weniger als 100 Jahren, seit das Land für die Landwirtschaft gerodet wurde, umgekehrt.

Genaue Beobachtungen in der Nähe von Los Angeles zeigten, daß einige Gebirgsmassen dort 4-6 m pro 1000 Jahre ansteigen (4-6 mm pro Jahr: genug, um Abzugskanäle, Wasserleitungen und andere sorgfältig gradierte Ingenieurswerke ernsthaft zu gefährden); Kalifornien zeigt, wie viele andere Gebiete rund um den Pazifischen Ozean, stark orogenetische Züge. Eine gute Schätzung für schnelle orogenetische Hebung ist ungefähr 9 m pro 1000 Jahre.

Epriogenetische Hebung erfolgt wahrscheinlich sehr viel langsamer als orogenetische. Man weiß, daß Gebiete von der Größe der zentralen Vereinigten Staaten wiederholt in geologischen Zeiten unter dem Meeresspiegel und zu anderen Zeiten über dem Meeresspiegel lagen und erodiert wurden, aber die gesamte vertikale Ausdehnung solcher epirogenetischer Bewegungen kann nur einige hundert Meter betragen und kann Millionen von Jahren benötigen. Ein Fachmann schätzt epirogenetische Hebung auf ein paar Dezimeter pro 1000 Jahre, vielleicht 10% der Geschwindigkeit orogenetischer Hebungsvorgänge. Ein Vergleich der Hebungs-, bzw. Senkungsraten, mit denen Orogenese, Epirogenese und regionale Erosion verbunden sind, hilft, uns zu bestimmen, mit welcher Wahrscheinlichkeit eine Landschaft frisch aus dem Meer auftaucht, wie Venus auf einer Muschelschale. Die neuesten Schätzungen für regionale Absenkung der Vereinigten Staaten durch Erosion (Kapitel 4) nehmen eine Geschwindigkeit von 6 cm pro 1000 Jahre an (30 cm in 5000 Jahren). Gebirgige Gegenden werden viel schneller abgetragen, da Abhänge steiler, das Klima härter und die potentielle Energie viel größer sind. Die bisher gemessene schnellste Rate regionaler Abtragung befindet sich im zentralen Himalaya-Gebirge, wo schon allein die schwebende Sedimentfracht in einem großen Fluß eine regionale Erosionsrate von etwa 1 m pro 1000 Jahre anzeigt. Eine gute Schätzung der Gebirgserniedrigung durch Erosion ist etwa 90 cm pro 1000 Jahre.

Die geschätzten Raten tektonischer Hebung und regionaler Erosion sind in Tabelle 5-1 zusammengefaßt. Sie lassen vermuten, daß Orogenesen Gebirgszüge bis zu zehnmal so schnell heben, wie sie die aktivsten Flüsse abtragen könnten, ebenso wie sanfte epirogenetische Anhebung einen Kontinent zehnmal so schnell hebt wie ihn fließende Ströme absenken können. Es hat keinen Sinn, Gebirgserosion mit epirogenetischer Anhebung zu vergleichen, denn ohne die große Höhe der Gebirge könnten Flüsse nicht so schnell arbeiten.

Tabelle 5-1 Vergleichende Hebungs- und Erosions-Raten[+]

	Gebirgshebung (Orogenese)	Festlandshebung (Epirogenese)
Hebungsrate	10	0,7-1
Erosionsrate	1	0,05

[+] Die Zahlen sind in Meter pro 1000 Jahre angegeben.

Alle diese Schätzungen besagen, daß, wenn tektonische Bewegungen neues Land über den Meeresspiegel heben, das Land wahrscheinlich schneller an Gebiet und Höhe zunimmt als die Erosion es zerstören kann. Nachdem die tektonische Hebung nachläßt, muß die Erosion für eine beträchtliche Zeit weiterwirken, bis die Landschaft abgetragen ist. Im vorangegangenen Kapitel war gesagt worden, daß die gegenwärtige Erosionsrate in den Vereinigten Staaten einen durchschnittlichen Kontinent in 13-14 Millionen Jahren bis auf die Höhe des Meeresspiegels abtragen würde. Da die Erosionsrate in dem Maße abnimmt, wie die potentielle Energie der Flüsse nachläßt, wäre der tatsächliche Zeitraum noch viel größer. Die letzte Reduzierung eines Landes auf die Höhe des Meeresspiegels wird niemals allein von Flüssen bewerkstelligt werden, denn die potentielle Energie der Flüsse nähert sich dem Nullpunkt, wenn eine Landschaft bis zum Basisniveau abgesenkt wird. Der Meeresspiegel ist die Grenze irdischer Erosion und als solche wird sie angestrebt, jedoch nicht erreicht.

Tektonische Bewegungen können sowohl Land senken als auch heben. Es gibt Zeugnisse im Überfluß in Sedimentgesteinen, daß frühere Landschaften, oft mit verwittertem Regolith, untergetaucht sind und unter neuen marinen Sedimenten begraben wurden, die mit der Zeit lithifiziert, gehoben und der Erosion ausgesetzt wurden. Die unregelmäßige Erosionsoberfläche zwischen älteren Gesteinen und überlagernden Sedimentlagen wird *Diskordanz* genannt. Die korrekte Interpretation von Diskordanzen ist von großem Wert für die Rekonstruktion der geologischen Geschichte eines Gebietes.

Nehmen wir einmal an, daß zu irgendeinem Zeitpunkt während der langen Periode langsamer Erosion einer Landschaft bei abnehmendem Energiegradienten tektonische Hebung des Landes einsetzt und es erheblich über das Basisniveau aufsteigen läßt. Eine solche Landschaft ist *verjüngt* und die ursprüngliche Landoberfläche wird zur Ausgangsform, auf die die erneut beschleunigte Erosion einwirkt. Es gibt Beweise dafür, daß viele Landschaften so verjüngt wurden, und einige auch zu wiederholten Malen. Eine verjüngte Landschaft ist schwerer zu interpretieren als eine Landschaft, die aus einem frischen Meeresboden mit geringen Merkmalen herausgeschnitten wurde, denn einige ihrer Formen können von vorausgegangenen Erosionsepisoden ererbt sein.

Verjüngung unterbricht den bisherigen Gang der Landschaftsentwicklung, indem neue Energie in die Fluß-Systeme eingespeist wird. Man kann sich auch die gegenteilige Unterbrechung vorstellen, die dann eintritt, wenn eine Landschaft durch tektonisch bedingte Abwärtsbewegung in die Nähe ihres endgültigen Erosionsniveaus gelangt. In einem solchen Falle würden die Fluß-Systeme an Energie verlieren.

Aufwärts- oder Abwärtsbewegungen relativ zur Basisebene werden *Unterbrechungen* der Evolutionssequenz einer Landschaft genannt, denn sie verändern die Evolutionsgeschwindigkeit, nicht aber die endgültigen Formen. Das geordnete Fortschreiten der Landschaftsbildung wird beschleunigt oder verlangsamt, aber nicht angehalten.

Wenn eine Landmasse vertikal gehoben wird, beginnt die Verjüngung nahe bei den ursprünglichen Flußmündungen und erstreckt sich zunehmend landeinwärts, bis die gesamten Fluß-Systeme in Bezug zur neuen, relativ niedrigeren Basisebene ausgeglichen sind. Wenn die Anhebung mit Kippen verbunden ist, kann ein ganzes Fluß-System durch den an jedem Punkt vergrößerten Neigungswinkel gleichzeitig verjüngt werden. Ein Fluß-System, das in entgegengesetzter Richtung zum Kippen floß, würde dann seinen Gradienten verlieren und sich durch eben dieses Kippen in eine Kette von Sümpfen und Seen verwandeln. Man hat aus den Folgen vielfacher Unterbrechungen einer einseitig gerichteten Entwicklung einer Landschaft deduktiv viele Schlüsse gezogen und es liegen uns die Beschreibungen vieler Landschaften vor, die die Folgen solcher Störungen ihrer Entwicklungsgeschichte aufweisen.

Zusätzlich zu Unterbrechungen in ihrer Evolutionssequenz unterliegen Landschaften auch drastischen, katastrophenartigen Veränderungen. Diese verändern nicht einfach die Geschwindigkeit des geordneten Fortschreitens der Landschaftsentwicklung, sondern führen ganz neue Prozesse und Landformen ein. Eine Katastrophe verändert dauerhaft den Weg der Landschaftsevolution.

Die beiden Arten katastrophenartiger Veränderungen, die eine Landschaft betreffen können, sind *vulkanischer* und *klimatischer Natur. Eine vulkanische Katastrophe kann* eine neue Landschaft über der alten aufbauen, indem sie Abhänge wieder erstehen läßt, Flüsse abschneidet und Täler auffüllt. Dieser Fall ist auf bestimmte Gebiete beschränkt, insbesondere um den Rand des Pazifischen Ozeans herum und auf einen Gürtel, der sich von den Philippinen und Indonesien in westlicher Richtung durch das Mittelmeer erstreckt. Vulkane bauen nicht nur große, kegelförmige Berge wie den Fujiyama und breite Kuppeln wie die Insel Hawaii auf, sondern sie bilden auch Lava-Plaetaus, die mehr als 100000 Quadratmeilen bedecken können. Das Columbia-Plateau im Nordwesten der Vereinigten Staaten, das Deccan-Plateau in West-Indien und ähnliche Gebiete im zentralen Südamerika und südwestlichen Afrika sind alle aus zahlreichen Lavaflüssen aufgebaut, die 1000-2000 m mächtig sind.

Plötzliche klimatische Veränderungen können dramatisch sein, wie das Vorrücken eines Gletschers, oder einfach, wie eine lange Dürrezeit. Die vorangegangenen Kapitel betonten den unterschiedlichen Grad der Effektivität der Verwitterung, Massenbewegung und Erosionsprozesse unter unterschiedlichen Klimata. Wenn das Klima kalt wird und Schnee sich als Gletschereis sammelt, läßt die Erosion durch Gletscher eine völlig andere Landschaft entstehen als sich entwickelt hätte, wenn Wasser in Flüssen geflossen wäre. Trokkenheit ist eine andere klimatische Katastrophe, die die Landschaft mit kennzeichnenden Landformen versieht.

Viele Gebiete sind lange Zeit entweder glazial oder arid gewesen. In diesen Gebieten sind Gletscher oder Wüsten nicht zufällig, sondern sie sind das normale Ergebnis der gegenwärtigen klimatischen Zonnenaufteilung auf unserem Planeten. Andere Gebiete, die heute feucht sind, weisen im Boden, in den Landformen und den Sedimentablagerungen starke Anzeichen dafür auf, daß sie in jüngerer Zeit Trockenheit oder Vergletscherung ausgesetzt waren, so daß die Spuren erhalten blieben. Eine der spannendsten Gebiete geomorphologischer Forschung ist die Interpretation klimatischer Veränderungen aufgrund der Landformen.

Tabelle 5-2   Entstehung ursprünglicher Landschaftsformen im allgemeinen

Tektonische Hebung eines früheren Meeresbodens	OROGENETISCH — Gebirgszüge EPIROGENETISCH — weiträumige kontinentale Hebung

Unterbrechungen früherer Entwicklungen	REGIONALE HEBUNG: Verjüngung
	   Ohne Kippen — fortschreitende Verjüngung
	   Mit Kippen — gleichzeitige Verjüngung
	REGIONALE ABSENKUNG

Plötzliche tiefgreifende Veränderungen	VULKANISCH KLIMATISCH — Vergletscherung, Wüstenbildung

Dieser Abschnitt über ursprüngliche Landformen ist in Tabelle 5-2 übersichtlich zusammengefaßt. Aus der Tabelle ist leicht zu ersehen, daß es viele Landschaften gibt, die als Ausgangsform für eine Lebensgeschichte herangezogen werden können. Einige beginnen frisch und einfach strukturiert und entwickeln sich nur unter dem Einfluß von Prozessen, die man auch heute in ihrer Wirksamkeit beobachten kann. Andere, bei weitem die meist verbreitetsten, zeigen Spuren früherer Evolutionsepisoden, die unterbrochen oder verzögert wurden. Die Geschicklichkeit und das Vergnügen eines Geomorphologen besteht darin, soviel wie möglich von ihrer Geschichte zu entziffern.

Täler: die Grundeinheiten der Landschaft

Wir müssen uns immer wieder daran erinnern, daß sich Landschaften durch den Verlust von Gesteinsmaterial entwickeln. Die Grundeinheit der Landschaft ist das *Tal*, oder der Luftraum, aus dem das Gestein entfernt wurde. In der Regel sind Täler das Ergebnis der Flüsse, die dem heutigen Talgrund folgen; *Playfairs* Gesetz stellt dieses Prinzip ganz klar fest. Wenn ein Tal offensichtlich zu groß für den jetzt darin fließenden Fluß ist oder die falsche Form für ihn hat, suchen wir die Erklärung dafür in der vorausgegangenen Geschichte dieses Gebietes. War das Gebiet vergletschert? Wenn ja, dann sind vielleicht die gegenwärtigen Täler die Tröge, die von den sich dahinschiebenden Eiszungen ausgehoben wurden. Wie sieht die regionale tektonische Geschichte aus? Vielleicht ist die unpassende Talform das Ergebnis einer tektonischen Verwerfung, entlang der der Fluß nun fließt. Dies sind nur zwei der möglichen Erklärungen für ungewöhnliche Täler, aber schon das Erkennen ihrer Ungewöhnlichkeit betont die Regel, daß Täler normalerweise das Ergebnis der Flüsse sind, die in ihnen fließen.

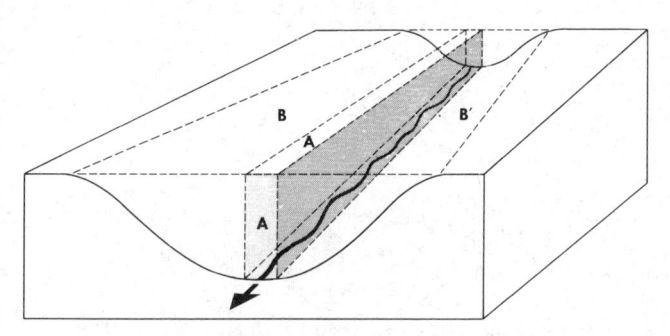

Abb. 5-2 Ein Vergleich zwischen den Volumina der Gesteinsmengen, die direkt durch die Flußerosion aus einem Tal entfernt wurden mit der Menge, die zunächst durch Massentransport bewegt wurde. Volumen A wurde durch die Flußkorrosion und Abrasion erodiert; das größere Volumen B und B' wurde zunächst verwittert und durch Massentransport bewegt; später erst wurde der Schutt durch den Fluß weggeführt.

Flüsse erodieren nicht das gesamte Volumen ihrer Täler (Abb. 5-2). Die hydraulische Geometrie der Flüsse zeigt, daß der größte Teil des von den Flüssen transportierten Sediments ihnen durch Massenbewegung zugeliefert wird. Nur ein geringer, aber eminent wichtiger Teil der Fracht stammt aus dem Flußbett und wird ihr durch Abschürfung durch die in Bewegung befindlichen Teilchen selbst oder durch chemische Korrosion hinzugefügt. Dieser Teil der Fracht ist wesentlich für die Landschaftsentwicklung, denn es ist das Einschneiden, das die Abhänge für die Massenbewegung herstellt.

Manche Flüsse fließen auf dem Grund tiefer Schluchten, die viele Hunderte von Metern oder mehr in die Erdoberfläche eingeschnitten sind und steilabfallende Talwände haben. Eine solche Schlucht (Cañon) ist in erster Linie das Ergebnis eines Flusses, der sich aufgrund hoher Erosionsenergie oder leicht zu erodierenden Gesteins schneller in die Landschaft eingeschnitten hat als die Massenbewegung die seitlichen Abhänge zurücktreten ließ. Ein Faktor, der zu dem Unglück am Vaiont-Stausee beitrug (Abb. 5-3; s. auch Kapitel 3,

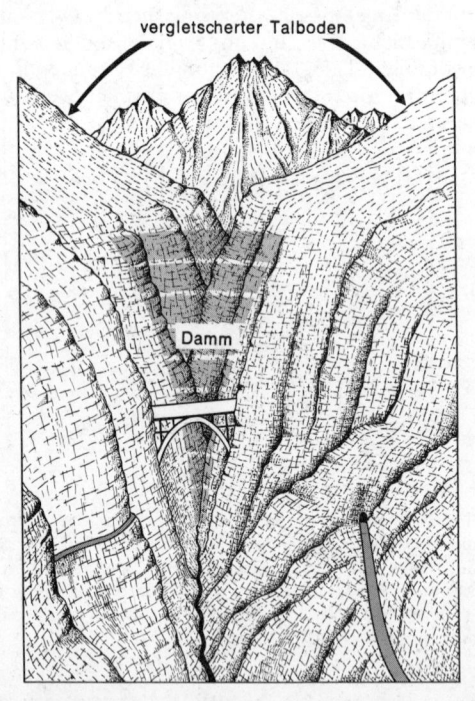

Abb. 5-3 Die innere Vaiont-Schlucht, Italien, die in den Boden eines breiteren, gerundeten Gletschertales in den 18000 Jahren nach dem Rückzug der letzten Gletscher eingeschnitten wurde. Der Staudamm ist rund 260 m hoch. (Umgezeichnet nach *Kiersch* 1964)

Abb. 3-6), war die steile innere Schlucht, mehr als 300 m tief, die der Vaiont-Fluß eingeschnitten hatte, seit sich seine Erosionskraft durch tektonische Hebung des Gebietes und verstärkten Schmelzwasserzufluß von den alpinen Schneefeldern verstärkt hatte. Die innere Vaiont-Schlucht wurde in weniger als 18000 Jahren eingeschnitten, nachdem der letzte Gletscher das breiter gerundete äussere Tal erodiert hatte, dessen Boden oberhalb des Stausee-Niveaus lag. Die schnelle Erosion durch den Fluß entfernte den seitlichen Halt der Klammwand und führte durch eine Verminderung des seitlichen Druckes zur Bildung wandparalleler Kluftscharen. Das Unglück am Vaiont-Stausee ist ein Beispiel dafür, daß Massenbewegung mit der Eintiefung des Tales durch einen verjüngten Fluß Schritt hält.

Folge-, subsequente, antezedente und epigenetische Flüsse und Täler

Während des aus den Erscheinungsformen abgeleiteten frühen oder jungen Stadiums der Landschaftsentwicklung breiten Flüsse ihr Talnetz rasch über die ursprüngliche Landschaft aus. Wenn die Landschaft fast ohne besondere Merkmale ist (Abb. 5-1), folgen die Flüsse anfänglich den für sie vorteilhaften Vertiefungen. Es gibt wenig Nebenflüsse und ein größter Teil der Landschaft wird nur schlecht entwässert, wenn die ursprünglichen Abhänge flach sind. In entwässerungslosen Mulden mag es zur Seenbildung kommen.

Wenn orogen bedingte Verformungen das Land über den Meeresspiegel heben, können die Sättel und Mulden des verformten Gesteins die anfänglichen Entwässerungswege beeinflussen. Wenn dies geschieht, spiegelt das Entwässerungsmuster das Muster des tektonischen Deformationsplanes wider. Flüsse, die entweder zufälligen Vertiefungen in einer flachen, neuen Landschaft folgen oder zwischen tektonisch bedingten Kämmen[5] fließen, werden *Folgeflüsse* (consequent rivers) genannt, denn ihr Weg ist eine Folge der vorgegebenen Abhänge. Die Täler, die sie erodieren, intensiviern das ursprüngliche Relief der Oberfläche. Tektonische Mulden werden durch die Erosion noch vertieft und tektonisch bedingte Höhenzüge ragen im Verhältnis zu den erodierten Tälern höher empor.

In dem Maße, in dem sich Flüsse tiefer in eine Langschaft einschneiden, erweitern sie ihr Talnetz weiter flußaufwärts. Wassersammelnde Abhänge (Abb. 3-9) sammeln das Wasser entlang ihrer Achsen und führen so zur Talbildung. Verwitterung und Bodenbildung konzentrieren sich entlang schlecht entwässerter Hangabschnitte und bereiten den Weg für die Bildung von Wasserrinnen.

---

[5] Sättel oder Horste (Anm. des Übersetzers).

In dem Maße, in dem sich das Entwässerungsnetz ausdehnt und entwickelt, leitet es zunehmend wirkungsvoller Wassermengen dem Hauptstrom zu, der damit sein Tal noch weiter vergrößert.

Wenn der Untergrund einer Landschaft aus geschichteten Sedimentgesteinen besteht, können die aufeinanderfolgenden Schichten sich gegenüber der Erosion unterschiedlich verhalten. Unter den gleichen Klimabedingungen und gleichem anfänglichen Neigungswinkel schneiden die Nebenflüsse eines sich ausdehnenden Entwässerungssystems tiefere und längere Täler ein, die auf leicht erodierbares Gestein treffen, als Nebenflüsse, die härteres Gestein anschneiden. Damit wird die Struktur der Landschaft ein bestimmender Faktor im Muster des sich entwickelnden Talsystems. Täler, die einem Gürtel aus leicht zu erodierendem Gestein folgen, werden *subsequente Täler* genannt. Sie können durch die rückschreitende Erosion der Flüsse entlang freiliegendem, leicht zu erodierendem Gestein gebildet werden oder können von präexistenten Landschaften ererbt sein. Während sich die Täler eines neuen Entwässerungssystems in einer Landschaft entwickeln, können die anfänglichen Folgeflüsse und ihre Täler durch die schnelle Ausdehnung der subsequenten Flüsse in strukturell kontrollierten Tälern (Abb. 5-4)

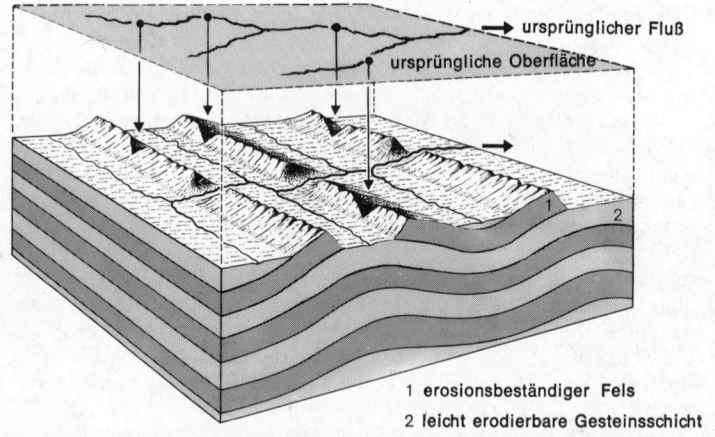

Abb. 5-4 Ausdehnung eines konsequenten Talsystems über eine ursprüngliche Landoberfläche und ein weiter fortgeschrittenes, in dem subsequente Nebenflüsse beherrschend geworden sind.

ersetzt werden. Normalerweise behält der Hauptfluß seine Fließrichtung konsequent zur ursprünglichen Geländeneigung bei, auch wenn er später auf hartes Gestein trifft, das ein lokales oder zeitlich begrenztes Basisniveau für die flußaufwärts gelegenen Bereiche bilden kann.

Für die Muster, die Flüsse und ihre Täler in den verschiedenen Landschaften formten, hat sich eine umfangreiche beschreibende Terminologie entwickelt. Die wichtigsten Entwässerungsmuster sind *ungeordnet, dendritisch, gitterförmig, rechtwinklig und radial* (deranged, dendritic, trellis, rectangular and radial) (Abb. 5-5). Die

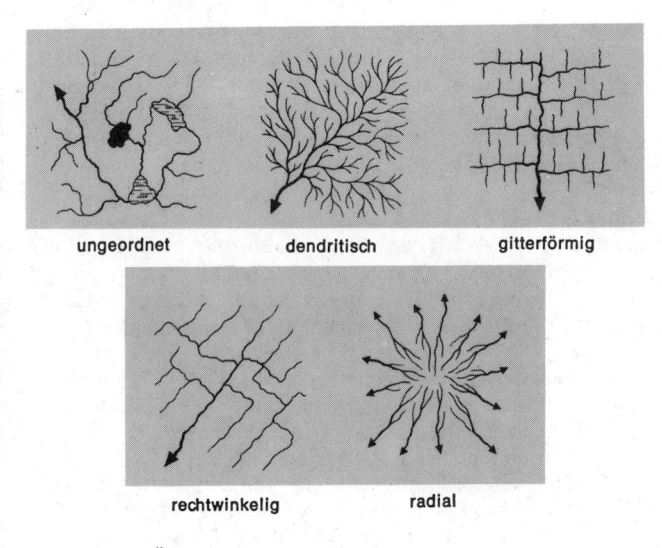

Abb. 5-5   Übliche Muster von Entwässerungssystemen

Begriffe sind rein beschreibend und beziehen sich auf das Landkartenmuster der Flüsse. Ungeordnete Entwässerungsmuster sind für neu aufgetauchte Landschaften typisch und für solche, aus denen sich gerade die Gletscher zurückgezogen haben und die sanfte, unregelmäßige, regionale Neigung aufweisen. Flüsse schlängeln sich ohne Ordnung durch Seen und Sümpfe. Wahrscheinlich tritt das *dendritische Muster* bei den Entwässerungsnetzen am häufigsten auf. Sie simulieren die "radom walks" sich bewegender Wasserteilchen (Kapitel 4) und zeigen entweder das Fehlen einer strukturellen Kontrolle an oder das Vorhandensein von Gestein, das überall auf die Erosionskraft in gleicher Weise reagiert. *Gitterförmige Muster* sind typisch für subsequente Nebenflüsse, die sich in Gürtel eng gefalteter Sedimentgesteine einschnitten. *Rechtwinklige Entwässerungsmuster* reflektieren oft entweder Muster sich überschneidender Kluft-Systeme von regionaler Bedeutung oder eine einzige ausgeprägte Kluftschar, die das Lagengefüge des Untergrundgesteins in einem stumpfen Winkel kreuzt. *Radiale Entwässerungssysteme* sind typisch für Vulkankegel oder andere, steile, hohe Berge.

Zusätzlich zur Gruppe der Folge- und subsequenten Flüsse und ihren Tälern lassen sich zwei weitere genetische Arten von Flüssen definieren. Will man die geologische Geschichte eines Gebietes erarbeiten, ist es bisweilen von großem Nutzen, sie zu identifizieren.

In orogenetischen Gebieten können neue, tektonisch bedingte Höhenzüge Täler queren, die sich zuerst in einer Landschaft gebildet hatten. Flüsse können dazu gezwungen werden, ihre ursprünglichen Täler zu verlassen. Sie können aber auch ihren Lauf durch die Bildung von Schluchten quer durch die sich hebende Landmasse beibehalten. Ströme, die ihre Täler quer zu tektonisch entstandenen Höhenzügen beibehielten, werden *antezedente* Flüsse genannt, denn der Fluß ist älter als die Verformung. Antezedente Flüsse und ihre Täler sind nur in orogenetisch aktiven Gebieten häufig. Sie bilden eine dritte Art von Flüssen und Tälern, die an Bedeutung den Folge-Flüssen und subsequenten Flüssen gleich sind.

Flüsse der vierten Art werden *epigenetisch* genannt. Das Wort bedeutet, daß ein Fluß-System einer Landschaft überlagert wurde. Man stelle sich vor, daß ein Land, das frisch aus dem Meer auftauchte, mit einer dünnen Schicht von Sediment bedeckt ist, die ein älteres Gelände eng gefalteten Gesteins zudeckt. Beim Auftauchen bildet sich vielleicht ein Folge-Entwässerungsnetz, eventuell mit einem dendritischen Muster. Während die Täler tiefer werden, schneiden sie schließlich das alte Land unter den deckenden Schichten an. Das dendritische Muster überlagert nun die älteren Gesteine ohne Rücksicht auf strukturelle Gegebenheiten. Wenn die deckenden Schichten vollständig durch die Erosion entfernt wurden, besteht der einzige Hinweis auf Überlagerung in den unregelmäßigen Positionen der Flußtäler.

Ein häufiges Problem in der Geomorphologie stellt die Unterscheidung zwischen antezedenten und epigenetischen Flüssen dar. In den Rocky-Mountains zum Beispiel queren große Flüsse Gebirgszüge in engen Schluchten, obwohl ein paar Meilen davon entfernt ein viel leichterer Weg um die Enden der Gebirgszüge herum möglich wäre. Frühe Geologen hielten die Flüsse deshalb für antezedent und deuteten damit an, daß die Gebirgsblöcke erst in jüngster Zeit aufgestiegen sind, nachdem sich die Flüsse eingeschnitten hatten. Spätere Untersuchungen ergaben jedoch, daß zu einer gewissen Zeit mächtige alluviale Füllungen große Teile der Rocky Mountains während eines Abschnitts ihrer Entstehung bedeckten. Flüsse wie der Yellowstone-Fluß, der Bighorn- und Laramie-Fluß flossen ursprünglich über das Alluvium und überprägten dann das harte Gestein der begrabenen Bergketten, als das Gebiet regional gehoben und zergliedert wurde. Den Beweis für Überprägung liefern Überreste des früheren Alluviums, das sich nun an den Gebirgshängen in entsprechender Höhe befindet, und die Ähnlichkeit mit alluvialen Vorkommen auf den gegenüberliegenden Seiten der Gebirgsketten, die eine ursprünglich durchgehende Decke vermuten lassen.

Die Entwicklungsreihe der Täler

In der frühen oder jungen Phase der Landschaftsentwicklung, in der neue Entwässerungssysteme sich rasch über die ursprüngliche Landschaft hin ausdehnen, haben die Täler bezeichnenderweise steile Wände und einen V-förmigen Querschnitt. Die Massenbewegung liefert Gesteinsschutt von den Talwänden direkt in die Flußläufe. Eine gleichmäßige Verteilung der potentiellen Energie eines Flusses ist solange unmöglich, als Sedimentmassen in ungleichen Mengen und Korngrößen-Zusammensetzung in unregelmäßigen Zeitabständen an jeden beliebigen Punkt des Entwässerungssystems geliefert werden. Erst wenn der Hauptstrom eines Gebietes eine dauerhafte Flußaue entwickelt hat und dadurch von unvorhersehbaren Bergstürzen und Erdrutschen von benachbarten Talwänden direkt in den Flußlauf befreit ist, kann der Fluß den ausgeglichenen Zustand erreichen. Wenn daher der Hauptstrom eines Entwässerungssystems den ausgeglichenen Zustand durch die Entwicklung einer dauerhaften Flußaue erreicht, ist dies als ein wichtiges Ereignis in der Lebensgeschichte einer Landschaft anzusehen.

Analog zum organischen Leben, wo bestimmte physiologische Veränderungen das Reifestadium markieren, sagt man von einem Tal, daß es *reif* ist, wenn der Fluß, der in ihm fließt, den ausgeglichenen Zustand erreicht hat. Für einen solchen Fluß ist charakteristisch, daß er großzügig über die Ebene der Flußaue eines reifen Tales mäandriert und nur selten die Talhänge unterspült. Fast die gesamte Sedimentfracht eines ausgeglichenen Flusses ist schon vorher von flußaufwärts liegenden Nebenflüssen transportiert und bearbeitet worden. Ein reifes Tal ist also eines, dessen alluviale Hochwasserebene mindestens so breit ist wie der *Mäandergürtel* des Flusses (Abb. 4-3). Von einer Bergspitze aus kann ein Beobachter ein reifes Tal meist mehrere Meilen flußaufwärts und flußabwärts entlangblicken, wogegen ein junges Tal sich in engen Kurven zwischen ineinandergreifenden Bergmassen oder Ausläufern der gegenüberliegenden Talhänge hindurchwindet.

Wasserfälle oder Stromschnellen, wie es sie im frühen Stadium der Talentwicklung gegeben hat, verschwinden zu dem Zeitpunkt, in dem das Tal die Reife erreicht. Diese Ableitung folgt aus der unabdingbaren Forderung nach einer dauerhaften Flußaue. Die Geländeneigung in Stromrichtung eines ausgeglichenen Flusses muß jedoch nicht unbedingt gleichmäßig abnehmen. Harte Gesteine, die der Fluß quert, werden immer eine steilere Flußbettneigung hervorbringen, um die Verbindung mit dem Flußlauf in leichter erodierbarem Material flußabwärts zu erhalten. Es ist auch möglich, daß ein Nebenfluß, der in einen ausgeglichenen Fluß mündet, eine verhältnismäßig größere Sedimentmenge liefert als der Hauptstrom selbst und damit kann der Hauptstrom einen steileren Neigungswinkel flußabwärts vom Ort einer solchen Nebenflußmündung aufweisen, um die zusätzliche Fracht befördern zu können. Aus diesem Grunde hat der Missouri, wie man weiß, unterhalb des Zusammenflusses mit dem Platte-Fluß in Nebraska einen steileren Neigungswinkel. Diese Variationen der Neigungswinkel des Geländes in Stromrichtung verletzen nicht die Definiton eines ausgeglichenen Flusses (bzw. die eines reifen Tales), solange sie Teil der miteinander in Beziehung stehenden und anpassungsfähigen Variablen der hydraulischen Geometrie eines Flusses sind.

Entwicklungsfolge regionaler Landschaften

Im idealen Fall ist das Erreichen des ausgeglichenen Stadiums der Hauptflußläufe, die eine Region entwässern, eines der beiden Hauptkriteren für Reife in der Lebensgeschichte einer regionalen Landschaft. Das andere Kriterium ist vollständige Integration der ursprünglichen Landschaft in das neue Entwässerungssystem. Alle Hänge führen ihr Wasser den Nebenflüssen erster Ordnung der neuen Hauptflußläufe zu. Von der ursprünglichen Landschaft bleibt kein "unverbrauchter" oder schlecht entwässerter Rest Oberland zurück. Das *lokale Relief,* das heißt die Höhenunterschiede zwischen benachbarten hohen und tiefen Punkten, sind zu dieser Zeit am stärksten ausgeprägt. Zwischen benachbarten Flüssen treten vorzugsweise scharfe Kämme mit geraden Seiten auf. Im Reifestadium zeigt sich die Landschaft am stärksten zerfurcht.

Eine der Schwierigkeiten, Reife in der Lebensgeschichte einer regionalen Landschaft zu definieren ist, daß die beiden Reifekriterien nicht bedingt gleichzeitig auftreten müssen (Abb. 5-6). Wenn die tektonische Hebung, die die ursprüngliche Landschaft schuf,

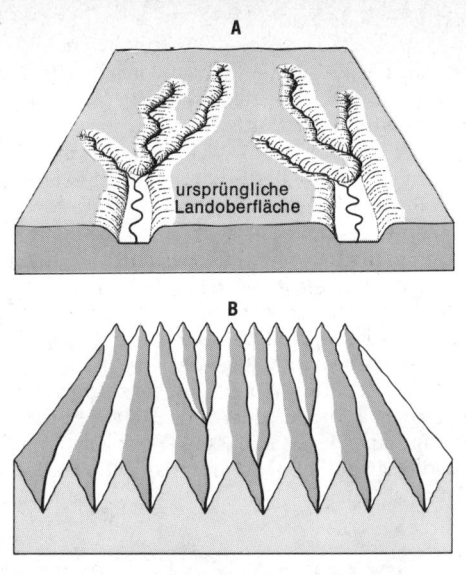

Abb. 5-6 Beispiel für die Schwierigkeit, regionale Reife einer Landschaft zu definieren durch das Doppelkriterium:
1. gradierte Hauptströme in reifen Tälern und 2. vollständige Zerschneidung der ursprünglichen Landoberfläche.
Oben (A): Leichte Verjüngung; reife Haupttäler in einer fast unzerschnittenen Ebene. Unten (B): Extreme Verjüngung; steile, jugendliche Täler in einer reif zerschnittenen Gebirgskette

nur gering war, erreichen die Hauptströme bald ihr ausgeglichenes Stadium und fließen in reifen Tälern, während die Nebenflüsse sich noch immer in unzerlegtes Oberland ausdehnen (Abb. 5-6A). Solche reifen Haupttäler in einer im allgemeinen jungen Landschaft sind typisch für die atlantische Küstenebene der Vereinigten Staaten südlich von New Jersey. Die gesamte potentielle Energie der Flüsse reicht nicht aus, um eine kräftige flußaufwärts gerichtete Ausdehnung von Nebenflüssen erster Ordnung beizubehalten, denn das gesamte Gebiet liegt nur etwa hundert Meter über dem Meeresspiegel.

Im Gegensatz dazu wird bei außerordentlich starker tektonischer Hebung der ursprünglichen Landschaft das sich ausdehnende Entwässerungsnetz rasch das Bild reifer Zergliederung der Landschaft erreichen, während die Hauptströme sich noch immer in steilen V-förmigen jungen Tälern in die Landschaft einschneiden (Abb. 5-6B). Die meisten Gebirgsgegenden befinden sich in diesem Zustand. Vollständige Zergliederung der ursprünglichen Oberfläche und ein maximales lokales Relief, das regionale Reife anzeigt, treffen mit steilen, klammartigen jungen Tälern zusammen.

Da es möglich oder sogar wahrscheinlich ist, daß regionale und lokale Stadien der Landschaftsentwicklung nicht übereinstimmen, schätzen wir für gewöhnlich das Stadium der Entwicklungsfolge (sequential evolution) einzelner Täler unabhängig vom Entwicklungsstadium der regionalen Landschaft. Man sollte bei der Anwendung der vergleichenden Begriffe *jung* und *reif* immer klarstellen, ob sie sich auf eine regionale Landschaft oder auf ein einzelnes Tal beziehen. Wegen der möglichen Zweideutigkeit bei ungenauer Anwendung lehnen viele Geomorphologen die Begriffe jung und reif ab und ziehen es vor, die Entwicklungsfolge sowohl der Täler als auch der regionalen Landschaften ohne Analogie zu organischem Wachstum zu beschreiben. Trotz alledem vermittelt die Beschreibung der Catskill Mountains des Staates New York als "ein reif-zergliedertes Gletscher-Plateau" ein Maximum an Information mit den wenigsten Worten.

Alte Landschaften und die Fastebene

Wenn man junge und reife Stadien der Talevolution und der Entwicklung regionaler Landschaften ableiten kann ist es logisch anzunehmen, daß man auch ein altes oder vergreistes Stadium folgern kann. Alter ist schwieriger zu definieren und läßt sich auch nur ungefähr bestimmen, sowohl bei Organismen als auch in Landschaften. Bei Lebewesen wird Reife durch das Erreichen der Reproduktionsfähigkeit definiert, eine willkürliche, aber nützliche Definition. Wann aber wird ein Organismus alt? Der Verlust einiger Funktionen, die Abnahme der Stoffwechselrate oder einfach eine unfaßbare Abnahme der Fähigkeiten im allgemeinen sind im Begriff "alt" enthalten, aber es ist schwierig, das Wort genau zu definieren.

Bei Landschaften ist Reife ebenfalls gut definiert; dadurch, daß das ursprüngliche Land vollständig zergliedert ist, oder durch beides. Aber was passiert dann? Ausgeglichene Flüsse neigen dazu, ausgeglichen zu bleiben. Entwässerungsnetze, die die Landschaft bedeckt haben, können sich nur durch zufällige Durchschneidung und *Raub* (capture) von Nebenflüssen benachbarter Netze erweitern. Wenn im Laufe der Zeit der Zustand reifer Zergliederung erreicht ist, sind Wasserscheiden benachbarter Fluß-Systeme festgelegt und stabil. Abhänge und Böden sind den Klima- und Vegetations-Bedingungen angepaßt.

Die Flüsse, die solche reif zergliederten Gebiete entwässern, transportieren jedoch weiterhin Sediment und also wissen wir, daß die erosionsbedingte Senkung des Landes anhält. Wie ein Organismus, altert eine Landschaft nach Erreichen der Reife. Die Kriterien sind jedoch schwer zu definieren.

In dem Versuch, die Formen der Landschaften, die langandauernder Verwitterung und Erosion in humidem Klima ausgesetzt waren, zu beschreiben, führte W. M. Davis 1889 das elegante Wort *Peneplain* (Fastebene) ein. Als Wurzel gebrauchte er das Wort "plain" (Ebene) im geographischen Zusammenhang mit einer regionalen Oberfläche mit sehr flachem Relief nahe dem Meeresspiegel. Da er sich darüber im klaren war, daß die Basisebene die Grenze subaerischer Erosion ist, die wie eine Grenze in der Mathematik (limes) angestrebt, aber nicht erreicht wird, setzte er vor das Wort "plain" das aus dem Lateinischen stammende "pene", das "fast" heißt. Auf diese Weise wurde *Peneplain* in die wissenschaftliche Literatur eingeführt als eine Oberfläche regionaler Ausdehnung mit flachem lokalen Relief und geringer absoluter Höhe, die durch langanhaltende fluviatile Erosion erzeugt wurde. Das Präfix "pene" verwandelt das abstrakte Konzept einer vollständig bis auf die Basisebene abgetragenen Erosionsfläche in die konkrete Wirklichkeit einer Landoberfläche.

So definiert ist die Peneplain die Endform, die durch die Erosion unter einem humiden Klima erreicht werden kann. Genaugenommen ist sie die "fast"-Endform in einer Sequenz, die sich der Basisebene nähert, sie aber nie erreichen kann. In dem Maße, in dem Flüsse die Landschaften immer mehr abtragen, verliert das fließende Wasser die potentielle Energie der Höhe, und die Rate weiterer Erosion nimmt exponentiell ab. Je geringer die Höhe ist, um so langsamer ist die Veränderungsrate. Irgendwo in der Entwicklungssequenz einer Landschaft, die das Stadium der Reife überschritten hat, wird das Stadium der Peneplain erreicht.

Wie können wir jedoch eine Landschaft definieren, die "fast" verschwunden ist? Offensichtlich war M. W. Davis der Ansicht, daß eine Peneplain etwas ganz anderes ist als eine mathematische Fläche oder etwa eine *peneplane*, wie einige vorschlugen, das Wort zu schreiben. Er hatte die Vorstellung einer regionalen Landschaft, das heißt einer Landschaft, die die Entwässerungsnetze mehrerer Hauptströme umfaßt, die in das Meer münden, in der das gesamte Relief nicht mehr als etwa hundert Meter beträgt. Einmal beschreibt er zum Beispiel eine Peneplain als eine Oberfläche, über die ein Pferd einen Wagen im Trott in jeder beliebigen Richtung ziehen könnte. In unserer modernen Zeit der vielfachen Pferdestärken ist es schwer, sich so eine sanft gewellte Erosionsoberfläche vorzustellen.

Man hat verschiedene Kriterin entwickelt, um eine alte Landschaft zu beschreiben. In diesem Stadium der Entwicklungsfolge werden sowohl das lokale Relief als auch die maximale Höhe der Landschaft sehr gering sein. Man nimmt an, daß Abhänge sanft und ausgeglichen sein werden, die Gipfel sehr breit und leicht konvex und daß der Boden oder Regolith sehr mächtig ist. Flußauen bilden einen großen Teil der gesamten Landschaft und sind um ein Vielfaches breiter als die Mäandergürtel. Schlecht entwässerte Gebiete sind weitverbreitet, sie befinden sich jedoch auf den Flußauen und nicht im Oberland wie bei einer jungen Landschaft. Nicht nur die Hauptströme, sondern auch die meisten Nebenflüsse sind ausgeglichen. Strukturelle Kontrolle der Entwässerungsmuster sind im Alter weniger deutlich, denn die unterschiedliche Erodierbarkeit der verschiedenen Gesteinsarten wird unbedeutend, wenn die potentielle Energie aller Flüsse so gering ist. Die Anzahl der Nebenflüsse nimmt ab, da breite, sanfte Abhänge die zahlreichen Rinnen des jungen, sich ausdehnenden Entwässerungsnetzes ersetzen. In dem Maße, in dem die Neigung abnimmt und mehr Regenwasser in den Grund eindringt, herrscht chemische Verwitterung zunehmend vor.

In solchen alten Landschaften verbleiben Hügel nur als Trennungen zwischen benachbarten Entwässerungssystemen oder bei besonders resistenten Gesteinsarten. Für gewöhnlich tragen beide Umstände zur Festlegung der Position der Hügel bei. Ein als Überrest langandauernder Erosion verbliebener Hügel oder flacher Berg wurde von *Davis* ein *monadnock* genannt, nach dem Mount Monadnock im südlichen New Hampshire, von dem man annahm, daß er eben diesen Ursprungs sei. Heute wissen wir, daß New England einschließlich der Region um den Mount Monadnock eine viel komplexere Geschichte hat als lediglich die Hebung einer alten Peneplain.

Die Peneplain ist die zwangsläufige Folge einer langanhaltenden Erosion durch Flüsse und zusätzlicher Verwitterung und Massenbewegung. Theoretisch gesehen ist das Konzept gültig, wenn genügend Zeit zur Verfügung steht. Aus Messungen der erosionsbedingten Senkung der Kontinente durch Flüsse sahen wir, daß Zeit in den entzifferbaren Teilen der geologischen Geschichte überreichlich vorhanden ist. Außerdem sind die geologischen Aufzeichnungen von Sedimentgesteinen voll von Diskordanzen, die lange Perioden des Auftauchens und der Erosion kontinentgroßer Gebiete repräsentieren. Diese Diskordanzen sind für gewöhnlich fast eben, obgleich marine Erosion einen Teil des Reliefs während des endgültigen Untertauchens möglicherweise hinweggeschwemmt hat, das auf der Oberfläche kurz vor dem Untertauchen vorhanden gewesen sein mag. Die Aufzeichnung der Diskordanzen unterstützt die theoretische Gültigkeit der Peneplain als Endform subaerischer Erosion.

Es wäre sehr passend, als Abschluß dieses Abschnittes eine moderne Peneplain zu beschreiben, aber leider ist keine bekannt. Die aktiven tektonischen Bewegungen und die wiederholten klimatischen Veränderungen innerhalb der letzten Jahrmillion oder mehr haben die Landschaftsentwicklung so kompliziert, daß von keiner der bisher studierten Landschaften bekannt wurde, ob sie ohne katastrophenartige Veränderung oder Unterbrechung alt geworden ist. Die von Gletschern hervorgerufenen Veränderungen im Meeresniveau haben insbesondere in jüngerer geologischer Zeit dazu beigetragen, die Tal-Evolution zu unterbrechen. Die wiederholten Schwankungen des Meeresniveaus um hundert und mehr Meter haben abwechselnd die Unterläufe aller Flüsse, die ins Meer münden, verjüngt und ertrinken lassen. Gerade die Teile der Flüsse, die zuerst ausgeglichen werden, sind daher am stärksten durch die Veränderungen des Meeresspiegels beeinfluß worden. Nahe der See gelegene Gebiete sollten die Gegenden sein, in denen Peneplains sich zu bilden beginnen, aber bei jedem Fluß, der heute ins Meer mündet, ist entweder der untere Teil ertrunken, also als Estuar ausgebildet, oder er fließt über eine ungewöhnlich dicke alluviale Füllung oder ein Delta, das sich aufgrund des letzten Meeresspiegelanstiegs und der damit verbundenen Gradientenminderung gebildet hat. Überaus häufig werden topographische Karten des unteren Mississippi-Tales dazu benutzt, die Merkmale eines fortgeschrittenen Stadiums in der Sequenz einer Landschaftsevolution zu illustrieren. Sie sind jedoch das Porträt einer Akkumulationsoberfläche und nicht das Bild einer Flußerosion. Nahe seiner Mündung fließt der *Mississippi* auf einem postglazialen Alluvium von etwa 200 m Mächtigkeit, das sich während des Steigens des Meeresspiegels und eines tektonischen Senkungsvorganges angesammelt hat. Die einzige Landschaft, die man als Peneplain bezeichnen könnte, ist das Becken des *Amazonas* und *Orinoco* in Südamerika. Die Größe und das Klima des Gebietes haben leider bisher eine eingehende Untersuchung und Beschreibung verhindert.

Thema und Variationen

Dieses gesamte Kapitel über deduktive Geomorphologie betonte die Lebensgeschichte oder Entwicklungsfolge der Landschaften, die sich unter den Bedingungen reichlicher Niederschläge und netzartiger Entwässerungssysteme entwickeln. Die Landschaften der feuchten Regionen in den mittleren Breiten der Vereinigten Staaten und Westeuropa sind so ausgiebig studiert worden, daß die Prozesse ihrer

Entwicklungsfolge die *normalen* Prozesse der Erosion genannt wurden. Diese Bezeichnung ist schlecht und gibt zu verstehen, daß die Entwicklungsfolge einer Landschaft unter anderen Bedingungen als in Boston, Massachusetts, oder Paris, Frankreich, irgendwie "anormal" ist. Es wäre zu zeitraubend, hier die verschiedenen Stadien der Landschaftsentwicklung unter anderen Bedingungen als unter "normalen", oder unter humidem Klima, abzuleiten. Es ist aber möglich, die Entwicklungsfolge von Landschaften unter verschiedenen klimatischen Bedingungen durch eine kurze Beschreibung der gefolgerten Endformen anzudeuten. Der größte Teil der Erde muß erst noch von den Geomorphologen untersucht werden. Die folgenden Skizzen und Bemerkungen deuten die Landschaftsformen, die in den weniger bekannten und unterentwickelten Ländern der Erde anzutreffen sind, nur an.

Zum Zwecke des Vergleichs wollen wir die Peneplain als die durch die Erosion geschaffene Endform in einem humiden Klima annehmen. Wir können uns ein regionales Profil einer Peneplain wie in Abb. 5-7A mit sehr übertriebenem vertikalen Maßstab vorstellen. Konvexe, niedrige Hügel erheben sich knapp hundert Meter über breiten, konkaven Abhängen und flachen Flußauen.

Die analoge Endform in einem semiariden Gebiet wäre eine Ansammlung von Pedimenten (Abb. 5-7B). Bei etwa gleichem Maßstab wie das Profil einer Peneplain hätte eine Ansammlung von Pedimenten (*pediplain* bei einigen Autoren) ein größeres Gesamtrelief und steilere Abhänge als eine humide Peneplain im gleichen Entwicklungsstadium. Weitgezogene Pedimente würden sich von den ariden Küsten oder Flußläufen landeinwärts ziehen, bis sie an Bergen aus resistenterem Gestein anschließen. Diese abgeleitete Endform setzt, wenn auch mit Unterbrechungen, die Existenz von Flüssen voraus, die den Gesteinsschutt aus der sich formenden Landschaft entfernen. Einige Geomorphologen meinen, daß die "pediplain" die heute am weitesten verbreitete Endform der Erosion ist. Ob sie recht haben oder nicht, muß noch bewiesen werden. Jedoch ist an der enormen Wichtigkeit der Pediment-Landschaften nicht zu zweifeln. Soweit wir wissen, entwickelten sich Gräser im Miozän, vor nur etwa 25 Millionen Jahren. Es ist fraglich, ob ohne die bemerkenswert faserigen Grassoden sanfte Gipfelkrümmungen und langsames Bodenkriechen, die nun humide Landschaften charkaterisieren, sich hätten herausbilden können. Vor dem Miozän und der Entwicklung der Gräser waren vielleicht Sturzfluten und Schichtfluten, die heute charakteristisch für aride und semiaride Gebiete sind, sogar in nichtbewaldeten, humiden Gebieten verbreitet. Die Wüsten der Vergangenheit können sowohl biologische als auch klimatische Gründe gehabt haben, wie ein Autor vorgeschlagen hat.

A. Fastebene im humiden Klimabereich

500 Fuß

◄──────── 100 Meilen ────────►

B. „Pediplain" eines semiariden Klimabereichs

C. Endform unter ariden Erosionsbedingungen,

„P'ang Kiang"-Mulde

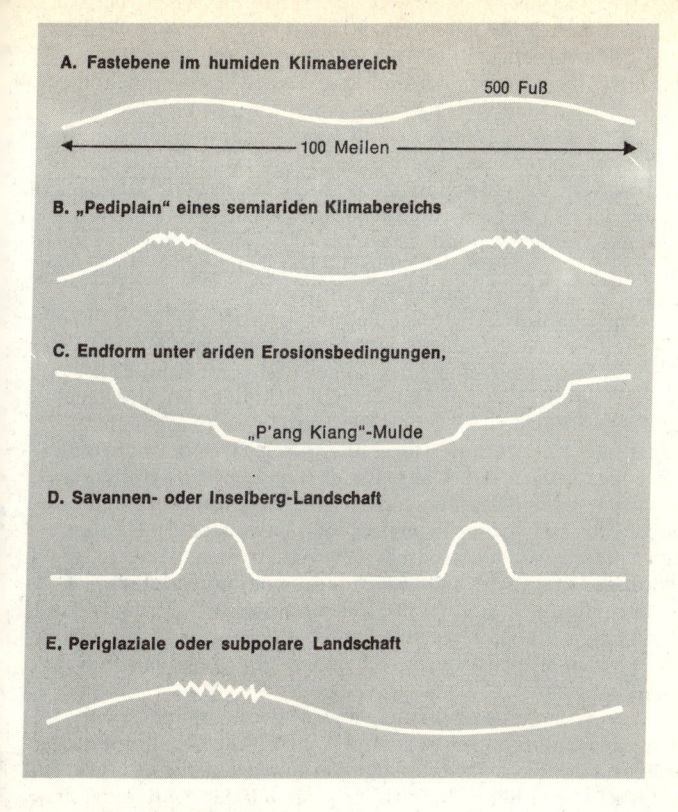

D. Savannen- oder Inselberg-Landschaft

E. Periglaziale oder subpolare Landschaft

Abb. 5-7 Die Fastebene in verschiedenen Klimazonen (hypothetisch)

Für echt aride Gebiete, von denen kein Wasser ins Meer gelangt, kann eine dritte Erosions-Endform abgeleitet werden. Im Profil gesehen (Abb. 5-7C) könnte eine solche Landschaft aus *Deflations-Senken* (deflation hollows) bestehen, aus denen der Wind Staub und Sand wegführt und die von Kliffen, Schuttkegeln und alluvialen Schuttfächern umgeben sind, die sich durch Verwitterung und gelegentliche Sturzfluten entwickeln. Eine solche Landschaft im Inneren der Wüste Gobi in der Mongolei wurde 1927 von *C. P. Berkey* und *F. K. Morris* in ihrem Bericht über die bemerkenswert erfolgreiche Mongolei-Expedition des Amerikanischen Museums für Naturgeschichte beschrieben. Die großen "P'ang Kiang"-Senken in der mongolischen Wüste haben einen Durchmesser bis zu 5 Meilen und eine Tiefe von ungefähr 100 m. Obwohl sie von alluvialen Fächern und Hängen umgeben sind, die Massentransportphänomene zeigen, bedeckt nur wenig Alluvium den zentralen Boden der Senken. Es muß also durch den Wind fortgetragen worden sein. Im Gegensatz zu allen anderen abgeleiteten Endformen der Erosion kontrolliert kein absolutes Basisniveau diese Landschaft. Die flachen Böden der Senken werden durch das Grundwasser-Niveau kontrolliert, das sich durch Evaporation senkt und so die Aushöhlung immer tieferer Senken ermöglicht. Für die Entwicklung einer Wüstenlandschaft ist der Meeresspiegel ohne Belang.

Eine vierte Erosions-Endform kann für tropische Gebiete, besonders für die tropische Savanne oder im jahreszeitlichen Wechsel feuchte und trockene Klimazonen, abgeleitet werden. Im Profil gesehen besteht die Savanne wahrscheinlich ähnlich wie die Peneplain aus einer Folge sehr flacher *Schotterflächen* (wash plains), aus denen sich "Zuckerhut"-Hügel oder *Inselberge* scharf abgesetzt herausheben (Abb. 5-7D). Während der Regenzeit sind Hunderte von Quadratmeilen dieser Landschaft von Wasser bedeckt und das Oberflächenwasser strömt in weiten, vielverzweigten Flußläufen, die den größten Teil der Landschaft bedecken, dem Meere zu. In der trockenen Hälfte des Jahres besteht die Savannen-Landschaft aus einer monotonen Schicht von Alluvium, das mit dornigen Bäumen und dünnem Gras gesprenkelt ist. Die Inselberge stehen wie Inseln in einem Meer und entsprechen den zurückbleibenden Hügeln auf den Peneplains.

Die eigenartige Form der Inselberge läßt eine besondere Entstehungsart vermuten. Deutsche und französische Geomorphologen, die während der Kolonialzeit in den Savannengebieten Ost- und West-Afrikas, sowohl nördlich als auch südlich des Äquators, arbeiteten, kamen zu dem Schluß, daß die Savannen-Landschaft das Ergebnis einer durch die stark ausgeprägten, jahreszeitlich bedingten Regen- und Trocken-Zeiten hervorgerufenen "Entkoppelung" der Verwitterungs- und Erosions-Prozesse ist. Die starken Niederschläge während der Regenzeit und die das ganze Jahr hindurch herrschenden hohen Temperaturen lassen besonders im Granit die chemische Verwitterung bis etwa hundert Meter tief eindringen. Klüfte und ähnliche Strukturmerkmale zeichnen der tiefgreifenden Verwitterung den Weg in solch einer Weise vor, daß die fortschreitende Verwitterungsfront große Blöcke unverwitterten Gesteins ausspart und an ihnen sozusagen vorbeigeht. Die Erosion des verwitterten Gesteinsschutts verläuft langsamer als die Verwitterung, so daß die Landoberfläche, die von weiten Schotterflächen gebildet wird, nicht mit der Verwitterungsfront Schritt halten kann. In dem

Maße, in dem die Schotterflächen langsam auf das Basis-Niveau abgetragen werden, werden unverwitterte Gesteinsmassen freigelegt oder exhumiert und steigen als Inselberge über den Ebenen auf. Bei Freilegung lassen die verminderte Auflast und andere Verwitterungsprozesse Platten oder abblätternde Schichten von den Inselbergen herabfallen, wodurch ihre steilwandige Form erhalten bleibt. Nachdem nun die vielen neuen Nationen der Savannengebiete technisches und akademisches Personal ausbilden, wird man sicherlich der Savannen-Landschaft mehr Forschungsarbeit widmen, die ihr auch gebührt.

Man könnte vielleicht auch eine fünfte Endform der Erosion für Gebiete mit Dauerfrostboden ableiten. Solifluktion während der kurzen sommerlichen Schmelzzeit ist die vorherrschende Art der Hangabwärtsbewegung. Flüsse fließen nur so kurze Zeit, daß sie nicht den durch Massentransport gelieferten Gesteinsschutt aus ihrem Flußbett entfernen können. Das abgeleitete Profil einer alten subpolaren Landschaft (Abb. 5-7E) könnte durch sehr sanfte, konvexe und konkave Hänge charakterisiert sein, die dick mit Solifluktionsschutt bedeckt sind, der in der Tiefe in unverwittertes, eisgesättigtes Gestein übergeht. Tektonische oder andere ursprüngliche Täler sind mit Alluvium und dem Schutt des Massentransports gefüllt, Geländerücken sind mit Gesteinstrümmern übersät, die der Frost zersplitterte.

Jede der oben beschriebenen fünf hypothetischen Endformen subaerischer Erosion mag typisch sein für mindestens 10-15% der Landoberfläche der Erde. Wir wissen fast nichts über die Lebensgeschichte irgendeiner dieser Landschaften mit Ausnahme der Peneplain, und auch über diese wenig genug. Fügt man noch die Beobachtung hinzu, daß Klimaänderungen wiederholt einer Landschaft Entwicklungsbedingungen zu einer bestimmten Endform überlagern, die bereits einige Entwicklungsstufen in Richtung auf eine ganz andere Endform hinter sich gebracht hat, werden die Gründe für die Komplexität der Landformen offensichtlich. Wenn man weiterhin die zusätzlich komplizierenden Faktoren der verschiedenen Gesteinstypen, der tektonischen Geschichte und der Einmischung des Menschen in die natürliche Landschaftsentwicklung hinzuzählt, erreicht die Verschiedenheit der Landschaften einen so hohen Grad, daß es eine Quelle intellektueller Befriedigung sein sollte, daß man sie überhaupt in irgendwelche Kategorien einteilen kann, gar nicht zu reden von einer Zuordnung zu einer Entwicklungsfolge.

6 Die Grenzen des Festlandes

Die Zone, in der Land, See und Atmosphäre einander beeinflussen, ist fast eine Linie: ihre Breite ist schmal und ihre Höhe ist gering — aber ihre Länge ist im Vergleich dazu fast unendlich. Die Zone dieser Wechselbeziehungen nennen wir *Küste*. Die Küstenzone umfaßt sowohl einen schmalen Streifen Land, auf dem die Nähe des Meeres spürbar ist, als auch einen nahe der Küste gelegenen Teil des Meeres, in dem die Landnähe die Umwelt beeinflußt. Die *Uferlinie* oder einfach das *Ufer* stellt die genauere Trennungslinie zwischen Land und Wasser zu jeder beliebigen Zeit dar. Seen und Teiche wie auch Meere haben Ufer, aber der Begriff "Küste" wird auf kein Gebiet angewandt, das nicht an den erdumspannenden Ozean stößt. Die Funktion der meisten Küstenprozesse kann man in kleinerem Maßstab entlang von Seeufern beobachten und sie können dort mit Erfolg untersucht werden. Aber im großen Rahmen der Landschafts-Evolution sind Seen dazu verurteilt, trocken zu fallen oder zu verlanden. In diesem Kapitel wird daher die Betonung auf marinen Uferlinien und Küstenprozessen liegen.

Bis hierher haben wir in diesem Buch eine Landschaft als eine unregelmäßige Oberfläche, die über den Meeresspiegel ragt, betrachtet. An der Küste endet das Land. Die potentielle Energie des fallenden Wassers ist bei Null angelangt. Die Flüsse laden ihre schwebende und ihr rollende Fracht ab. Das Flußwasser mit seiner gelösten Fracht verteilt sich schichtartig über das dichtere Meerwasser, vermischt sich dann und verliert seine Identität in dem großen ozeanischen Becken[6].

An der Küste übernimmt eine neue Gruppe von erodierenden, transportierenden und ablagernden Kräften die Aufgabe, die die Flüsse zuvor auf dem Land erledigten. Wellen treffen auf die Grenzen des Festlandes und verbrauchen dabei ihre kinetische Energie, Strömungen, die durch Wind, Wellen und Gezeiten hervorgerufen werden, verfrachten das Sediment parallel zur Küste, auf das Ufer zu oder weiter hinaus in tieferes Wasser.

Im Küstenbereich läßt sich einmal mehr die Tendenz zum Gleichgewicht zwischen Veränderungsprozessen und den daraus hervorgehenden Landformen nachweisen. Ein Hauptunterschied zwischen der Entwicklungsfolge der Küsten und der der subaerischen

---

[6] Ein anderes Buch dieser Serie, *Ozeane* von *Karl K. Turekian*, behandelt das Meereswasser, dessen Chemie und die Geologie der Meeresbecken.

Landschaften besteht darin, daß Küstenprozesse nur in dem schmalen vertikalen Gürtel von etwas oberhalb bis etwas unterhalb des Meeresspiegels entlang der Festlandsränder ablaufen, während subaerische Verwitterung und Erosion auf die gesamte Landoberfläche einwirken. Jeder Änderung der Lage des Meeresspiegels, deren Betrag größer ist als die Niveaudifferenz der Gezeiten, unterbricht die Evolution einer Küste und verzögert das Erreichen einer im Gleichgewicht befindlichen Küstenlandschaft. Küsten reagieren sehr viel empfindlicher auf geringe Veränderungen der Lage des Meeresspiegels als Landschaften, die im Oberland liegen. Daher zeigen Küsten eher Formen, die aus vorausgegangenen Entwicklungsepisoden stammen.

Energieaustausch an der Küste

Den größten Anteil an der Formung einer Küstenlandschaft haben die Wellen. Wenn auch romantische Schriftsteller andeuten, daß "die langsame, unaufhörliche Arbeit der Gezeiten" der Hauptprozeß der Küstenevolution ist, sind die Gezeiten eindeutig zweitrangig gegenüber den Wellen als Mittler der Küstenveränderung. Die prinzipielle geomorphologe Rolle der Gezeiten besteht darin, die Lage des Wasserspiegels zu ändern, so daß die Wellenenergie über einen größeren vertikalen Bereich hin wirksam werden kann. In zweiter Linie schaffen die Tiden Strömungen, die Sediment entlang der Küste erodieren, transportieren und ablagern.

Wellen und Dünung

Wellen, die den Rand des Festlandes angreifen, stellen eine Form der Sonnenenergie-Umformung dar, die nicht in Kapitel 1 betont wurde. Die unterschiedliche Erhitzung der Atmosphäre und des Meeres durch die Sonne erzeugt in der Atmosphäre Strömungen oder Winde, die die thermische Energie aus dem Bereich der Tropen in Richtung auf die Pole transportieren. Wenn der Wind über das Wasser weht, erzeugt er im Wasser Oberflächenwellen, die sich in die Richtung fortbewegen, in die der Wind bläst.

Der Mechanismus, durch den Wind Wellen hervorruft, ist noch nicht geklärt. Man kann sich leicht vorstellen, daß die Schwerkraft, die daher rührt, daß der Wind über die Wasserfläche weht, in der Oberflächenschicht des Wassers einen Massentransport erzeugt — warum aber dadurch die Wasseroberfläche die Form einer Welle annehmen sollte, ist nicht einfach zu erklären. Eine Theorie vertritt die Ansicht, daß die dem Wind eingetümliche Böigkeit die Ursache der Wellenentwicklung sei. Eine andere Theorie erklärt die Wellenfortpflanzung und deren Höhenzunahme als Resultat der geringen Druckunterschiede an den Luv- und Lee-Seiten kleiner Wellen, wenn der Wind über sie hinbläst. Es ist merkwürdig, daß ein so offensichtliches Phänomen wie die vom Wind hochgeworfenen Wellen tatsächlich solch ein schwer zu fassender und komplexer Prozeß ist.

Wellenerzeugung stellt eine direkte Übertragung kinetischer Energie aus der Atmosphäre auf die Meeresoberfläche dar. Die Energiekette von der Sonne bis zu einer felsigen Landspitze, die während eines Sturmes von den Wellen zerrissen wird, kann wie folgt im Diagramm dargestellt werden.

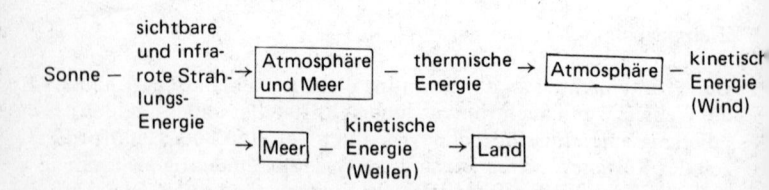

```
              sichtbare
              und infra-        ┌─────────────┐                  ┌───────────┐
              rote Strah- →    │ Atmosphäre  │ — thermische  →  │ Atmosphäre│ — kinetisch
Sonne —       lungs-            │ und Meer    │    Energie       └───────────┘   Energie
              Energie           └─────────────┘                                   (Wind)

                          ┌──────┐     kinetische         ┌──────┐
                       →  │ Meer │  —  Energie       →    │ Land │
                          └──────┘     (Wellen)           └──────┘
```

Im Bild der Geomorphologie-Maschine (Abb. 1-1) wird die vereinte Arbeit der Wellen und Strömungen in der Tätigkeit kleiner Flüsse angedeutet, die nahe der Wasserlinie angebracht sind. Die Menge der Sonnenenergie, die durch Wasserwellen verbraucht wird, ist beeindruckend groß, aber die Zone, in der sie verbraucht wird, ist sehr schmal und die gesamte Arbeit, die Wellen an Landschaften verrichten, ist klein im Vergleich zu der Wirkung fließenden Flußwassers.

Starke Winde und Stürme verwandeln die Wasseroberfläche des Meeres in wildwirbelnde Wogen, die sich in Wellenkämmen und -tälern überschneiden. Sturmwinde erzeugen ein breites Spektrum an Wellenlängen. Kleinere Wellen und Rippeln laufen die Rücken größerer Wellen hinauf. Ein stürmisches Gebiet der Meeresoberfläche heißt in der Seemannsprache *"schwere See"*. Für die Schiffe ist es am besten, Gebiete mit "schwerer See" zu meiden. Wellen bis zu 25 m Höhe sind gemeldet worden, doch sind genaue Beobachtungen solcher Wellen selbstverständlich schwierig.

Entfernen sich die Wellen radial vom Ausgangsgebiet einer schweren See, werden sie geordnet. Oberflächenwellen mit den größten Wellenlängen bewegen sich am schnellsten und nachfolgende Wellenzüge bilden sich heraus, während sie sich vom Ausgangsgebiet entfernen. Die längsten Meereswellen entstehen in den weiten und stürmischen Gebieten des Ozeans zwischen 40° S und der Antarktis. Diese langen Wellen können Tausende von Meilen zurücklegen, bevor sie auf eine Küste treffen. Sie sind als Ursache der Erosion sowohl in Kalifornien als auch an den Britischen Inseln identifiziert worden.

Das gleichmäßige Muster glatter, runder Wellen, die die Oberfläche des Ozeans bei gutem Wetter beherrschen, wird *Dünung* genannt. Eine Dünung setzt sich für gewöhnlich aus mehreren Wellenzügen mit unterschiedlicher Wellenlänge zusammen, die oft aus mehr als nur einem Entstehungsgebiet stammen. Aus der Luft gesehen, sieht eine Dünung wie ein Gitter sich überschneidender Linien aus. Die einzelnen Wellen der sich schräg überschneidenden Wellenzüge können sich abwechselnd verstärken oder auslöschen. Wenn sich die Wellen zweier Wellenzüge mehr oder weniger in gleicher Richtung und mit gleicher Geschwindigkeit bewegen, kann der Zeitraum zwischen den einzelnen Interferenzphasen ziemlich lang sein. Es ist eine verbreitete Meinung, daß jede siebente Welle, die die Küste erreicht, größer ist, als die vorhergehenden. Das stimmt nicht – richtig ist vielmehr, daß die Dünung sich der Küste als ein Komplex von Wellenzügen nähert, die sich miteinander verbinden und so abwechselnd eine Folge höherer und niedrigerer Wellen hervorrufen.

Dünungswellen leiten die Energie aus einem stürmischen Gebiet auf doppelte Weise nach außen: in Form potentieller und kinetischer Energie. Die Höhe einer Welle bestimmt die potentielle Energie der Lage über dem Ruhig-Wasser-Niveau. Die Bewegung individueller Wasserpartikel beim Durchgang einer Welle ist ein Maß für die kinetische Energie der Welle. In tiefem Wasser bewegen sich Wellen kontinuierlich fort, aber eine Marke auf der Wasseroberfläche würde zeigen, daß sie sich in vertikalen Kreisen hebt und senkt und sich mit jeder Welle nur um einen geringen Nettobetrag vorwärts bewegt (Abb. 6-1). Die potentielle Energie der Welle bewegt sich mit der Welle vorwärts, aber die kinetische Energie jedes sich bewegenden Wasserpartikels verbraucht sich in der fast kreisförmigen Umlaufbahn des Partikels. Daher bewegt sich die gesamte Energie eines Wellenzuges langsamer vorwärts als der Wellengeschwindigkeit entspricht. Jede Welle scheint an der Front eines Wellenzuges auszulaufen, während eine neue Welle sich bildet, um die Front zu bilden.

Der Durchmesser der Umlaufbahn der Wasserpartikel in einer Welle nimmt rasch mit zunehmender Tiefe ab, und zwar in geometrischer Progression im Verhältnis zur Wellenlänge. Der Durchmesser der Umlaufbahn halbiert sich bei jeder Zunahme der Wassertiefe um $1/9$ der Wellenlänge. In einer Tiefe, die der Wellenlänge gleich

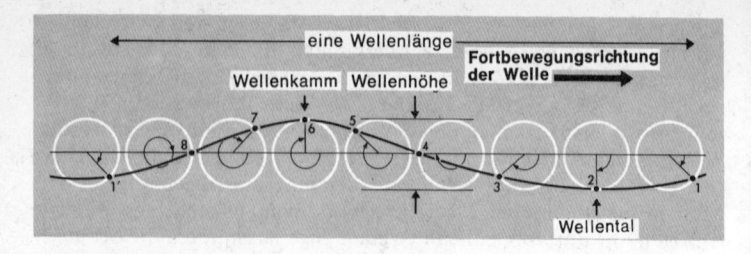

Abb. 6-1 Bewegung einer Welle im Vergleich zur Bewegung eines Wasseroberflächenelements, dessen Verhalten beim Durchgang einer Welle an acht verschiedenen Punkten dargestellt wird. In dieser Darstellung führt jedes Wasserteilchen an der Oberfläche eine geschlossene Kreisbewegung während des Durchgangs einer Welle aus. Der Energienettobetrag, der in Richtung der Wellenfortpflanzung transportiert wird, wird lediglich durch die Wellenhöhe gemessen, da keine Wassermasse weiterbewegt wird. In Wirklichkeit führt aber jedes Wasserteilchen an der Wasseroberfläche keine reine Kreisbewegung aus, sondern ist bei jeder Drehung mit einer leichten Vorwärtskomponente behaftet.

ist, beträgt der Durchmesser der Umlaufbahn also etwa $1/152$ des Bahndurchmessers an der Oberfläche. Eine Dünungswelle von 30 m Länge und 1,50 m Höhe würde ein Wasserpartikel sich in einer Tiefe von 30 m in einem engen vertikalen Kreis von weniger als 1 cm Höhe bewegen lassen. Diese schnelle Abnahme der Wasserbewegung mit zunehmender Tiefe erklärt, wie ein Unterseeboot dem schwersten Sturm dadurch ausweichen kann, indem es 30 m oder mehr taucht, denn die meisten Oberflächenwellen haben Wellenlängen von weniger als hundert Meter. Wenn sich eine Welle im Wasser bewegt, das tiefer ist als die halbe Wellenlänge, bewegt sie sich im tiefen Wasser. In dieser Tiefe ist die Schleppwirkung der Welle am Boden vernachlässigbar gering.

Brandung und Brecher

Wenn eine Tiefwasser-Dünung sich der Küste nähert, ändern sich die Wellenform und die Art des Wasser- und Energie-Transports. Bei abnehmender Wassertiefe verwandelt sich die orbitale Bewegung unterhalb der Wellen von einem Kreis in eine Ellipse und wird dann zu einer linearen Hin- und Herbewegung verzerrt. Das auf dem Meeresboden liegende Sediment wird durch die Wellen rückwärts und vorwärts bewegt und absorbiert Energie des bewegten Wassers. In dieser Tiefe beginnt die Umwandlung der Wellenenergie in geomorphologe Arbeit. Obwohl sehr lange Oberflächenwellen das Wasser und Bodensedimente in großen Tiefen aufrühren können, beeinflussen gewöhnliche Wellen nicht direkt den Sedimenttransport am Boden oder die Erosion in einer größeren Tiefe als etwa 10 m. Diese Tiefe, die man *Wellenbasis* (wave base) genannt hat, ist ein brauchbares Bezugsniveau, obwohl wir nicht vergessen sollten, daß die Wirksamkeit der Wellen nicht abrupt in einer bestimmten Tiefe aufhört.

Die Wellengeschwindigkeit nimmt an der Meeresoberfläche über einer Untiefe aufgrund der Bodenreibung ab. Dabei wird die Wellenlänge entsprechend kürzer, wenn sich Tiefwasser-Wellen aus der offenen See weiterhin mit voller Geschwindigkeit vorwärtsbewegen. Die Wellenhöhe nimmt zu, während sich die Wellenlänge verkürzt. Die Umlaufbahnen der einzelnen Wasserteilchen in der Welle verändern sich von fast kreisförmig zu stark abgeflachten Ellipsen. Bei Annäherung jedes *Wellenberges* bewegt sich das Wasser rasch vorwärts und aufwärts. Schließlich ist die Vorwärtsbewegung der Oberflächenwassermasse der abnehmenden Vorwärtsbewegung der *Wellenfront* gleich. Die Welle steilt sich auf und dann bricht der Wellenkamm vorwärts in das Wellental hinab. Die Tiefwasser-Dünung wird zur *Brandung* oder zu Linien sich brechender Wellen.

Brecher bilden sich in der Brandungszone, wo die Wassertiefe etwa $1/3$ größer ist als die Höhe der Brecher. Es können sich mehrere Reihen von Brechern bilden, wobei zunehmend niedrigere Wellenzüge sich in stets geringerer Entferung vom Ufer brechen. An einer sanft abfallenden Küste kann die erste Brecherlinie eine Meile vom Ufer entfernt sein und das herankommende Wasser kann sich zu niedrigeren Wellen neu formen, die sich in flacherem Wasser aufs neue brechen.

Der größte Teil der Wellenenergie wird in der Brandungszone verbraucht. Tiefwasser-Dünung kann von einem senkrechten Hafendamm oder einem steilen Kliff fast ohne Übertragung von Wellenenergie auf die Struktur reflektiert werden, da sich die Wassermasse in jeder Welle nur unbedeutend vorwärtsbewegt. Wenn jedoch eine sich brechende Welle auf eine Klippe oder auf einen Hafendamm prallt, werden Tausende von Tonnen Wasser gegen die Struktur geschleudert. Die größten Drucke werden durch brechende Wellen erzeugt, deren Kämme sich überschlagen und Luft zwischen der Vorderseite der Welle und dem steilen Damm bzw. der Klippe einschließen, so daß die Luft zusammengepreßt wird. Dabei sind Drukke von 12700 Pfund pro Quadratfuß[7] an Hafendämmen gemessen

---

[7] $= 6200 \frac{\text{kg}}{\text{cm}^2}$

worden. Die Dauer solch großer Drucke beträgt weniger als $1/100$ Sekunde, und doch können große Gesteinsblöcke durch die wiederholten Angriffe der Wellen losgelöst und bewegt werden.

Die Wellenenergie, die auf das Korallenriff des Bikini-Atolls trifft, wurde 1954 von *W. H. Munk* und *M. C. Sargent* sorgfältig berechnet. Sie nahmen an, daß die durchschnittliche Höhe der auf das freiliegende Riff auftreffenden Brecher 7 Fuß beträgt und schlossen daraus, daß die gesamte "Kraft" der gegen das Riff prallenden Wellen (konstante Leistung) 500000 PS beträgt und an den am stärksten exponierten Riffteilen 8 PS pro 30 cm erreichte. Zum Vergleich: der Hoover-Damm hat eine hydroelektrische Leistung von etwa 1800000 PS.

Sich brechende Wellen üben nicht nur große Kraft auf die Küsten aus, sondern das strömende Wasser schleppt auch Gesteinstrümmer rasch über das anstehende Gestein und schleift sowohl die Trümmer als auch das Untergrundgestein ab. Es dauert nur wenige Tage, bis Ziegelsteine und zerbrochenes Glas, die an einem sandigen Strand in der abschleifenden Brandung gerollt werden, geglättet und gerundet sind.

Jeder Wellenzug einer Tiefwasser-Dünung nähert sich der Küste in parallelen Linien, ähnlich gestaffelt wie die Reihen einer disziplinierten Truppe. Wenn jedoch ein Teil der Wellenfront mit dem Boden in Berührung kommt, wird die Welle *gebrochen* (Refraktion der Wellen). Man stelle sich vor, daß ein Teil einer Küste aus einem abfallenden Rücken oder einer Landnase besteht, die sich in das Meer hinaus erstreckt (Abb. 6-2). Wo der Rücken in das Meer vorstößt, bildet sich eine Landspitze, und ein submariner Rücken setzt sich von der Küste in tiefes Wasser fort. Während die Dünungswellen sich in parallelen Linien über den submarinen Rücken bewegen, wird dementsprechend ein Abschnitt jeder Welle durch die Bodenreibung gebremst. Die Wellenkämme zu beiden Seiten des submarinen Rückens bewegen sich jedoch mit ihrer ursprünglichen Geschwindigkeit weiter, so daß die Wellenfront zum Lande hin konkav wird und die Wellenenergie auf die Landspitze zu konvergiert. Wellenbrechung über einem flach submarinen Rücken richtet die Wellenenergie also auf das Ufer der Landspitze.

Wo sich die Dünung über einer submarinen Vertiefung oder Tal der Küste nähert (Abb. 6-2), bewegt sich umgekehrt die Wellenfront über dem tiefen Teil des Tales in voller Geschwindigkeit weiter, während sie an beiden Seiten zurückgehalten wird. Die Wellenfront wird auf das Land zu konvex, die Kämme der Wellen werden gestreckt oder verdünnt und die Energie der Welle wird in bezug auf die des submarinen Tales dispergiert.

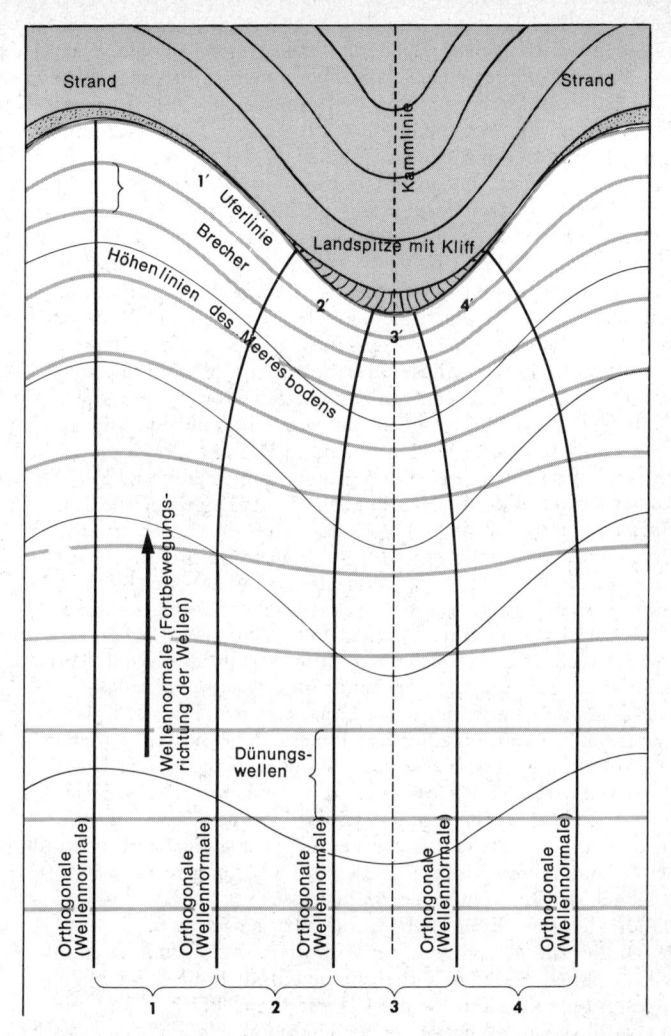

Abb. 6-2 Wellenbrechung über einem sich ungleichförmig verflachenden Meeresboden im Küstenbereich (siehe Beschreibung dieser Skizze im Text). Orthogonalen sind Linien, die senkrecht zum Verlauf der Wellenkämme stehen. In der Abbildung haben sie im Dünungsbereich gleiche Abstände voneinander, so daß die Abschnitte 1 bis 2 gleiche Energiebeträge haben.

Wenn eine Welle entlang ihres Kammes von gleicher Höhe ist, enthalten gleich Längen des Wellenkammes gleiche Energiebeträge. Wenn dann ein Teil der Wellenfront über einem submarinen Rücken konvergiert wie in Abb. 6-2, wird die Kammlänge dieses Abschnittes verkürzt und die Wellenenergie konzentriert. Die Welle nimmt bei Annäherung an die Küste an Höhe zu. Wenn sie sich bricht (Abb. 6-2, Abschnitt 3), konzentriert sich ihre Energie auf einen geringen Abschnitt der Uferlinie und auf dem Land wird eine relativ große geomorphologische Wirkung erzielt.

Über dem vergleichbar tiefen Wasser in einer Bucht vergrößert sich die Kammlänge eines Tiefwasser-Wellenabschnittes, und die Wellenhöhe nimmt dementsprechend ab. Wenn sich die Welle am Ufer einer Bucht (Abb. 6-2, Abschnitt 1) bricht, ergibt sich wenig mehr als eine Linie sich kräuselnden Schaumes, obwohl in guter Sichtweite eines Beobachters am geschützten Strand meterhohe Brecher gegen die Landspitzen auf beiden Seiten der Bucht prallen. Die Erscheinung der Wellenbrechung (Refraktion) ist die Grundlage für zwei wichtige Verallgemeinerungen über die Evolution einer Küste. Erstens: Ursprüngliche Vorsprünge der Uferlinie, die durch submarine Zungen abfallender Rücken hervorgerufen werden, werden schneller erodiert als benachbarte Buchten, die von der Uferlinie am Ausgang submariner Täler gebildet werden. Wellenbrechung trägt dazu bei, eine ursprünglich unregelmäßige Uferlinie durch Beseitigung der Landspitzen zu vereinfachen.

Der zweite Effekt der Wellenbrechung besteht darin, daß Strömungen entstehen, die von den Landspitzen ausgehen, wo die Brecher wie in einem Brennpunkt konzentriert den Wasserspiegel steigen lassen, und entlang der Uferlinie zu den Achsen der benachbarten Buchten, wo der Wasserspiegel niedriger ist, laufen. Diese *Küstenströmungen* (longshore currents) verfrachten das Sediment, das von den Landzungen erodiert wird, in die benachbarten Buchten, wo Strände entstehen. Die Vereinfachung einer Uferlinie durch Wellenbrechung beinhaltet also sowohl die Füllung von Einschnitten als auch die Beseitigung der Landspitzen.

In der Theorie sollte eine Uferlinie dazu neigen, eine gerade Linie parallel zur Wellenfront der vorherrschenden Dünung zu bilden. Tatsächlich bestehen jedoch für gewöhnlich die Landspitzen aus resistenterem Gestein als die Ufer der benachbarten Buchten und obwohl sich der Angriff der Wellen hauptsächlich gegen die Landspitzen richtet, bilden die härteren Gesteine weiterhin in die See hineinreichende Landspitzen, während die gesamte Uferlinie zurückweicht. Gerade Uferlinien sind nur für Küsten typisch, die aus Gesteinen einheitlicher Erodierbarkeit aufgebaut sind.

Die Gezeiten oder Tiden

Die Gezeiten stellen eine einzigartige Form des Energiezuflusses in der Geomorphologie-Maschine dar. Sie sind das Ergebnis der durch die Gravitation bedingten Anziehungskräfte zwischen Erde, Mond und Sonne. Keine anderen Himmelskörper sind der Erde nahe genug oder groß genug, um Gezeiten hervorzurufen. Wie schon in Kapitel 1 bemerkt, ist die Wirksamkeit des Mondes bei der Erzeugung von Gezeiten auf der Erde zweimal so groß wie die der Sonne.

Wenn die Erde vollständig mit tiefem Wasser bedeckt wäre, würde von Mond und Sonne eine ideale oder ausgeglichene Tide zwischen ein und zwei Metern Höhe hervorgerufen werden. Der Haupteffekt bestände in der Erhebung von zwei Flutbergen auf dem Weltozean, deren einer seinen Mittelpunkt unterhalb des Mondes haben würde, während sich der andere auf der anderen, dem Mond entgegengesetzten Seite der Erde befände (Abb. 6-3). Da die Erde

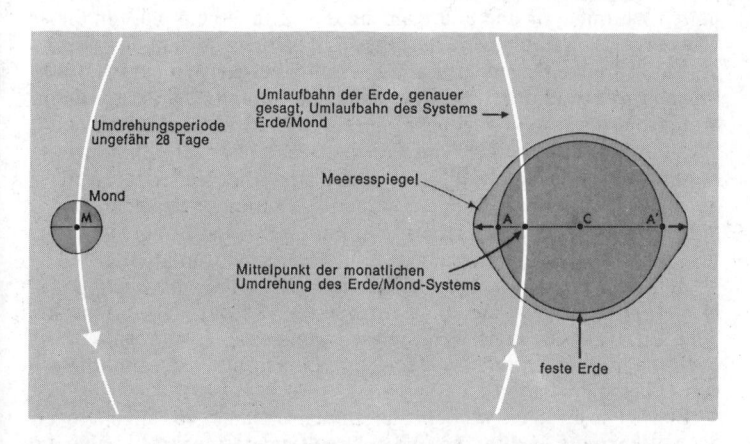

Abb. 6-3 Die theoretische Gleichgewichtslage einer Mondtide. Der Abstand zwischen dem Mittelpunkt der Erde und dem des Mondes beträgt ungefähr 60 Erdradien. Da die Schwerkraft umgekehrt proportional zum Quadrat der Entfernung ist, ist die Gravitationskraft des Mondes bei A um $\left(\frac{60}{59}\right)^2$ größer als bei C und bei A' ist sie um $\left(\frac{60}{61}\right)^2$ geringer als bei C. Deshalb ist die Anziehungskraft des Mondes, bezogen auf den Erdmittelpunkt bei A, um 3,4% in Richtung Mond größer und bei A' um 3,3% kleiner. Diese Kräfte, zu denen noch vom Zentrifugaleffekt aus der monatlichen Umdrehung des Erde/Mond-Systems um den gemeinsamen Schwerpunkt ein kleiner Betrag hinzukommt, tendieren dazu, eine zigarrenförmige Aufwölbung in den Ozeanen entstehen zu lassen, deren eines Ende unter dem Mond und deren anderes Ende gegenüber auf der anderen Seite der Erde liegt.

in Beziehung auf den Mond alle 24 Stunden und 50 Minuten eine
vollständige Drehung in östlicher Richtung um ihre eigene Achse
vollführt, würde scheinbar eine Flutwelle alle 12 Stunden und 25
Minuten in westlicher Richtung über den Ozean fegen. Nach jeweils
6 Stunden und 12 Minuten nach Durchgang des Flutberges an einem
Punkt würde sich der Niedrigwasserstand einstellen. Die ausgeglichene lunare Tide würde durch die solare Tide, die ähnlich in der Form,
aber weniger als halb so hoch ist, abwechselnd verstärkt und teilweise ausgelöscht werden. Das Ergebnis wäre ein *halbtägiger* Gezeitenzyklus, der in vertikaler Richtung um 20% größer wäre, wenn
während Neumond und Vollmond die solaren und lunaren Kräfte
zusammentreffen, und um 20% geringer in vertikaler Ausdehnung,
wenn der Mond und die Sonne in Quadratur oder in einem Winkel
von $90°$ zueinander am Himmel stehen.

Das Konzept einer Gleichgewichts-Tide ist nützlich, um die
Kräfte aufzuzeigen, die Gezeiten hervorrufen. Die echten Gezeiten
in den Weltmeeren sind aber ganz anders. Zum einem müßten die
Flutberge der halbtägigen Gleichgewichts-Hochwasserstände durch
die äquatorialen Ozeane mit einer Geschwindigkeit von etwa 1000
Meilen pro Stunde nach Westen rasen, um immer genau unter dem
Mond und ihm direkt gegenüber aufzutreten. So schnell kann sich
aber das Wasser nicht über die Erdoberfläche bewegen. Zum zweiten hätte die Gleichgewichts-Tide die Form einer stehenden Welle
mit einer Wellenlänge, die dem halben Erdumfang entspricht. Wir
haben gesehen, daß die Tiefe, in der eine Welle den Boden berührt,
proportional ist zur Wellenlänge. Die Ozeane müßten mehr als 14
Meilen tief sein, damit sich die Gleichgewichts-Tide mit einem
Minimum an Bodenwiderstand fortbewegen könnte. Die durchschnittliche Tiefe der Ozeane beträgt jedoch weniger als $1/5$ davon. Die
Reibung im Wasser und am Meeresboden verhindert die Bildung
einer Gleichgewichts-Tide.

Echte Gezeiten entwickeln sich in den Ozeanen vor allen Dingen
als Antwort auf die lunaren und solaren Gravitationskräfte, aber
ihre Perioden und ihre Wellenhöhe werden, unter vielen anderen
Faktoren, durch die Größe und Tiefe der verschiedenen Meeresbekken, die Form der Uferlinien und dem jeweiligen Breitengrad der
Becken beeinflußt. Jeder Ozean, jeder Golf und jedes Binnenwasser
hat sein eigenes Gezeitenmuster. Die Gezeiten-Voraussagen in Kalendern und Zeitungen basieren auf der mathematischen Analyse
der früheren Aufzeichnungen in irgendeinem Hafen und weit weniger auf irgendwelchen allgemeinen Theorien über die Gezeitenbewegung.

Gezeiten-Unterschiede sind nur dann groß, wenn die Tiden in
eine halbumschlossene See oder einen Golf hineinlaufen, deren

Morphologie eine natürliche Periode der Wasseroszillation bewirkt, die einen Resonanzeffekt mit irgendeiner Periode der Tide ermöglicht. Der größte Tidenhub auf der Erde kommt in der Bay of Fundy, Kanada, vor und erreicht dort 16 m zwischen Hochwasser und Niedrigwasser. Die Bay of Fundy hat eine natürliche Oszillationsperiode von etwas mehr als sechs Stunden, ist also fast "in Phase" mit der idealen halbtäglichen Tide. Man kann das Ergebnis mit dem unglücklichen Effekt vergleichen, der auftritt, wenn man versucht, eine flaches Tablett voll Wasser in den Händen zu tragen. Eine Welle beginnt hin und her zu schwingen und wenn man zufällig das Tablett in die gleiche Richtung kippt, in die die oszillierende Welle läuft, wird das Wasser mit Sicherheit über das niedre Ende schwappen. In der Bay of Fundy steigt die Flutwelle von 3 m bis über 15 m an, während sie nordöstlich zum innersten Punkt der Bucht läuft.

Die Flut-Höhen, die sich zweimal jeden Monat während der Neumond- und Vollmond-Phase, wenn lunare und solare Tiden zusammentreffen, ergeben, werden *Springfluten* genannt. Während des ersten und dritten Quartals des lunaren Zyklus, wenn die lunare und solare Wirkung sich gegenseitig praktisch aufheben, ist der Tidenunterschied am geringsten. Diese Tiden werden *Nippfluten* genannt. Andere jahreszeitlich bedingte Veränderungen in der Stellung von Erde, Mond und Sonne im Weltraum verstärken oder verringern die Flutstärken. Jahreszeitlich bedingte klimatische Veränderungen, wie anhaltende landeinwärts oder seewärts gerichtete Winde, beeinflussen ebenfalls stark die Höhe und das Ausmaß der Gezeiten.

Zusätzlich zu ihrer vorzugsweise geomorphologischen Rolle, also der Hebung und Senkung des Niveaus des Wellenangriffes auf das Land, bringen die Gezeiten auch starke Strömungen hervor, die mit Geschwindigkeiten von 5 Meilen pro Stunde oder mehr fließen können. Die schnellsten Strömungen entwickeln sich in schmalen Kanälen, die Becken mit unterschiedlichen Gezeiten verbinden. Hell Gate im East River in New York City ist solch ein Ort. Die Flut in der Meerenge von Long Island braucht fast drei Stunden, um sich nach Westen durch die Meerenge zu bewegen. In dieser Zeit ist die Flut in dem weniger beengten Hafen von New York aufgelaufen und bereits wieder auf halbem Wege zum Niedrigwasserstand. Aufgrund des Höhenunterschiedes läuft das Wasser bei Ebbe aus der Meerenge nach Süden durch das Hell Gate mit Geschwindigkeiten von 5 Knoten (9,67 km/St.). Ungefähr sechs Stunden später herrscht Niedrigwasser in dem westlichen Teil der Meerenge, aber das Wasser in New York Harbor nähert sich wieder der Hochwassermarke und die Strömung fließt nach Norden in die

Meerenge, fast ebenso schnell wie sie vorher herausfloß. Der Name dieses Engpasses steht in deutlicher Beziehung zu den heftigen und wechselnden Gezeitenströmungen.

Wenn eine Flutwelle gelegentlich in eine große Flußmündung eindringt, beginnt sie wie jede lange Welle den Boden zu berühren und damit ihren vorderen Wellenhang zu versteilen. In extremen Fällen entwickelt sich in der Flußmündung eine *Gezeiten-Springflut*, eine einzige Welle, die mit 10-20 Meilen pro Stunde als ein bis zu 3 m hoher, senkrechter Wasserwall flußaufwärts rast.

Gezeiten-Strömungen und Springfluten sind offensichtlich zu großer Erosions- und Sedimenttransport-Leistung fähig. Tiefe, submarine Kanäle markieren regelmäßig den Weg der Gezeiten-Strömungen durch schmale Engpässe. Unter günstigen Bedingungen können Gezeiten-Strömungen den Meeresboden streifen und Sediment in viel größere Tiefen transportieren als normalerweise durch Wellen beeinflußt werden. Besonders in halbumschlossenen Becken, in denen die Wellen klein sind, werden die Gezeiten und ihre Strömungen zu den wichtigsten geomorphologischen Kräften.

Organismen

Das Energie-Milieu der Küstengewässer wäre unvollständig, würde man die biologische Aktivität nicht erwähnen. Wo Flüsse in das Meer münden, bringen sie gelöste Minerale und organische Abbauprodukte mit, die zur Vermehrung der Menge lebender Organismen beitragen. Die ozeanische Umwelt ist thermisch und chemisch viel stabiler und viel günstiger für niedere Lebensformen als das Flußwasser, jedoch haben Organismen im Meer nahe der Küste oder in einer Meeresbucht den besten Teil von beiden Welten. Tiere filtern große Mengen der schwebenden Stoffe aus dem Flußwasser und lagern sie als Schlamm aus ihren Verdauungstrakten ab. Diatomeen und andere Pflanzen entfernen einen großen Teil der gelösten Kieselsäure und anderer Komponenten aus dem Flußwasser, während es sich mit dem Meer zu mischen beginnt.

In Küstengewässern beginnt für die meisten verwitterten Gesteine eine Art Umkehrung der Verwitterungsprozesse, die letztendlich neue Gesteine aus dem Schutt von älteren entstehen läßt. Viele dieser Prozesse schließen Organismentätigkeit ein. An vielen Küsten werden auf Wattböden aus dem Flußwasser gelöste Minerale in Pflanzengewebe eingebaut, das dann entweder als Torf abgelagert oder von anderen Organismen als erster Schritt in den komplexen Nahrungsketten der Meere gefressen wird. Küstenpflanzen und -tiere bauen Riffe, füllen Lagunen mit Torf und eingefangenen Schlammteilchen und sondern schützende Krusten über losem

Sediment ab. Sie lösen auch oder nagen Küstengestein an, graben
sich in Sedimente hinein und werden dadurch zu bedeutenden
Erosionsfaktoren. Letztlich wird die ganze Energie dieser Pflanzen
und Tiere von der Sonne bezogen. Eines der erstaunlichsten Merkmale
von Korallen und ihnen verwandten Organismen ist, daß sie
am besten auf der dem Wind zugewandten Oberfläche tropischer
Riffe gedeihen, wo die starke Brandung ihnen die größte Menge gelöster
Nährstoffe liefert. Anstatt durch die enorme PS-Zahl der
Brecher zerstört zu werden, nutzen sie diese Kraft für die Herstellung
von Tonnen und Aber-Tonnen neuen Kalksteins für ihre Siedlungen[8].

Küstensedimente

Wenn nicht ein Teil der Wellenenergie dadurch verbraucht würde,
daß sie Sediment an der Küste entlang trasportiert, würde die
Erosionskraft der Wellen viel stärker sein. Mit genügend Zeit und
ohne Sedimentlast würden die Wellen weite, sanft abfallende submarine
Bänke aus dem angrenzenden Festland schneiden, die von
zerrissenen Klippen begrenzt wären. Es ist aber so, daß ein großer
Teil des Sediments, das von der Erosion der Seeklippen stammt,
gemeinsam mit einer noch viel größeren Menge von Sediment aus
den Flußmündungen für lange Zeit innerhalb der Uferzone verbleibt,
langsam zu kleineren Korngrößen zerrieben und davongeschwemmt
wird, und zwar entweder in das Meer hinaus oder zurück
auf das Land. Dieses in Bewegung befindliche Sediment entlang
eines Ufers ist der *Strand*. Der Strand hat die gleiche geomorphologische
Funktion wie das Flußauen-Alluvium in Flußtälern;
es nimmt Energie auf, bewegt sich daher bei Stürmen und verwandelt
Energie in geomorphe Tätigkeit. Ein dauerhafter Strand entlang
einer Küste ist ein ebenso gutes Kriterium für ein ausgeglichenes
Stadium wie es eine dauerhafte Flußaue auf dem Boden eines Flußtales
oder eine dauerhafte Sedimentschicht auf einem semi-ariden
Pediment ist.

Da das Küstensediment von Flüssen, Wellen, Wind und Organismen
herbeigeschafft wird, wollen wir zuerst die Quellen des Küstensediments
und die Sedimentart, die aus den verschiedenen Quellen
geliefert wird, untersuchen. Dann werden wir die verschiedenen
Prozesse der Sedimentverteilung betrachten. Danach werden einige
der Landformen beschrieben, die von Küstensedimenten aufgebaut
werden.

---

[8] Die Veränderung der Sedimente durch Organismen wird detaillierter von
Leo F. Laporte in einem weiteren Band dieser Serie, *Alte Lebensbereiche*,
beschrieben.

Herkunft der Küstensedimente

Der größte Teil der Sedimente an den Küsten wurde dorthin durch die Flüsse als Ablagerungsprodukt der der Erosion unterliegenden Landschaften gebracht. Nur etwa 10% des Materials, das sich die Küsten entlang bewegt, geht auf unmittelbare Erosion durch die Wellen zurück. Der Wind trägt Sand und Staub als benachbarten Wüstengebieten in die Küstengewässer, jedoch ist die Menge der vom Wind beigefügten Substanz sehr gering. Wellen bringen Sediment aus tieferem Wasser zum Ufer, aber der größte Teil dieser Sedimente wurde vorher von Flüssen in das Meer gebracht.

Die Korngröße und chemische Zusammensetzung des Sediments, das von den Flüssen zu den Küsten gebracht wird, wird in erster Linie durch die Art des Untergrundgesteins, über das die Flüsse flossen, bestimmt. Zusätzlich zu diesem ersten Steuerfaktor wird das Sediment außerdem während des Flußtransports nach Größe und Gesteinsart sortiert. Große Flüsse, wie der Nil, der Mississippi, der Ganges oder der Colorado, transportieren, wenn sie das Meer erreichen, in erster Linie Silt und Substanz von Tongröße oder Schlamm. Kürzere Flüsse mit steilem Lauf können Sand oder sogar Geröll zur Küste transportieren.

Durch die Wellenerosion an Kliffen wird zuerst schlecht sortiertes Sediment erzeugt. Nachdem die Wellen den Fuß eines Kliffs unterspülten, bringen Erdrutsche große Mengen unsortierten, zerbrochenen Gesteins ans Ufer. Wellen und nahe der Küste verlaufende Strömungen sind jedoch besonders geeignet, das Sediment nach Größe und spezifischem Gewicht zu sortieren. Wenn man sich bei einem kurzen Spaziergang am Ufer vom Fuße eines der Erosion ausgesetzten Kliffs entfernt, kann man sehen, wie der Strandsand oder das Geröll kleiner, feiner, mehr gerundet und besser sortiert wird. Wellenerosion und Transport sind also in der Lage, in einer kurzen Entfernung entlang eines Strandes das zu erreichen, wozu ein Fluß hunderte von Meilen fließen muß: die Trennung des Sediments in verschiedene Korngrößen-Klassen, die je nach verfügbaren Transportmitteln und Energiezufuhr zu verschiedenen Abschnitten der Küstenzone verfrachtet werden.

An manchen Küsten liefern Organismen das meiste oder das gesamte Sediment. Ein Korallenriff kann sich bis zur Oberfläche eines tropischen Meeres aufbauen. Durch Erosion an der Riff-Front werden Korallenblöcke, sandgroße Körner und kalkiger Schlamm verfügbar, um daraus auf der Riffoberfläche Inseln aufzubauen. Für gewöhnlich sind sandige kleine Inseln, deren jede weniger als eine Meile lang ist und nicht mehr als 3-4,5 m über dem Meeresspiegel liegt, das einzige trockene Land auf einem Korallenriff oder Atoll.

Entlang der Küste der Everglades von Florida, wie an vielen anderen Küsten, die nicht von einem Hochland, das abgetragen wird, begrenzt werden, bilden zerbrochene Muscheln und Kalkschlamm mariner Mikro-Organismen die gesamte Sedimentzufuhr, aus der das Land aufgebaut wird. Die Mangrove-Bäume, die in dem flachen Brackwasser der Everglades und vielen anderen tropischen Küsten wachsen, fangen zusätzlich Sediment ein, das zwischen ihre Wurzeln gespült wird. Zu diesem eingefangenen Sediment kommen die abgefallenen Blätter und Äste der Mangroven. In nur wenigen Jahren können Mangroven und ähnliche Pflanzen neues Küstenland aus angesammeltem Torf und Schlamm aufbauen.

Sedimenttransport

Wegen der geringen Netto-Vorwärtsbewegung des Wassers in einer Welle (Abb. 6-1) ist die auf die Küste gerichtete Geschwindigkeit des Wassers, das unter dem Kamm der herannahenden Wellen kreist, größer als die seewärts gerichtete Geschwindigkeit des Wassers in den Wellentälern. Daher transportieren die Wellen bei Bodenberührung loses Sediment zum Land hin, falls nicht der Uferabhang zu steil ist. Je nach Beschaffenheit des Bodens und Form der Wellen können die Wellen Sand auf die Strände bringen oder von dort erodieren. Besonders Wellen mit großer Wellenlänge bringen Sand vom Meer zum Ufer. Kurze, steile Wellen aus lokalen Stürmen wühlen eher Sediment in der küstennahen Region auf und halten es in Schwebe, bis es sich in tieferem Wasser ablagert.

Der Sand, der durch die Wellen an die Ufer gebracht wird, besteht für gewöhnlich aus Flußsand, der in das Meer transportiert und abgelagert wurde, als sich das Flußwasser mit dem Meer vermischte. Die Herkunft der Küstensedimente zu identifizieren wird durch den Umstand erschwert, daß während der kontinentalen Vergletscherung, als das Meeresniveau um 100 m tiefer lag als heute, Flüsse durch Küstenebenen flossen, die nun untergetaucht sind. Nach einer Schätzung von *K. O. Emery* aus dem Jahre 1968 wurden 70% der Sedimente des Schelfs unter anderen Umweltbedingungen als heute abgelagert. Ein großer Teil des Sediments, das heute entlang den Küsten transportiert wird, ist ein *Relikt*, das heißt, es wurde ehemals durch Flüsse oder Gletscher oberhalb des Meeresspiegels abgelagert, liegt aber nun aufgrund der postglazialen Hebung des Meeresspiegels unter diesem. Ein großer Teil dieses Sediments, das heute entlang den Küsten transportiert wird, wurde während Zeiten anderer klimatischer Bedingungen in die Küstengebiete gebracht: es wurde nicht durch Wellen und Strömungen, die heute mit ihm reagieren, verfrachtet. Aus diesem Grunde reflektieren heute die Korngröße und Zusammensetzung der rezenten Küstensedimente für gewöhnlich eher vergangene Umweltbedingungen als die der Gegenwart.

Ob nun Sediment durch Wellen aus tieferem Wasser oder aus Flußmündungen herbeigeschafft oder von den Landspitzen erodiert wurde, in der ufernahen Zone wird es durch Küstenströmungen, die durch Wellen, Winde und Gezeiten erzeugt werden, parallel zur Küste verfrachtet. Den Sammelbegriff für die Sedimentbewegung entlang der Küsten nennt man *Küstenversetzung* (longshore drifting). Die größte Sedimentmenge wird in der Brandungszone bewegt, und dieser Teil der Bewegung wird *Küstenströmung* (littoral drifting) genannt. Ein geringerer Teil des Sediments wird dadurch bewegt, daß die Wellenfronten, die sich im spitzen Winkel zur Uferlinie nähern, schräg den Strand hinauflaufen. Dieser Prozeß wird *Strandversetzung* (beach drifting) genannt. Man kann ihn dadurch leicht beobachten, daß man einen schwimmenden Gegenstand ins Wasser wirft und zusieht, wie er ein sägezahnartiges Muster auf dem Ufer zeichnet, indem er sich mit dem auflaufenden Wasser auf und ab bewegt, dann kurz liegen bleibt und danach senkrecht zur Uferlinie den Strand hinabrollt oder zurückgespült wird.

Küstenversetzung ist schwer zu beobachten, denn der größte Teil der Bewegung findet unterhalb der sich brechenden Wellen in der Brandungszone statt. Wenn man sich daran erinnert, daß Brecher aus einer großen vorwätsstürzenden Wassermasse bestehen, wird es klar, daß die Brandung tatsächlich Wasser in unmittelbarer Küstennähe, besonders an Landspitzen, "auftürmt". Wenn sich die Wellen unter einem spitzen Winkel nähern, fließt die überschüssige Wassermenge parallel zum Ufer als eine starke Küstenströmung innerhalb der Brandungszone ab. Sediment, das durch einen Brecher aufgewirbelt wurde, wird durch die turbulente Küstenströmung fortgetragen. Manchmal wendet sich die Küstenströmung, tieferen, unter Wasser liegenden Einschnitten folgend, der See zu, oder sie bricht als *Rippströmung* durch die Brandung. Streifen suspendierten Sediments, die durch die Brandungszone hindurch auf die See hinaus reichen, markieren den Weg der Rippströmungen.

Wie in Flüssen wird der Sedimenttransport in Meeresströmungen durch das spezifische Gewicht und die Größe der Sedimentkörner bestimmt. Schwere Minerale wie Gold, Magnetit und Granat setzen sich rasch aus dem fließenden Wasser ab, wogegen Minerale von geringerem Gewicht, wie Quarz und Feldspat, weitertransportiert werden. Wichtiger ist, daß die Strömungsgeschwindigkeit, die in der Lage ist, Sedimentkörner gröber als feiner Sand (durchschnittlicher Korndruchmesser 0,2 mm), zu erodieren und zu transportieren, mit der Quadratwurzel des Korndurchmessers steigt. Das heißt, daß bei Verdoppelung der Strömungsgeschwindigkeit Partikel von vierfacher Größe in Bewegung gesetzt und bei Verdreifachung der Strömungsgeschwindigkeit Partikel von neunfacher Größe transportiert werden. Es ist also nicht überraschend, daß an felsigen Landspitzen, an denen Wellenerosion und Küstenströmung stark sind, lediglich große Gesteinsblöcke den Fuß der Klippen bedecken. Alles feinere Material wurde in benachbarte Buchten oder an andere geschützte Stellen verfrachtet. Feiner Sand bewegt sich in Küstenströmungen am leichtesten und am weitesten und wird dadurch zu dem Material, das an Stränden am häufigsten vorkommt.

Wenn Sedimentkörner von geringerer Größe als feiner Sand einmal in Suspension sind, können sie leicht durch schwache Strömungen transportiert werden. Eine besondere Eigenschaft von sehr feinem Sand und Schlamm ist jedoch, daß ihre Partikel, wenn sie sich einmal aus dem Wasser abgesetzt haben, als zähe, glatte Masse zusammenhängen, die erneuter Erosion widersteht. Eine Silt- oder Ton-Bank widersteht der Erosion ebensogut oder sogar besser als eine Bank aus grobem Geröll.

Die Kohäsionskraft feiner Sedimentpartikel erleichtert das Verständnis dafür, daß Strände so häufig aus Sand bestehen. Wenn sich die Brandung bricht, hält die freiwerdende turbulente Energie alle Sedimentgrößen in Suspension. Man stelle sich nun eine steigende Flut vor mit Tiden-Strömungen, die in Buchten und Flußmündungen hineinflutet. Geröll und Sand setzen sich rasch aus dem Wasser in der Brandungszone oder am Strand ab. Schwebender Schlamm bleibt länger in Suspension und wird in einen geschützten Teil einer flachen Tiden-Bucht befördert, wo sich ein Teil des Schlammes langsam während des Gezeitenwechsels bei sehr schwachen Strömungen auf den Boden absetzt. Wenn der Ebbstrom einsetzt, verstärken sich die Gezeiten-Strömungen wieder und laufen diesmal aus den Buchten heraus. Indem sich die Geschwindigkeit der Strömung verstärkt, wird Sediment erodiert, aber der gesamte Schlamm, der bei einer bestimmten Strömungsgeschwindigkeit wenige Stunden vorher abgelagert wurde, wird von der gleichen Strömungsgeschwindigkeit bei auslaufendem Wasser nicht wieder aufgenommen. Die Partikel haften am Boden, bis eine Strömung von erheblich höherer Geschwindigkeit über sie hinwegrauscht. Jeder Zyklus läßt ein Netto-Zuwachs an abgelagertem Schlamm zurück.

Die Kohäsion, die zwischen Schlamm und feinstem Sand wirksam ist, ergibt sich aus der Konzentration dieser Korngrößen in den ruhigsten Teilen des Küstenbereichs. Für gewöhnlich befinden sich diese ruhigen Orte im Bereich der Marsch oder Lagunen oder Meeresbuchten. Entlang den Küsten, an denen feinkörniges Sediment reichlich vorhanden ist, werden bei Ebbe große *Wattflächen* freigelegt. Wenn die Wattflächen von salzverträglichen Gräsern besiedelt werden, entsteht die Gezeiten-Marsch. Insgesamt betrachtet schwemmen die Gezeiten-Strömungen den Schlamm in Buchten und Ästuare und belassen den reinen, sauberen Sand in der Brandungszone exponierter Strände.

Küstenlandschaften

Die Küstenformen entstehen sowohl durch Abtrag als auch durch Anlagerung. Diese Landschaftsformen, die so gänzlich von der regionalen tektonischen Aktivität, der dort anstehenden Gesteinsart, dem Klima, den Sedimentmengen, die die Flüsse anliefern, der durchschnittlichen Wellenhöhe, den Gezeitenunterschieden und vielen anderen Variablen abhängen, gehören zu den schönsten und abwechslungsreichsten Bildern dieser Erde. Steht ihnen genügend Zeit zur Verfügung, entwickeln die Küsten über eine Folge verschiedener Zwischenstufen stabile, im Gleichgewicht befindliche Formen, die im allgemeinen glatt und regelmäßig sind. Für alle diejenigen, die das Bild einer Küstenlandschaft zu genießen verstehen, ist es ein Glück, daß die geologisch gesehen junge Hebung des Meeresspiegels um etwa 100 m während der letzten 15000-20000 Jahre überall auf der Welt neue Küstenformen entstehen ließ. Nur an Küsten, die aus leicht zu erodierendem Material bestehen, wie zum Beispiel Sand und Geröll oder schwach zementiertem Sandstein, reichte die Wellenenergie aus, um gutangepaßte Formen entstehen zu lassen. An den meisten felsigen Küsten jedoch haben die Wellen noch kaum mit ihrer Tätigkeit begonnen. Vielleicht ist es gerade dieser Mangel an reifen, angepaßten Formen und der sich daraus ergebende Zusammenprall zwischen Wellen und Gestein, der die Küsten zu so interessanten Gegenden macht.

In Abb. 6-4 sind die grundlegenden topographischen Elemente einer Steilküste skizziert. Wenn der Wasserspiegel durch irgendeine Niveauveränderung, entweder des Landes oder des Meeres, schließlich eine neue Niveaulage an der Steilküste eingenommen hat, beginnt die Entwicklung einer Folge neuer Landformen. Charakteristischerweise schneiden die Wellen eine Brandungshohlkehle mit überhängendem Dach und halbrunder Rückwand in die Steilküste und lassen damit ein aktives Kliff entstehen, an dem es zu intensiver Massenbewegung kommt. Durch fortschreitende Rückverlegung des aktiven Kliffs entwickelt sich eine Abrasionsplattform oder Bran-

A. Anfangsstadium

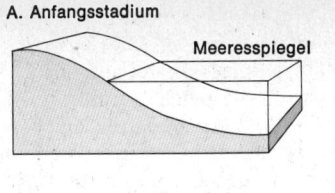

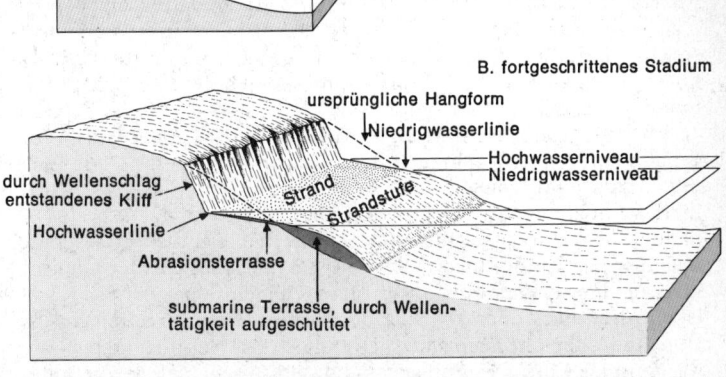

B. fortgeschrittenes Stadium

Abb. 6-4 Die wichtigsten topographischen Elemente einer Steilküste. Die Abrasionsplattform und das Kliff sind durch Erosion entstanden; die durch Wellentätigkeit aufgebaute submarine Terrasse durch Ablagerung. Die Strandstufe liegt im oberen Teil der Terrasse, auf der die intensivste Sedimentumlagerung stattfindet. Die dünne, keilförmige Sandlage, die sich von der Strandstufe landwärts durch den Gezeitenbereich erstreckt und auf der Abrasionsterrasse kräftig bewegt wird, ist der Strand.

dungsplatte. Das von den Klippen erodierte Sediment gelangt in tieferes Wasser vor der Küste und sammelt sich als litorale, submarine Aufschüttungsterrasse, deren Oberfläche sanft zur Küste hin ansteigt und in die Brandungsplattform übergeht. Die Oberfläche der submarinen Aufschüttungsterrasse und der Abrasionsplattform ist die Zone der Brandungstätigkeit und der einer zum Ufer parallelen Küstendrift. Der Teil dieser aus Erosion und Ablagerung zusammengesetzten Oberfläche, der sich unterhalb des Niedrigwasser-Nievaus befindet, wird *Schorre* oder Strandstufe genannt. Die relativ dünne Schicht in Bewegung befindlichen Sediments oberhalb der Schorre, zwischen mittlerer Hochwasserlinie bzw. Mittelwasserlinie und dem Bereich der obersten Wellenwirkung, wird *Strand* genannt.

Für das Verständnis der Küsten-Geomorphologie ist es von fundamentaler Bedeutung sich darüber im klaren zu sein, daß ein Strand Sediment ist, meistens Sand, das aktiv entlang der Küste in Bewegung ist. Strände verändern sich mit jeder Tide und jeder Jahreszeit. Sie können während heftiger Stürme davongeschwemmt werden und durch langwellige Wellen bei ruhigem Wetter wieder entstehen. An einigen Küsten werden die Strände im Winter durch Erosion beseitigt und während des Sommers wieder aufgebaut (Abb. 6-5). Die Strände haben an den Küsten die gleiche Funktion wie Flußauen-Alluvium in Flußtälern. Beide Materialarten ergeben eine anpassungsfähige Schicht, die rasch auf kurzfristige Veränderungen im Energiezufluß reagieren kann und dadurch die Entwicklungsrate langandauernder Entwicklungsreihen der Landschaftsformen im Gleichgewicht halten.

Wenn die Küste ein Bereich sanft abfallenden Landes ist (im folgenden wird "flach" gebraucht), ist die daraus sich ergebende Landschaft ganz anders als die einer steilen Küste (Abb. 6-6). Ob es sich hierbei um einen nun gehobenen, früheren flachen Meeresboden handelt oder um eine frühere flache Küstenebene, die untertauchte, macht wenig Unterschied in der Entwicklungssequenz der Landformen an einer flachen Küste. Das Hauptelement einer flachen Küste ist ein *Strandwall* oder *Nehrung,* der vom Festlandufer durch eine *Lagune* und/oder eine *Seemarsch* getrennt ist. Die Nehrung ragt über das normale Flutniveau hinaus und das unterscheidet sie von unter dem Wasserspiegel liegenden *Sandriffen* oder *Barren*. Eine weitere beschreibende Klassifizierung der Strandwälle basiert auf ihrer Form und Lage. Dadurch ergeben sich *Haken*, Strandwälle, die an einem Ende mit dem Festland verbunden sind und sich in Driftrichtung aufbauen; *Strandwallinseln*, die wie Perlen einer Kette durch erodierte Gezeitenpriele getrennt sind; *Mündungsbarren*, die vor einer Flußmündung liegen; *Buchtinnenbarren*, die nahe dem Buchtende einen Strandsee einschließen, und andere. Strandwälle werden in der älteren Literatur manchmal Sandriffe (offshore bars) genannt. Diese Terminologie sollte man aber vermeiden, denn der Begriff *Riff* bezieht sich traditionsgemäß auf Gefahren für die Schiffahrt, die sich teilweise oder vollständig unter Wasser befinden.

Man sagt, daß die Küsten dieser Erde zu einem Drittel von Strandwällen begleitet werden und sie daher eine sehr wichtige Landform darstellen. Ursprünglich wurden zwei wacker verteidigte Theorien über ihren Ursprung vorgelegt. Eine Gruppe von Geomorphologen war der Ansicht, daß Strandwälle dadurch aufgebaut werden, daß die Wellen Sand über den flachen Meeresboden in Richtung Küste transportieren. Man nahm an, daß durch die Brandung Sand auf dem Meeresboden aufgewirbelt wird, der dann durch den ablaufenden Unterstrom (beach drifting) und sich brechende Wellen zum Strandwall aufgehäuft wird. Eine andere Gruppe, die der Ansicht war, daß Strandwälle dadurch entstehen, daß die Küstendrift das Material zum Bau der Barrieren von einer der Erosion verfallenen Landspitze irgendwo strömungsaufwärts herbeischafft,

157

Abb. 6-5 Boomer-Strand bei la Jolla, Kalifornien. Alljährlich sammelt sich während des Sommers der Strandsand durch natürliche Vorgänge an (oben) und jedes Jahr wird er durch Wintersturmfluten wieder entfernt (unten). (Aus: Geology illustrated von *John S. Shelton*. W. H. Freeman & Co., Copyright 1966)

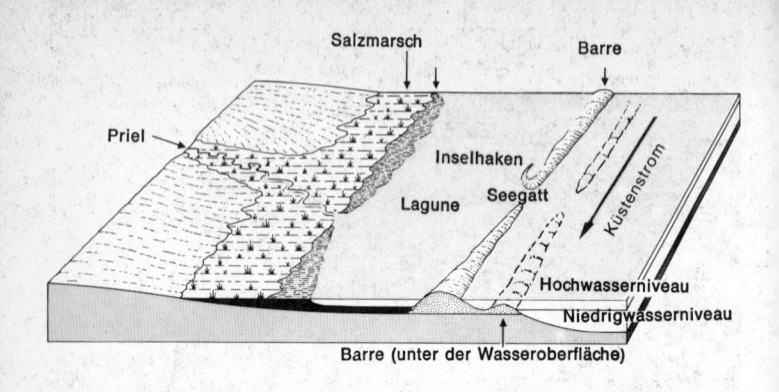

Abb. 6-6 Typische Landformen an einer flachen Küste. Die meisten Formen sind durch Ablagerungsvorgänge entstanden, da die Wellenenergie zum größten Teil durch die Umlagerung lockeren Sediments aufgezehrt wird, wenn die Wellen über das flache, küstennahe Meeresbodenprofil laufen. Erosionsprozesse sind von untergeordneter Bedeutung.

verneinte, daß Wellen Sediment über einen abschüssigen Meeresboden in Richtung auf die Küste transportieren könnten.

Bemerkenswerterweise wurden beide gegensätzlichen Gesichtspunkte über den Ursprung der Strandwälle durch die intensiven Stranduntersuchungen während des zweiten Weltkrieges, die in der Einleitung zu diesem Buch beschrieben wurden, bestärkt. Durch neue Instrumente und experimentelle Techniken wurde festgestellt, daß Sand tatsächlich unter günstigen Wellenbedingungen aus einem flachen, vor der Küste gelegenen Meeresboden auf den Strand befördert werden kann. In der Tat ist das Volumen des transportierten Sandes viel größer als es sich die frühen Verteidiger dieser Hypothese der Strandwallbildung vorstellten. Während des Hurrikans Audrey im Juni 1957 zum Beispiel wurde der Strandwall entlang der westlichen Küste von Louisiana 3-4 m hoch vom Wasser überflutet und ein großer Teil des Strandwallsandes wurde durch die hohen Strumwellen entweder auf die Marschen oder von der Küste fort ins Meer hinausgespült. Innerhalb von zwei Jahren hat eine weniger starke Wellentätigkeit das der See zugewandte Profil des Strandwalles in der gleichen Form wie vor dem Sturm wieder aufgebaut. Da kein strömungsaufwärts gelegenes Sandliefergebiet zur Verfügung stand, wurde die gesamte Sandmenge, einschließlich einer ausreichenden Menge um den Sand zu ersetzen, der über den

Strandwall in das dahinterliegende Marschland gespült worden war, aus dem Bereich des flachen Meeresbodens auf die Küste zu transportiert.

Weitere Untersuchungen nach dem Kriege bestätigten die im Krieg gemachten Beobachtungen, daß Strandwälle zum Teil durch die Küstendrift versorgt werden. Am Südufer von Long Island, New York, erstreckt sich zum Beispiel eine Kette von Haken und Strandwallinseln nach Westen etwa 115 Meilen von Montauk Point zum Rockaway Point. Sand, der von der Erosion ausgesetzten Kliffs einer Gletschermoräne am östlichen Ende von Long Island stammt, wird durch die vorherrschende Küstenströmung entlang dieser ganzen Küste nach Westen bewegt. Proben, die im Abstand von einer Meile entlang der Fire-Island-Barriere in westlicher Richtung genommen wurden, ergaben eine fortlaufende Abnahme der Korngrößen, progressive Steigerung des Rundungsgrades, Verbesserung des Klassierungsgrades und eine fortschreitende Minderung des Schwermineralanteils. Außerdem zeigten elektronenmikroskopische Aufnahmen der Oberflächen einzelner Sandkörner, daß Sand in unmittelbarer Nähe des Kliffs deutlich zerbrochen und scharfkantig ist, wogegen beim Transport entlang der Küste nach Westen die Sandkörner glatter und besser gerundet werden und sie ihre eindeutigen Gletschermarkierungen zugunsten charakteristischer, durch Wassertransport hervorgerufener Merkmale verlieren. Auch an vielen anderen Küsten hat man Beweise dafür gefunden, daß die Küstenströmung ein Lieferant des Strandwallsandes ist.

Eines der Probleme in der herkömmlichen Diskussion über den Ursprung der Strandwälle betraf deren Lage in bezug zum Meeresspiegel: man war der Ansicht, daß sie sich zu hoch über den Meeresspiegel erheben, als daß sie einzig und allein das Ergebnis einer Wellen- und Strömungstätigkeit sein könnten. Viele Forscher waren deshalb der Ansicht, daß Strandwälle ehemalige submarine Sandriffe seien, die durch ein geringes relatives Absinken des Meeresspiegels auftauchten. Daher hatte der Begriff "Sandriff", wie Strandwälle früher genannt wurden, die Nebenbedeutung, daß die Küsten, die mit diesen Formen besetzt sind, in einem Hebungsprozeß begriffen sind. Dieser Streit ist durch zahlreiche Untersuchungen an Strandwällen und Lagunenküsten beigelegt worden. Tatsächlich hat es nun den Anschein, daß die Bildung der Strandwälle durch langsames Abtauchen begünstigt wird, das die Existenz einer offenen Lagune zwischen Strandwall und Festland bewahrt und gleichzeitig die Wellen mit Sediment von untertauchenden, der Erosion ausgesetzten Landspitzen, irgendwo strömungsaufwärts, beliefert. Strandwälle werden durch hohe Sturmwellen und Wind über den Meeresspiegel hinaufgebaut. Der größte Teil des Sandes, der auf diesen

Strandwällen höher als einige Meter über dem Meeresspiegel lag, wurde durch auflandige Winde zu Dünen zusammengetragen. Auf vielen großen Strandwällen sind die Dünen durch Gras und Bäume festgelegt und haben gut entwickelte Bodenprofile.

Wie man eine Küste beschreibt

Das letzte Ziel der Küsten-Geomorphologie besteht darin, eine Küste in Begriffen ihrer vergangenen Geschichte voll zu beschreiben. Trotz manch mißbräuchlicher Handhabung in der Vergangenheit (s. Einleitung; Kapitel 5), bleibt die erklärende Beschreibung unter allen entwickelten Techniken die kürzeste und vollständigste Methode für die Beschreibung einer Landschaft. Wenn jemand in zusammenfassender Weise die Art der Veränderungen, denen das Gestein der Küste ausgesetzt ist ("Struktur") darstellen kann, welche *Prozesse* der Verwitterung und Erosion die Veränderungen hervorgerufen haben und hervorrufen und in welcher *Zeit* die verschiedenen Strukturen und Prozesse aufeinander einwirken, so hat er die Küste vollständig beschrieben. Die erklärende Beschreibung befriedigt sehr viel eher als eine rein empirische Beschreibung, die sich lediglich auf die gegenwärtige Form der Küstenprofile stützt (steil oder flach) oder auf das Kartenbild einer Küstenlinie (rechteckig, dreieckig, gebogen, gerade und so weiter).

Für die erklärende Beschreibung der Küsten, unter Berücksichtigung der Schlüsselbegriffe Struktur, Prozeß und Zeit, muß man eine Serie von Landschaftssequenzen ableiten. In dieser Beziehung gleicht die Beschreibung einer Küstenlandschaft den Verfahren, die im vorangegangenen Kapitel für die Beschreibung einer Landschaft herangezogen wurden. Da jedoch Küsten bandartige, zweidimensionale Streifen an den Grenzen des Festlandes zum Meer sind, weicht ihre Entwicklungsfolge in zwei grundsätzlichen Arten von der Entwicklung dreidimensionaler Landschaften ab.

Die erste Abweichung besteht in der Energiezufuhr. Die Wellenenergie wird den Küsten in einer horizontalen Schicht, über die Oberfläche des Meeres, zugeführt. Die Entwicklungsfolge wird also nicht durch einen fortschreitenden Verlust potentieller Energie bei Annäherung an das Basisniveau geregelt. Statt dessen verringert sich die gegen das Ufer gerichtete Wellenenergie mit der Zeit, da sich eine immer breitere Abrasionsplattform bildet. Energieschwund und abnehmende Erosionsrate an einer Küste resultieren aus einer eher horizontalen als vertikalen Landschaftsentwicklung, und außer einer vollständigen Beseitigung der Landmasse gibt es keine definierbare Grenze der Wellenerosion.

Das andere Merkmal der Küstenlandschaften, das ihre Entwicklung von der der subaerischen Landschaft unterscheidet, besteht darin, daß mit einer geringen Niveauveränderung des Landes oder des Meeres eine ganz neue Sequenz von Küstenlandformen beginnt. Niveauveränderungen können durch Zufuhr neuer potentieller Energie in die Fluß-Systeme (Kapitel 5) subaerische Landschaften verjüngen, aber die Entwicklungsfolge dieser Landschaften wird lediglich unterbrochen, nicht aber mit jeder geringfügigen Hebung oder Senkung beendet und von neuem begonnen. An den meisten Küsten finden sich Zeugnisse wiederholter Niveauveränderungen des Landes oder des Meeres, herausgehobene Brandungsplatten und litorale Aufschütterungsterrassen (zusammen *marine Terrassen* genannt), Ästuare, (ertrunkene Flußmündungen), submarine Terrassen oder andere, ähnliche Merkmale. Im Zuge der erklärenden Beschreibung von Küsten ist für gewöhnlich zu entscheiden, wie viele verschiedene Episoden der Landschaftsentwicklung in eine vollständige Beschreibung eingeschlossen werden müssen.

Da das vereinende Konzept eines graduellen Verlustes potentieller Energie durch Erosion auf ein endgültiges Basisniveau hin abgelehnt wird, müssen wir andere Kriterien suchen, auf die wir ein erklärendbeschreibendes Schema gründen können. *Die Zeit*, die von der Tendenz zu einem Gleichgewicht zwischen Prozeß und Form begleitet wird, bleibt der gleiche in nur eine Richtung weisende Faktor in der Küsten-Evolution wie auch in der Entwicklungsfolge aller Landschaften. Wir müssen jedoch anstelle der Erniedrigung auf ein Basisniveau hin ein Paar entgegengesetzter horizontaler Veränderungen an Küsten, *Vorrücken* und *Zurückweichen*, durch ein Paar entgegengesetzter vertikaler Veränderungen, *Auftauchen* und *Untertauchen*, ersetzen. Um also eine Küste beschreiben zu können, müssen wir in der Lage sein, die im Laufe der Zeit stattgehabte Veränderungssequenz, die die Episoden des Vorrückens der Küste, der Erosion, des Auftauchens und des Untertauchens beinhaltet, zu beschreiben. Jede dieser Variablen wird nun nacheinander besprochen und danach ein allgemeines Modell vorgelegt.

Die Zeit

Die Zeit, oder irgendein anderes Maß für den Fortschritt in Richtung auf das Gleichgewicht zwischen Küstenprozessen und Küstenformen, muß einen wichtigen Teil jedes erklärend-beschreibenden Schemas darstellen. Zeit ist in diesem Sinne relativ; eine Küste aus leicht erodierbarem Sediment kann über eine Serie von Entwicklungsstufen bis zu einem reifen, gut angepaßten Stadium gehen, während im gleichen Zeitraum ein benachbarter Küstenabschnitt aus hartem Gestein kaum

Spuren der Wellenerosion aufweist. Wenn wir den Zeitraum in Jahren kennen, in dem bestimmte Veränderungen an einer Küste auftreten, können wir die Veränderungsrate pro Jahr, oder das "Tempo" der Veränderung, berechnen. Das Tempo von Erosion und Ablagerung steht zum Teil in Beziehung zu der Wellen- und Strömungsenergie, die auf die Küste wirken. Die Einteilung der Küsten in Abschnitte mit "hoher Energie" und "niedriger Energie" ist nützlich, denn damit wird entweder eine schnelle oder eine langsame Veränderung in der Küstenlandschaft angedeutet.

Küsten weichen nicht nur mit unterschiedlicher Geschwindigkeit zurück beziehungsweise rücken vor, sondern sie tauchen auch mit unterschiedlicher Geschwindigkeit auf oder unter. Die meisten Küsten der Welt tauchen zur Zeit unter, einige kanadische und skandinavische Küsten, die erst kürzlich von Gletschern befreit wurden, tauchen jetzt mit einer Geschwindigkeit von mehreren Dezimetern pro hundert Jahre auf. Ein Teil der nordöstlichen Grönlandküste ist in den letzten 9000 Jahren um 72 m aufgetaucht; da im gleichen Zeitraum der Meeresspiegel um mindestens 30 m gestiegen ist, betrug die gesamte, relativ rasche Hebung des Landes 102 m in 9000 Jahren. Als Ergebnis des großen Erdbebens in Alaska im März 1964 tauchten einige Teile der Küste von Alaska bis zu 10 m in wenigen Minuten auf, und über eine Strecke von einigen hundert Meilen entlang der Küste war ein plötzliches Auftauchen oder Untertauchen in der Größenordnung von 1-2 m nichts Ungewöhnliches.

Vorrückende und zurückweichende Küsten

Vorrücken beinhaltet ein Anwachsen des Landgebietes auf Kosten des Meeres durch Ablagerung entlang einer Uferlinie. Vorrücken bedarf einer reichlichen Sedimentzufuhr, entweder an Flußmündungen oder durch eine rasche Ansammlung organischer Reste. Vorrücken deutet auch ein bestimmtes Energiespektrum an der Küste an, innerhalb dessen Wellen und Küstenströmungen Sediment seitlich entlang des vorrückenden Küstenabschnitts verteilen können, ohne das Sediment so stark zu zerkleinern, daß es in Suspension von der Küste fortgeschwemmt wird. Vorrückende Küsten können *Deltas* sein, die an Flußmündungen aufgebaut werden, *alluviale Fächer*, *Mangrove-* und *Korallen-Riff*-Küsten in warmen, tropischem Wasser, *Strandwall*-Küsten, *Marsch*-Küsten und andere. Vorrücken kann man im allgemeinen auf Landkarten oder Luftaufnahmen (Abb. 6-7) an vielfachen Strandwällen erkennen, deren ältere, an der Landinnenseite liegende, für gewöhnlich durch Vegetation festgelegt sind. Deltas haben verschiedene Formen, aber alle haben verdächtige, zum Meer gewandte Ausbauchungen der Uferlinie an den Flußmündungen.

Abb. 6-7   Eine vorrückende Küste auf den Sea-Islands von Georgia. Ältere Strandwälle sind mit kleinen Bäumen bestanden. Die Uferlinie verlagert sich durch neue Sandablagerungen seewärts.

Zurückweichende Küsten sind sehr leicht zu identifizieren, wenn sie von steilen Kliffs mit aktivem Massentransport begrenzt sind. Solange Wellen und Küstenströmungen die Schuttkegel am Fuße der Kliffs erodieren, ziehen sie sich immer weiter zurück und das Meer gewinnt Landgebiete durch Erosion hinzu.

Zurückweichende, flache Küsten sind nicht so leicht zu erkennen wie steile, kliffbesetzte Küsten, aber von jeder Küste, die am Ufer keinen Sandstrand hat, muß man vermuten, daß sie erodiert wird. Ein anderes Anzeichen für erosionsbedingtes Zurückweichen einer Küste ist ein gekapptes Fluß-System, in dem Flüsse konvergieren, als ob sie Nebenflüsse eines früheren Hauptstromes wären, aber nicht zusammenfließen, bevor sie die Küste erreichen. Flußtäler, die in Wasserfällen an der Küste enden, sind ein gutes Anzeichen dafür, daß das erosionsbedingte Zurückweichen der Küste schneller voranschreitet als die subaerische Flußerosion der regionalen Landschaft.

An manchen Küsten werden multiple Strandwälle durch niedrige, aktive Kliffs abgeschnitten. An solchen Küsten ist ein früheres Vorrücken durch Erosion abgelöst worden. Das kann Ausdruck eines zyklischen oder jahreszeitlichen Wechsels sein, es kann aber auch eine dauerhafte Veränderung in der Evolutionssequenz der Küste bedeuten.

Auftauchende und untertauchende Küsten

Auftauchen und Untertauchen bezieht sich auf relative Niveauveränderungen des Landes und des Meeres. Es spielt dabei keine Rolle, ob sich der absolute Meeresspiegel oder das absolute Niveau des Landes ändert. Die Begriffe müssen lediglich die Richtung der relativen Niveauveränderungen angeben. In Küstengebieten, die unlängst von Gletschern freigegeben wurden, hebt sich zum Beispiel das Land aufgrund nun fehlender Eislast. Auch der Meeresspiegel kann steigen. Hebt sich das Land schneller, kommt es zum Auftauchen. Wenn aber eine der beiden oder beide Bewegungen in einem geringfügig unterschiedlichen Grad verlaufen, kann es zum Untertauchen kommen, obgleich sowohl das Land als auch der Meeresspiegel tatsächlich steigen.

Untergetauchte Küsten werden oft durch ertrunkene Flußtäler oder *Ästuare* charakterisiert. Ein hervorragendes Beispiel für ein Ästuar ist die Chesapeake Bay im Osten der Vereinigten Staaten. Ein weiteres gutes Beispiel ist der Rio de la Plata am Zusammenfluß des Rio Parana und Rio Uruguay, zwischen Buenos Aires, Argentinien, und Montevideo, Uruguay. So viele große Flüsse der Erde fliessen in Ästuaren in die See, daß man sich der Folgerung nicht entziehen kann, daß weltweites Untertauchen eines der Hauptereignisse der jüngeren geologischen Zeit gewesen ist.

Andere Anzeichen für rezentes Untertauchen sind gut definierte Flußläufe, die flache Schelfgebiete überqueren. Auf dem Sunda-Schelf, einem flachen Meeresboden zwischen Sumatra und Borneo in Indonesien, fällt ein gutentwickeltes dendritisches Talsystem auf über 900 km nach Norden zu einem ehemaligen Meeresspiegel hin ab, der ungefähr 90 m unterhalb des heutigen Meeresniveaus liegt. Der Flußlauf des Hudson-River kann über den Kontinental-Schelf der Atlantik-Küste der Vereinigten Staaten bis zu einem ertrunkenen Delta in einer Tiefe von etwa 75 m verfolgt werden. Solche Flußläufe sind auf hydrographischen Seekarten gut zu identifizieren, lassen sich aber natürlich nicht auf topographischen Landkarten oder Luftaufnahmen der Küstengebiete erkennen.

Aufgetauchte Küsten können die relative Bewegung des Landes und des Meeres durch aufgetauchte Schorren, marine Sedimente, die auf dem Lande oberhalb des heutigen Meeresspiegels liegen, Brandungshohlkehlen, oberhalb der gegenwärtigen Wellenreichweite oder aufgetauchte Barren und Sandbänke an flachen Küsten offenbaren. Im allgemeinen ist Auftauchen leichter nachzuweisen als Untertauchen, da die Beweise für ein Auftauchen offensichtlich sind, während viele der Beweisstücke für ein Untertauchen durch Bohrungen oder Tauchen vor der Küste beigebracht werden müssen.

Sind die marinen "Beweisstücke" jedoch schon vor längerer Zeit aufgetaucht, können sie erodiert oder verwittert sein, so daß man sie nur schwer erkennen kann.

Ein graphisches Schema für die Küstenbeschreibung

Alle Variablen einer Küstenevolution: Zurückweichen, Vorrücken, Untertauchen, Auftauchen und Zeit, können in einem einzigen dreidimensionalen Diagramm-Netz dargestellt werden (Abb. 6-8).

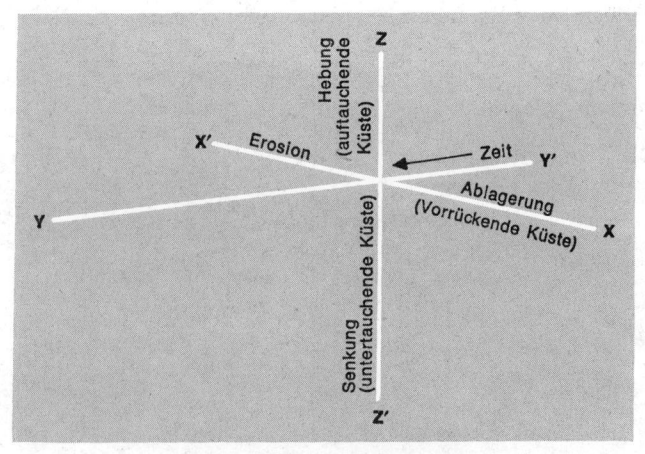

Abb. 6-8 Dreidimensionales graphisches Schema zur erklärenden Beschreibung der Küsten

Ausgang dieser Figur kann jeder willkürlich festgesetzte Zeitpunkt sein. Den Achsen kann jede Zeit- und Längenskala, sei sie relativ oder absolut, zugeordnet werden. Jeder in dieses Netz eingetragene Punkt repräsentiert die Veränderungstrends an einer Küste zu einem bestimmten Zeitpunkt, und eine Verbindungslinie zwischen einer Anzahl solcher Punkt ist eine graphische Darstellung der Küstengeschichte. Zum Beispiel: Ein Punkt im oberen Vordergrund der Abb. 6-8 würde für einen Küstenabschnitt stehen, der sowohl vorgerückt als auch aufgetaucht ist. Eine geradlinige Verbindung dieses Punktes mit "Zeit Null" würde zeigen, daß diese Küste während einer geraumen Zeit vorrückte und auftauchte. Durch die kombinierten Effekte des Auftauchens und Vorrückens wird sich die Uferlinie seewärts vorgeschoben haben.

Ein wichtiges Merkmal der graphischen Darstellung der Küsten-Evolution ist, daß es ganz klar zeigt, wie eine Variable der Küstenveränderung durch eine andere ausgeglichen werden kann. Wenn zum Beispiel eine Küste auftaucht, aber auch in einer angemessenen Geschwindigkeit erodiert wird, wird die Uferlinie auf einer Landkarte unverändert bleiben, obwohl sich das Küstengebiet von einem ertrunkenen Festlandsteil in einen immer breiter werdenden Gürtel inaktiver Strandwälle und Dünen verändern würde oder in einen Lido oder in ein vom Festland durch eine immer breiter werdende Lagune getrenntes Riff. Eine dreidimensionale Darstellung der Küstengeschichte offenbart diese Veränderungen.

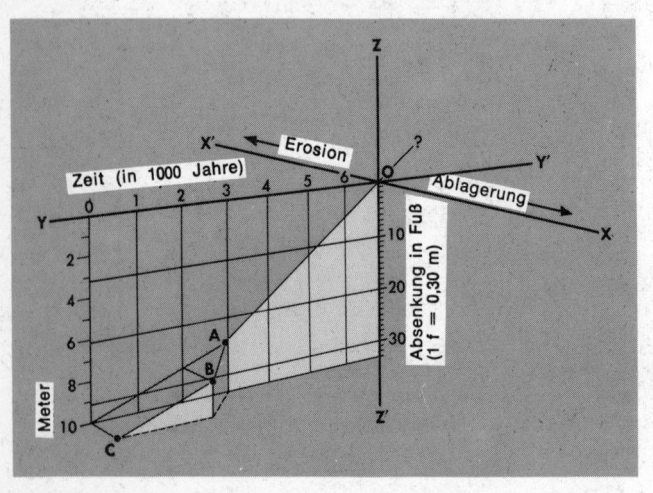

Abb. 6-9 Die Küstenentwicklung Connecticuts während der letzten 7000 Jahre (*Bloom* 1965)

Abb. 6-9 und die folgenden Abschnitte geben ein Beispiel für eine erklärende Beschreibung einer heutigen Küste. Durch Probennahme von überdecktem Frischwassertorf aus Bohrlöchern im Boden der Gezeiten-Marschen entlang der Küste von Connecticut, USA, und Altersbestimmung dieser Torfproben mit der Radiokarbon-Methode[9] war es möglich, die letzten 7000 Jahre der Küstenentwicklung zu entziffern. Wenn eine Küste untertaucht (Abb. 6-6), wandert das Marschgebiet landwärts und überlagert Süßwassersumpf mit den dazugehörenden Bäumen. Durch die Altersbestimmung

[9] Siehe *Don L. Eicher, Geologische Zeit.*

des überdeckten Torfes und Holzes unterhalb der Marschen läßt sich die Geschwindigkeit des Untertauchens feststellen. Aus Abb. 6-9 kann man sehen, daß von vor 7000 Jahren bis etwa vor 3000 Jahren (Abschnitt 0-A auf dem Diagramm) das Untertauchen so schnell erfolgte, daß nur sehr wenig Erosion oder Ablagerung an der Küste von Connecticut erfolgte. Das Wasser, das mit einer Geschwindigkeit von 18 cm pro hundert Jahre das Land überflutete, überschwemmte einfach die Landschaft, bevor die schwachen Wellen am Long Island Sund viel erodieren konnten. Auch die Ablagerung erfolgte nicht rasch genug, um die Buchten so schnell aufzufüllen wie sie untertrauchten.

Vor etwa 3000 Jahren verlangsamte sich plötzlich die Geschwindigkeit, mit der die Küste von Connecticut abtauchte, auf 9 cm pro hundert Jahre, also auf die Hälfte der früheren Rate. Schlammablagerungen in Lagunen und Meeresbuchten bildeten sich schneller als dieser langsameren Abtauch-Rate entsprach, und innerhalb von ungefähr 1000 Jahren wurden die meisten der früheren Lagunen und Meeresbuchten mit Sediment bis zum mittleren Tiden-Niveau gefüllt. Die freiliegenden Wattflächen wurden bald von Salz-Marsch-Gräsern besiedelt, die mehr Sediment einfingen und die meisten früheren Küsteneinschnitte mit Marsch füllten. Während dieses kurzen Zeitabschnittes (Abb. 6-9, Abschnitt A-B) wurden durch Marsch-Ablagerung etwa 110 km^2 Neuland der 150 km langen Küste hinzugefügt. Anschließend führte Auftauchen und Erosion (Abb. 6-9, Abschnitt B-C) zu einem leichten Rückzug der Uferlinie, aber das Wachstum neuer Marschen und Uferablagerung haben die Verluste fast ausgeglichen. Die Zukunft der Uferlinie von Connecticut ist nicht klar, denn die Gezeiten-Aufzeichnungen vieler Seehäfen an der Atlantik-Küste der Vereinigten Staaten zeigen, daß während der letzten hundert Jahre ein anhaltender Sinkprozeß mit einer Geschwindigkeit von über 30 cm pro hundert Jahre im Gange ist. Der Mensch hat Hafendämme, Deiche und Wellenbrecher entlang den niedrigen Teilen der Küste gebaut und die natürliche Sedimentation auf den Marschen war in der Lage, mit dem beschleunigten Untertauchen Schritt zu halten. Man sollte aber durchaus bedenken, daß Häuser oder Fabriken, die auf tiefliegendem Küstenland erbaut wurden, durch die Sturmfluten in den kommenden Jahrzehnten zunehmend gefährdet sind, denn es gibt kein Anzeichen dafür, daß sich die gegenwärtige hohe Absenkungsrate verringert.

Für diese Art der erklärenden Beschreibung einer Küste bedarf es umfangreicher Untersuchungen und moderner Mittel, um die verschiedenen Ereignisse zu datieren. Wenn dies jedoch geschehen ist, kann eine Küstenlandschaft zu jedem Zeitpunkt beschrieben werden und die Veränderungssequenzen von einer Landschaft zur nächstfolgenden können als Ergebnis der Wechselbeziehungen zwischen Auftauchen, Untertauchen, Vorrücken und Zurückweichen verstanden werden. Man kann das Diagramm auch dazu verwenden, Küsten in breite Kategorien zu gruppieren, wie zum Beispiel in untergetauchte und zurückgewichene, aufgetauchte und vorgerückte, aufgetauchte und zurückgewichene und so weiter. Für gewöhnlich genügt eine kurze Untersuchung von Luftaufnahmen, Landkarten und Seekarten, um Küstenlandformen solch breiten Gruppen zuzuordnen.

7 Eis und Land

Typischerweise ist das Wasser auf der Erdoberfläche flüssig. Etwa 99% des gesamten Wassers enthalten die Ozeane. Der größte Teil der verbleibenden 2% befindet sich auf dem Land in festem Zustand als *Gletschereis* (Abb. 1-3). Sogar dieser geringe Bruchteil des gesamten, auf der Erde verfügbaren Wassers reicht aus, um einen Kontinent (Antarktis) vollständig, die größte Insel der Erde (Grönland) zum größten Teil und viele weitere Quadratkilometer von Hochplateaus und Gebirgen auf anderen Kontinenten zu bedecken. Im festen Zustand hat das Wasser erheblich andere thermische und physikalische Eigenschaften als im flüssigen Zustand. Deshalb sind auf den 10% der landfesten Erdoberfläche, die jetzt von Eis bedeckt sind, die Prozesse der Verwitterung, des Massentransports und der Erosion ungewöhnlich. Der "klimatische Katastrophenfall" der Vergletscherung (Kapitel 5) ist merkwürdig genug, um in jedem beliebigen Buch über Geomorphologie in einem eigenen Kapitel behandelt zu werden.

Wir können die heute vergletscherten Gebiete nicht einfach als Merkwürdigkeiten ansehen, die keine besondere Behandlung verdienen, denn die gegenwärtigen Eiskappen und Gletscher sind lediglich die Überbleibsel früherer Eisdecken von kontinentaler Ausdehnung, die Nordamerika nach Süden bis zum Missouri und Ohio und Nordeuropa bis zu den Niederlanden, Mitteldeutschland, Polen und dem westlichen Teil Sowjetrußlands bedeckten (Abb. 7-1). Während heute etwa 10% des Landes mit Eis bedeckt sind, gab es während der letzten 2 Millionen Jahre wiederholt Episoden, während derer etwa 30% des Landgebietes vergletschert waren. Ungefähr $^3/_5$ des früher vergletscherten Landes befindet sich in Nordamerika, etwa $^1/_5$ in Nordeuropa und das verbleibende Fünftel ist über die Erde auf kleinere Gebiete verteilt. Alle Gebiete, in denen sich heute Gletscher befinden, zeigen, daß vor nur 10000-20000 Jahren die Gletscher eine sehr große Ausdehnung besassen und viele Regionen, in denen heute keine Gletscher mehr zu finden sind, besitzen in ihren Landschaften Zeugnisse vergangener Vergletscherung.

Die wiederholten Vergletscherungen während der letzten 2-3 Millionen Jahre, die das Pleistozän bilden, sind nur ein Aspekt klimatischer Schwankungen, die auf der ganzen Erde während dieses geologischen Zeitabschnittes stattfanden. Der Betrag der Temperaturänderungen während des Pleistozän ist erstaunlich gering. Die Oberflächentemperatur der tropischen Meere schwankte nur um etwa

Gletschereis

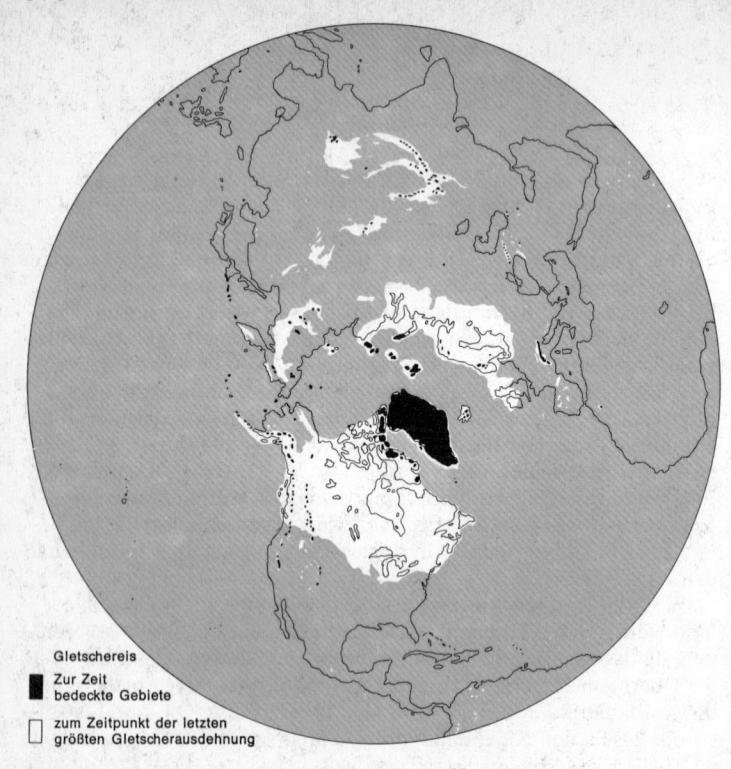

■ Zur Zeit bedeckte Gebiete

☐ zum Zeitpunkt der letzten größten Gletscherausdehnung

Abb. 7-1 Gebiete heutiger und früherer Gletscher auf der nördlichen Halbkugel. Auf der südlichen Halbkugel hatte die Antarktis, die heute fast gänzlich von Eis bedeckt ist, während der stärksten Vergletscherung eine noch dickere Eisdecke. Talgletscher in den Anden und Neuseeland waren früher ausgedehnter und Tasmanien besaß eine kleine Eiskappe, wo heute keine Gletscher mehr vorhanden sind. (Zusammengestellt aus *Flint* 1957 und anderen Quellen)

$6°$ C ($11°$ F) zwischen den eiszeitlichen und zwischeneiszeitlichen Episoden. Obwohl sich der Temperaturunterschied zwischen den Eiszeiten und den Zwischeneiszeiten zu den Polen hin vergrößert haben mag, brauchen wir uns doch nicht vorzustellen, daß die Erde während einer Eiszeit von großer Kälte heimgesucht wurde.

Das Leben vieler Spezies wurde vom Wechel einer Eiszeit zu einer Zwischeneiszeit kaum berührt und ging wie gewöhnlich weiter. Einige Tiergruppen wanderten langsam dem Äquator zu, als die

Eiskappen vordrangen, und verbreiteten sich wieder zu den Polen hin, als sich das Klima erwärmte. Pflanzen wanderten ebenfalls, indem sie an günstigen Stellen wuchsen und nach und nach ihre Samen in neuen Gebieten verbreiteten, als die alten Regionen unwirtlich wurden. Mit interessanten, aber geringen Ausnahmen, war das Pleistozän keine Epoche, während der alte Lebensformen ausstarben und sich neue Formen herausbildeten. Der Name *Pleistozän* ("jüngstes Leben") wurde ursprünglich 1839 von Sir *Charles Lyell* gewählt, um den letzten Abschnitt der geologischen Zeit zu benennen, während dessen fast alle modernen Pflanzen- und Tierarten vorhanden waren. Die Epoche ist archäologisch bedeutsam, denn der Mensch ist eines der modernen Säugetiere, die sie charakterisiert oder eigentlich erst definiert.

Zwei getrennte Themen verflechten sich miteinander in diesem Kapitel. Das erste betrifft die geomorphe Tätigkeit moderner Gletscher und ihrer Schmelzwasserflüsse. Das zweite bezieht sich auf die Tätigkeit der weit ausgedehnten Gletscher während der kälteren Perioden des Pleistozän. Wenn wir die Situation richtig beurteilen, befinden wir uns gegenwärtig in einer Zwischeneiszeit mit relativ kleinen Gletschern und hohem Meeresspiegelstand. Die Gründe für die Klimaschwankungen des Pleistozän sind uns nicht bekannt, aber das periodische Auftreten und die ähnlichen Ausmaße der vergangenen Temperaturschwankungen lassen vermuten, daß eine zukünftige Ausdehnung der kontinentalen Eisschichten eher wahrscheinlich ist. Wir leben noch immer im Pleistozän, obwohl aus praktischen Gründen in einigen Zeittafeln eine "rezente" Epoche für die Zeit seit dem letzten großen Zurückweichen der nordamerikanischen und europäischen Eisdecken aufgeführt wird.

Schnee, Eis und Gletscher

Die *Glaziologie* ist die Wissenschaft vom Eis. Sie beinhaltet Untersuchungen der Eiskristalle in hohen Wolken, Hagel und Schnee; das Studium gefrorenen See-, Fluß- und Meereswassers und des Gletschereises. Gletscherkundler sind auch Meteorologen, Physiker und Geologen. Eis kann man entweder als leicht verformbare, kristalline, feste Masse, deren Struktur unter dem Mikroskop analysiert werden muß, betrachten, oder als geomorphes Agenz, das Täler erodiert und große Mengen von Gesteinstrümmern transportiert. Unsere Kenntnisse über die Gletscher stammen aus dem weiten Feld der Experimente und Beobachtungen.

Gletschereis sammelt sich ursprünglich als Schnee auf dem Land, wo die mittlere jährliche Lufttemperatur nahe dem Gefrierpunkt liegt und wo im Winter mehr Schnee fällt als während des Sommers schmelzen kann. Die Prozesse, die Schnee in Gletschereis umwandeln, beinhalten *Sublimation, Schmelzung* und *Wiedergefrieren* und *plastische Deformation*. Schneeflocken sind, wie allgemein bekannt ist, spitzenartige, flache Kristallskelette aus Eis. Frischer Schnee ist mit eingeschlossener Luft gefüllt und kann ein spezifisches Gewicht von weniger als 0,1 haben. Das heißt, eine Volumeneinheit von losem Schnee wiegt vielleicht nur $^1/_{10}$ des gleichen Wasservolumens. Schneeflocken sublimieren rasch oder gehen, wegen ihrer sehr grossen Oberfläche, direkt vom festen in den Dampfzustand über. Dadurch verlieren alte Schneeflocken ihre zackigen Begrenzungen und werden eher kugelförmig. Wenn Schneeflocken leicht angeschmolzen werden und dann wieder gefrieren, wird die ursprüngliche Schneeflocke aufgrund der hohen Oberflächenspannung des Wassers ebenfalls in äquidimensionale Eiskörner zusammengezogen. Schmelzwasser gefriert oft auf Schneeflockenkernen, so daß Alterung zu einer Vergrößerung des Eiskörnchens führt.

Alter Schnee, wie man ihn an geschützten Berghängen im Frühsommer finden kann, hat eine Beschaffenheit wie sehr grober Sand. Jede Spur der ursprünglichen Schneeflocke hat sich in diesem spätwinterlichen körnigen Schnee, der eifrigen Skiläufern gut bekannt ist, verloren. Die lose, körnige Masse besteht etwa zur Hälfte aus Eis und zur anderen Hälfte aus eingeschlossener Luft und hat ein spezifisches Gewicht von etwa 0,5.

Schnee, der die Schmelzperiode eines Sommers überdauert hat, wird im Deutschen *Firn* und im Französischen *névé* genannt. Beide Begriffe werden verbreitet im Englischen gebraucht. Firn oder névé ist ein Zwischenstadium in der Umwandlung von Schnee zu Gletschereis. Er ist körnig und lose, solange er keine Kruste gebildet hat. Er repräsentiert das "Netto-Haben" zwischen Winteransammlung und Sommerverlusten.

Indem aufeinanderfolgende, jährliche Lagen sich ansammeln, wird der tiefe Firn fest zusammengepreßt. Die einzelnen Eiskörner frieren zusammen und die enthaltene Luft entweicht oder wird als Blasen im Eis eingeschlossen. Nach der Definition wird aus Firn Gletschereis, wenn die Eiskörner so zusammengefroren sind, daß die Luft daran gehindert wird, die Masse zu durchdringen. Das spezifische Gewicht beträgt in diesem Stadium der Konsolidierung etwa 0,8. Die verbliebene Luft kann nur langsam durch Zerscheren oder Zerbrechen der Eiskristalle entweichen, oder wenn diese rekristallisieren. Daher ist Gletschereis meist eine polykristalline Masse aus gefrorenem Wasser und einer unterschiedlichen Menge Luft. Andere Komponenten sind Staub und Gesteinstrümmer, die auf die Eisoberfläche fielen, gespült oder geblasen wurden, sowie Gestein, das unterhalb des Gletschers erodiert wurde. Das spezifische Gewicht des Gletschereises variiert von etwa 0,8 bis ungefähr 0,9 und das ist annähernd das spezifische Gewicht reinen, gasfreien Eises.

Eis ist kein starker Festkörper. Der normale Kristall ist hexagonal, wie wir sehen können, wenn wir Schneeflocken unter einem Vergrößerungsglas betrachten. Senkrecht zu der vertikalen Achse eines Eiskristalles befindet sich eine *Gleitebene*, in der die Kristallverbindungen besonders schwach sind. Zwischen zwei beliebigen Moleküllagen im Kristall ist eine Bewegung parallel zur Gleitebene leicht. Eiskristalle beginnen sich unter einem gerichteten Druck von etwas weniger als einer Atmosphäre zuzüglich zum umgebenden hydrostatischen Druck meßbar zu verformen. Das heißt, wenn eine Probe von polykristallinem Eis einem gerichteten Differential- oder Scherungs-Druck von etwa 1 kg pro cm^2 ausgesetzt wird, wird es sich langsam, aber fortlaufend durch interne Anpassung innerhalb der kristallinen Eiskörner deformieren. In einem Jahr vermindert eine Last von etwa 1 kg pro cm^2 eine schmale Eissäule um 30% ihrer ursprünglichen Länge, ohne daß damit Schmelzprozesse verbunden wären.

Gelände-Experimente an Gletschern stimmen nicht sehr gut mit den Laboratoriums-Untersuchungen an kleinen Eisproben überein, wahrscheinlich, weil wirkliche Gletscher nicht homogen sind und Luftblasen und Gesteinsbrocken enthalten. Theoretisch gesehen sollte Gletschereis, das nur wenige Meter von überlagerndem Eis, Firn oder Schnee bedeckt ist, sich plastisch verformen oder *fließen*. Tatsächlich weiß man, daß offene Gletscherspalten, die sprödes Zerbrechen demonstrieren, sich über 30 m tief nach unten in die Gletscher erstrecken können. Nichtsdestoweniger zeigen die Laboratoriums-Experimente, daß Gletschereis sich in großer Tiefe so schnell deformieren kann, als sei es eine sehr zähe Flüssigkeit, obwohl es ein gutes Stück unterhalb der Schmelztemperatur völlig fest bleibt.

Auch Druck senkt den Gefrierpunkt des Eises, aber nur sehr geringfügig. Ein hydrostatischer Druck von etwa 400 kg pro cm^2, das ist gleich der maximalen bekannten Dicke der antarktischen Eisschicht, senkt den Gefrierpunkt nur um etwa $3°$ C ($5,5°$ F) (Abb. 2-3). *Druckverflüssigung* im Gletschereis ist nur dort von Bedeutung, wo sehr hohe Drucke konzentriert werden, wie zum Beispiel in dem bekannten Schauversuch, wo ein belasteter Draht einen Eisblock durchschneidet. Unter dem Druck schmilzt das Eis vor dem Draht und gefriert sofort wieder hinter ihm, so daß der Draht den Eisblock durchschneidet und das Eis trotzdem ein Stück bleibt. Das gleiche Prinzip spielt eine Rolle, wenn man in der handschuhgeschützten Hand einen Schneeball formt. Innerhalb einer Firnmasse sind

Druckverflüssigung und Wiedergefrieren dort häufig, wo zwei ungleichmäßig geformte Körner an einem Punkt oder entlang einer schmalen Kante zusammenstoßen. An solchen Stellen konzentrieren sich Kräfte der Auflast auf sehr kleinen Flächen und das Eis schmilzt. Das Wasser wandert sofort zu einer benachbarten Stelle, an der geringerer Druck herrscht, und gefriert dort wieder in kristalliner Kontinuität mit einem Eiskorn. Durch diesen Vorgang, wie auch durch andere komplexe Prozesse der Rekristallisation und Wanderung von Kristallgrenzen, wird die kristalline Struktur des Eises gröber, wird aus Firn Gletschereis. In Gletschern sind Eiskristalle mit einem Durchmesser von 2,5 cm oder mehr nichts Seltenes.

Gletscher-Temperaturen und Fließprozesse

Gletscher sind landgebundene Massen in Bewegung befindlichen, unreinen Eises, das sich durch eine Netto-Ansammlung von Schnee und gefrorenem Regen bildet. Gletscher werden oft nach ihrer Form klassifiziert, wie
  1. *Talgletscher*, die zwischen Gesteinswände eingeschlossen sind;
  2. *Piedmontgletscher*, lappenartige Zungen, die sich in die Ebenen vor dem Fuße vergletscherter Gebirgszüge ausdehnen; und
  3. *Eiskappen* oder *Eisdecken*, konvex nach oben gebogene Eismassen, die eine felsige Landschaft bedecken und die unter ihrem eigenen Gewicht radial nach außen fließen, unabhängig von der unterlagernden Topographie.

Dies ist eine nützliche beschreibende Klassifizierung, um aber die geomorphologische Wirksamkeit der Gletscher zu verstehen, ist eine Klassifizierung, die auf Temperaturen beruht, vorteilhafter.

Während der ganzen folgenden Diskussion sollte man an drei physikalische Eigenschaften des Eises denken. Erstens: Die latente Wärme des Eises beträgt fast 80 Kalorien pro Gramm und das heißt, daß beim Schmelzen eines Grammes Eis 80 Kalorien aus der Umgegend ohne Temperaturveränderung absorbiert werden; wenn sich ein Gramm Eis bildet, werden 80 Kalorien an die Umgebung abgegeben. Zweitens: Die Temperatur von Eis und Wasser in Koexistenz ist bei jedem beliebigen Druck gleichbleibend. Eiswasser verbleibt unter einer Atmosphäre Druck bei $0°$ C oder $32°$ F, bis entweder das gesamte Wasser fest gefroren oder das Eis vollständig geschmolzen ist, unabhängig von der Wärmemenge, die der Masse während der Dauer der Koexistenz der beiden Phasen hinzugefügt oder von ihr abgezogen wird. Drittens: Eis hat eine geringe Wärmeleitfähigkeit, die vergleichbar oder niedriger ist als die Leitfähigkeit vieler Gesteine.

Gletschereis-Temperaturen

Die Gletschereis-Temperaturen nähern sich stark der durchschnittlichen jährlichen Lufttemperatur, die an den Orten ihrer Ansammlung herrscht, wenn diese Temperatur unterhalb des Gefrierpunktes liegt. Da Eis ein schlechter Wärmeleiter ist, besonders wenn es mit eingeschlossener Luft angefüllt ist, strebt jede Eislage danach, die Temperatur der Atmosphäre zur Zeit der Schneeansammlung zu konservieren. Die Temperatur jeder Lage innerhalb der oberen Meter eines Gletschers oder Schneefeldes hängt von der Jahreszeit jedes Schneefalles ab. Aber im Laufe der Zeit, nachdem diese Lagen durch weitere Überschichtung etwa 10 m tief unter der Oberfläche liegen, haben sich die jahreszeitlich bedingten Temperaturunterschiede innerhalb der Jahresschichten ausgeglichen und die Temperatur des Eises oder Firns ist durchschnittlichen jährlichen Lufttemperaturen gleich. Als daher Mitglieder eines Forschungsteams der Vereinigten Staaten ein Thermometer nur 10 m tief in die Wand einer Eishöhle am Südpol einführten, erhielten sie einen wichtigen Teil der Klimadaten. Die durchschnittliche Jahrestemperatur liegt dort bei etwa $-51°$ C ($-60°$ F).

Nach den Wärmeeigenschaften des Eises können wir uns zwei Grundtypen von Gletschern vorstellen. Ein Typ, der *polare* (oder "kalte") Gletscher, liegt unterhalb der Schmelztemperatur und besteht aus festem Eis. Der andere Typ, der *temperierte* (oder "warme") Gletscher, hat durchgehend Schmelztemperatur und ist in den Eiszwischenräumen mit Wasser gesättigt.

Polare Gletscher sind am leichtesten zu verstehen. Der Schnee fällt bei Temperaturen, die weit unterhalb des Gefrierpunktes liegen. Bei dieser kalten Luft bleibt der Gletscher an der Oberfläche fest gefroren. Wir müssen annehmen, daß geothermische Wärme (Kapitel 1) in die Basis eines polaren Gletschers mit einer Rate fließt, die dem Jahresdurchschnitt der Erde von etwa 40 Kalorien pro Quadratzentimeter vergleichbar ist. Diese geringe Wärmemenge wird einfach nach oben durch das Eis hindurch an die kalte Oberfläche geleitet, von wo sie in die noch kältere Stratosphäre abgestrahlt wird. Sicherlich wird der Gletscher mit zunehmender Tiefe wärmer, wie das auch bei anderen Gesteinen der Fall ist, aber in der Theorie ist die gesamte Masse eines polaren Gletschers durchgehend kristallin und fest mit den kalten Gesteinen unter ihm verfroren.

Temperierte Gletscher haben einen komplexeren Wärmehaushalt. Jeder Gletscher, der einer sommerlichen Schmelzperiode unterliegt, wird wahrscheinlich trotz der geringen Wärmeleitfähigkeit des Eises bis zu einer beträchtlichen Tiefe bis zum Schmelzpunkt erwärmt. Man stelle sich vor, daß ein Schmelzwassersee auf der Gletscheroberfläche in eine Gletscherspalte hinein entwässert. Das Wasser war immer in Kontakt mit dem Eis, so daß seine Temperatur nicht höher sein kann als 0° C, aber jedes Gramm Schmelzwasser befördert 80 Kalorien latenter Wärme in die Gletschermasse hinein. Wenn das Eis in der Tiefe kälter ist, gefriert das Wasser von neuem. Ein Gramm gefrierendes Wasser gibt 80 Kalorien an das umgebende kalte Eis ab. Diese Wärmemenge reicht aus, um die Temperatur von 160 Gramm Eis um 1° C (spezifische Wärme des Eises = 0,5) ansteigen zu lassen. Dadurch wird eine dicke Oberflächenzone von wasergesättigtem Eis, dessen Temperatur am Schmelzpunkt liegt, gebildet, und zwar nicht unbedingt durch Wärmeleitung, sondern durch Wiedergefrieren eines Teiles des eindringenden Schmelzwassers.

Eine einmalige Eigenschaft eines ideal temperierten Gletschers ist, daß er mit zunehmender Tiefe, trotz der bestehenden Koexistenz von Eis und Wasser, kälter wird. Unter dem Druck des überlagernden Eises wird der Schmelzpunkt leicht gesenkt. Eis bei einer Temperatur von 0° C in großer Tiefe eines Gletschers schmilzt zu einem kleinen Teil. Diese Zustandsänderung einer kleinen Eismenge entzieht dem verbleibenden Eis Wärme, und die Temperatur des koexistierenden Eises und Wassers sinkt im Verhältnis zum Druck unter 0° C. (Die genaue Beziehung zwischen Druck und Schmelzpunkt ist in Abb. 2-3 dargestellt.) Dies erklärt die Phänomene des Schmelzens unter Druck, die früher in diesem Kapitel beschrieben wurden. Das bedeutet, daß in Gletschern, die aus einer Ansammlung von Eis mit etwas Schmelzwasser nahe der Oberfläche gebildet wurden, die Schmelz-Druck-Temperatur wahrscheinlich von der Oberfläche bis zur Unterseite des Gletschers konstant ist. Wasser ist in geringen Mengen im ganzen Gletscher vorhanden, aber die Eis-Wasser-Mischung ist trotzdem mit zunehmender Tiefe und zunehmendem Druck geringfügig kälter.

Temperierte Gletscher sind perfekte Isolatoren gegenüber der geothermischen Wärme. Da sie am Boden kälter sind als an der Oberfläche, strömt Wärme nicht durch sie nach oben. Der durschschnittliche jährliche Wärmestrom von 40 Kalorien pro Quadratzentimeter, der von der Erde unterhalb eines temperierten Gletschers abgegeben wird, kann also nur dann verbraucht werden, wenn eine Eisschicht von etwa 0,5 cm Dicke am Boden des Gletschers geschmolzen wird: Temperierte Gletscher gleiten deshalb auf einer dünnen Wasserschicht über ihren Gesteinsuntergrund.

Die meisten Gletscher der Gegenwart, mit der grundsätzlichen Ausnahme der Antarktischen Eiskappe, sind wahrscheinlich temperiert. Der Südliche Teil der Eiskappe von Grönland erhält vom warmen Golfstrom durch die landeinwärts blasenden Winde schweren, nassen Schnee und im Sommer sogar Regen. Der Regen und der nasse Schnee halten die Temperatur der Eiskappe wahrscheinlich nahe am Schmelzpunkt, was aber nicht für den höchstgelegenen und kältesten inneren Teil der Eiskappe gilt. Außer der Antarktischen Eiskappe ist jedoch der nördliche Teil der Eiskappe von Grönland polar, wie möglicherweise auch die Gletscher der nördlichen kanadischen Inseln. Die großen Tal- und Piedmontgletscher entlang der Pazifik-Küste Alaskas und Kanadas sind mit Sicherheit temperiert. Ein unglücklicher Goldsucher im südlichen Alaska versuchte, einen Stollen durch den unteren Teil eines Gletschers zu treiben, um die Gesteinsoberfläche darunter zu erreichen. Der Vortrieb ging gut voran, bis er eine unter erheblichem Druck stehende Wassertasche anschlug: Das Wasser strudelte ihn, seinen Schubkarren und seinen Pickel rasch an die firsche Luft. Für ihn wäre ein polarer Gletscher günstiger gewesen.

Die Temperaturprofile der meisten Gletscher sind bisher unbekannt. Während des Internationalen Geophysikalischen Jahres wurden auf dem Gebiet der Gletscher-Untersuchungen beachtliche Fortschritte gemacht, da die Ansicht verbreitet ist, daß sich in den Gletschern der Schlüssel zu vielen Problemen klimatischer Veränderungen, sowohl der Vergangenheit als auch der Zukunft, befindet. Es lohnt sich, einen kurzen Blick auf eine Technik der Gletscheruntersuchungen zu werfen, die beim Abteufen von Probenlöchern in temperierten Gletschern angewandt wird. Ein tiefes Loch kann ganz einfach dadurch geschmolzen werden, indem man eine elektrisch erhitzte Kupferspitze am Ende einer Reihe normaler Bohrstangen befestigt. Ein benzinbetriebener Generator an der Oberfläche liefert die notwendige Energiemenge. Ein tief in einen temperierten Gletscher hineingeschmolzenes Loch friert nicht wieder zu, da kein kaltes Eis vorhanden ist, um die zusätzliche Wärme, die durch die "heiße Spitze" eingeführt wurde, zu absorbieren. Eine Reihe von Untersuchungsmeßgeräten kann bis weit in das Innere des Gletschers hinabgelassen werden, bevor plastische Deformation das Loch schließt. Für kalte Gletscher ist eine so einfache Technik nicht anwendbar. Es werden ausgewachsene Rotationsbohrer und große elektrische Generatoren benötigt, und wegen der Schwierigkeiten des Zuganges, der Treibstoffversorgung und des Versagens der mechanischen Ausrüstung bei Temperaturen unter dem Gefrierpunkt sind auf polaren Gletschern sehr wenige Bohrungen vorgenommen worden. Das erste Bohrloch durch die Antarktische Eiskappe bei Byrd Station wurde im Februar 1968 fertiggestellt. Obwohl auf der Eisoberfläche die durchschnittliche jährliche Lufttemperatur bei $-28°$ C ($-18°$ F) liegt und für polar gehalten wurde, trafen die Bohrer in 2163 m Tiefe, am Boden des Loches, auf Wasser. Entweder ist das Grundeis älter als man angenommen hatte und hat mehr Wärme absorbiert, oder der lokale geothermische Wärmefluß ist ungewöhnlich hoch. Aufgrund des Wasserfilms an der Basis gleitet die Eiskappe mit einer Geschwindigkeit von 2,5 cm pro Tag über den Gesteinsuntergrund.

Wie Gletscher fließen

Das "Fließen" der Gletscher erfolgt aufgrund einer Kombination von
1. interner Deformation innerhalb der Eiskristalle,
2. Schmelzen und Wiedergefrieren,
3. Basisgleiten des Eises über Gestein und
4. sprödes Brechen und Störungen im Eis.

Ein polarer Gletscher fließt wahrscheinlich nur durch interne plastische Deformation der Eiskristalle und in geringem Maß durch sprödes Brechen nahe der Oberfläche. Man konnte experimentell nachweisen, daß Eis, das mit dem Gestein verfroren ist, eine festere Verbindung bildet als einzelne Eiskristalle in sich selbst haben. Daher bewegt sich ein kalter Gletscher, zumindest in der Theorie, nicht durch Gleiten über seinen Untergrund, sondern durch plastische Deformation des Eises selbst. Eine Folge dieser Bewegungsart ist, daß polare Gletscher sehr wenig Gesteinstrümmer erodieren und transportieren. Das Eis am Rande des Antarktischen Eisschildes ist fast frei von Gesteinsbruchstücken und das läßt vermuten, daß im Inneren des Kontinentes nur geringe Erosion im Gange ist. Wenn natürlich ein felsiges Hindernis durch den Fluß des kalten Eises weggebrochen wird, wird es zertrümmert und solange transportiert, bis das Eis schmilzt oder in die See hinein abbricht.

Temperierte Gletscher bewegen sich in der Regel schneller als polare Gletscher, weil sich das Eis, zusätzlich zu kristalliner Deformation und sprödem Brechen, durch Schmelzen und Wiedergefrieren und durch das Gleiten über Gestein verformen kann. Die Vorgänge des Gleitens an der Basis sind sehr variabel, aber etwa die Hälfte des Gesamtbetrages der Vorwärtsbewegung vieler Talgletscher geschieht auf diese Weise. Es ist schwer, Schmelzen und Wiedergefrieren unter örtlichem Druck von Gleiten zu unterscheiden, denn wenn ein Gesteinshindernis in den Boden eines temperierten Gletschers hineinragt, verursacht der Drucküberschuß Schmelzen an der "Luvseite" des Hindernisses und das Wasser wandert in Fließrichtung zur "Leeseite" des Hindernisses und gefriert wieder. Der Gletscher bewegt sich durch "Gleiten" auf einem Wasserfilm über das Hindernis hinweg, jedoch werden einzelne Eiskörner geschmolzen und wieder gefroren, um dieses Gleiten zu ermöglichen. Das Basisgleiten eines temperierten Gletschers scheint von der Unebenheit des Bettes in einem kritischen Größenbereich abzuhängen.

Temperierte Gletscher bewegen sich im allgemeinen mit Geschwindigkeiten zwischen Zentimetern und fast 2 Metern pro Tag hangabwärts. An steilen Abhängen oder während der Schmelzwasserzeit, wenn das Bett stärker mit Wasser gesättigt zu sein scheint, bewegen sie sich um ein Mehrfaches des Betrages schneller. In seltenen Fällen kann ein Teil eines Gletschers während weniger Wochen oder Monate mit einer Geschwindigkeit von 20-30 Metern pro Tag vorwärtsdrängen.

Wellen hoher Fortpflanzungsgeschwindigkeit, die in Fließrichtung durch Gletscher eilen, sind wegen der durch sie vermittelten Information über die Art und Weise, wie Gletscher fließen, von besonderem Interesse. Üblicherweise wird eine Gletscherwelle durch plötzliche Erhöhung der Stoffansammlung auf dem oberen Teil des Gletschers ausgelöst, die durch Schneelawinen oder ungewöhnlich schwere Schneefälle erzeugt wurde. Eine wellenartige, einige Meter hohe Ausbauchung bewegt sich mit einer Geschwindigkeit, die bis zu fünfmal so groß ist wie die tatsächliche Eisbewegung, durch den Gletscher, ganz ähnlich einer Meereswelle, die sich durch das Wasser bewegt. Da das Eis so leicht deformiert wird nimmt man an, daß die normale Gletscherbewegung vor und nach dem Durchgang einer solchen Welle das Resultat eines ausbalancierten Kräftespiels ist und daß die Welle das Ergebnis einer einzigen zusätzlichen Variablen ist, wie sie ein plötzliches Ansteigen des angesammelten Schnees darstellt. Bei wissenschaftlicher Forschung ist es günstig, wenn man in der Lage ist, Einzelgruppen von Anlaß und Wirkung zu isolieren, und zur Zeit werden intensive Studien den Wellen der Alaska-Gletscher gewidmet, die unmittelbar auf die durch das Erdbeben von 1964 ausgelösten Schneelawinen folgten.

Die Oberflächenschichten des Gletschereises verformen sich nicht in einer plastischen Art, denn der hydrostatische Druck ist zu niedrig und die Belastungen treten zu plötzlich auf. Eis ist bis zu einer Tiefe von etwa 30 m spröde und zerbricht in ein Gewirr von Gletscherspalten, während es auf dem leichter verformbaren Eis in der Tiefe fortgetragen wird. Nahe des unteren Endes eines Gletschers erstrecken sich Gletscherspalten der Oberfläche so tief in das Eis hinein, daß ein basaler Teil des Eises die Verbindung mit der Masse verliert und dann aufhört sich zu bewegen, so daß das aktive Eis darüber hinweg auf einer Überschiebungsfläche (Abb. 7-2) gleitet.

Die meisten Gletscher besitzen eine *Akkumulationszone* in großer Höhe, wo die Aufhäufung die Verluste übersteigt, und eine tiefer gelegene *Ablationszone*, wo Nettoverluste an Eis erfolgen (Abb. 7-2). Ablation beinhaltet Schmelzen, Verdampfen, Verlust durch ins Wasser brechende Eisberge ("Eisberg-Kalben") und andere, geringfügigere Verluste wie solche, die durch Wind-Deflation hervorgerufen wer-

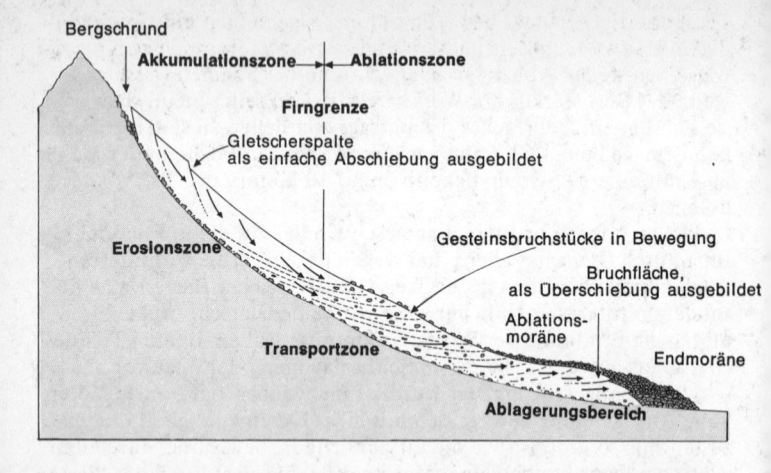

Abb. 7-2   Bewegungsbahnen in einem Talgletscher und Zonen der Akkumulation, Ablation, Erosion und Ablagerung. Der Bergschrund ist eine charakteristische Spalte am oberen Ende des Talgletschers, in der sich viel durch Frostspaltung entstandenes Trümmermaterial ansammelt

den. Die Mindesthöhe der jährlichen Netto-Akkumulation auf einem Gletscher wird durch die Firngrenze bezeichnet, die das Äquivalent zur *Schneegrenze* an den nahen Gebirgshängen ist. In der Akkumulationszone wird ständig neues Eis angehäuft, so daß der gewöhnliche Weg eines Eisteilchens sowohl hinab in den Gletscher als auch hangabwärts verläuft. In der Ablationszone senken Schmelzen und andere Ablationsverluste die Oberfläche so schnell, daß ein Eisteilchen, auch wenn es einem hangabwärtsgerichteten Pfade folgt, sich schließlich doch der Eisoberfläche nähert und schmilzt.

Die gesamte jährliche Netto-Akkumulation, die oberhalb der Firngrenze erfolgt, muß sich durch den Querschnitt des Gletschers an der Firngrenze bewegen, um die jährlichen Netto-Verluste durch Ablation hangabwärts auszugleichen. Unterhalb der Firngrenze verläuft der Eisfluß annähernd parallel zur Oberfläche. Wenn Gletscherkundlern die Ausrüstung oder die Zeit für eine vollständige Untersuchung der Eisakkumulation und Ablation auf einem Gletscher fehlt, können sie die Fließgeschwindigkeit an der Firngrenze studieren, um rasch eine Vorstellung von dem *Gletscherhaushalt* oder dem dynamischen Zustand des Gletschers zu erhalten. Schneller Fluß an der Firngrenze bedeutet sowohl reichlichen Schneefall stromaufwärts als auch schnelle Ablation am unteren Ende. Dies ist der typische Zustand eines temperierten Talgletschers auf einem nach Westen gerichteten Küstenabhang in den mittleren Breiten. Langsame Bewegung an der Firngrenze bedeutet einen trägen Gletscherhaushalt mit langsamer Akkumulation und geringen Verlusten durch Ablation. Die Antarktische Eiskappe ist wahrscheinlich die trägste der Welt. Die Firngrenze befindet sich dort praktisch auf der Höhe des Meeresspiegels am Rande des Kontinentes und das Kalben von Eisbergen ist die einzige bedeutende Art der Ablation. Über dem ganzen Kontinent beträgt der Durchschnitt des jährlichen Niederschlages weniger als das Äquivalent von 13 cm Wasser. Nach jahrzehntelangen Forschungen weiß man immer noch nicht, ob die Antarktische Eiskappe wächst oder schrumpft, denn sowohl Akkumulation als auch Ablation sind zu langsam, als daß man sie mit Sicherheit messen könnte.

Gletscher-Erosion und Gletscher-Transport

Was einen Geologen am stärksten am Eis interessiert, ist dessen Fähigkeit Gestein zu erodieren, zu transportieren und abzulagern oder dessen Eigenschaft, Landschaft zu formen. Was wir über Eisdeformation und Gletscherbewegung gelernt haben, brauchen wir auf geologische Probleme nicht anzuwenden. An diesem Punkt wechselt das Thema von der Gletscherkunde, der Eisforschung, zur *Glazial-Geologie*, der Forschung über die geologische Wirksamkeit der Gletscher.

Eis erodiert Gestein in vieler Beziehung wie fließendes Wasser Gestein erodiert. Beide können große Kraft auf ein Hindernis ausüben und im Vorüberfließen Stücke davon abbrechen. Beide tragen Gesteinsbruchstücke als Werkzeuge, die die Gesteinsoberfläche, über die sie sich bewegen, abtragen. Wasser hat die Vorteile größerer Fließgeschwindigkeit und größerer Turbulenz; Eis jedoch die Vorteile größerer Zähigkeit und die Fähigkeit zu schmelzen und wieder zu gefrieren, während es um ein Hindernis herumfließt.

Weil sich das Eis nur langsam plastisch verformt, verbindet es Gesteinstrümmer miteinander oder mit dem Gesteinsuntergrund. Ein Steinbrocken, der an der Basis eines Gletschers liegt, kann nicht ohne weiteres nach oben in das Eis hineingepreßt werden, sondern kratzt eine lange Rinne in das unterlagernde Gestein und wird dabei flachgeschliffen. Die deutlichsten Merkmale der Gletscher-Erosion und -Verfrachtung sind Kratzer (sie werden *Schrammen* genannt, wenn es dünne Haarlinien sind) und Rinnen, die in vergletscherte Gesteinsoberflächen eingegraben werden und die abgeflachten oder *facettierten*, polierten Oberflächen der vom Eis transportierten Steine. Ein regional verbreitetes Muster von Schrammen und Rinnen auf der Oberfläche des anstehenden Gesteins oder facettierte, gefurchte lose Steine und erratische Blöcke exotischer Gesteinstypen sind ein ausreichender Beweis dafür, daß ein Gebiet, das heute nicht vom Eis bedeckt ist, früher vergletschert war. Es ist richtig, daß unzählige andere natürliche und künstliche Kräfte den Gesteinsuntergrund abschleifen können, wie zum Beispiel Lawinen, Lava-Flüsse. Büffelhufe, stählerne Schlittenkufen, Schlammströme, treibende Eisberge, die am Meeresboden schaben, und sogar Flüsse, die eine Flußbettfracht aus scharfem Sand transportieren – keiner von diesen verursacht aber Furchen und Rinnen von solcher Beständigkeit in Form und Richtung. Ein regionales Muster aus Furchen und Rinnen auf der Oberfläche des anstehenden Gesteins ist wahrscheinlich der beste Beweis für eine ehemalige Vergletscherung.

Steine, die im Gletschereis transportiert werden, entwickeln abgeflachte oder sanft gerundete Facetten, die sich mit stumpfen Ekken und Kanten überschneiden. Wassertransportierte Steine sind meist besser gerundet. Gletschertransportierte Steine erkennt man an ihren abgeflachten Formen mit Oberflächen, die wie die Sohle eines alten Schuhs gebogen sind, als sei der Stein immer wieder an eine Schleifscheibe gestoßen worden. Einige Steine haben eine deutliche "Bügeleisen"-Form mit einer stumpfen Spitze an einem Ende, die durch die Überschneidung von zwei oder mehr Facetten gebildet wird.

Der Prozeß des Abschleifens während des Gletschertransports erzeugt eine große Menge von feinkörnigen, mechanisch zertrümmerten Gesteinsbruchstücken. Die meisten der größeren Bruchstücke, die von einem Gletscher befördert werden, scheinen durch *"Reissen"* oder *Brechen* entstanden zu sein. Dies ist ein Prozeß, der nur im temperierten Gletscher anzutreffen ist. Wenn Schmelzwasser zu der stromabwärts gelegenen oder Lee-Seite eines Hindernisses wandert und wieder gefriert, werden alle losen Gesteinsbruchstücke am Lee-Hang in das neugebildete Eis eingefroren und von ihrem Platz fortgeführt. Besonders auf stark zerklüftete kristalline Gesteine und dünnschichtige Sedimentgesteine wirkt Reißen ein. Man hat nachgewiesen, daß Gletscher-Reißen oder -Rupfen an geeigneten Gesteinsarten quantitativ wichtiger ist als die abschleifende Wirkung (Abb. 7-3).

Talgletscher erhalten einen großen Teil ihrer Gesteinstrümmer von den Talwänden. In Gebieten mit Temperatur- und Niederschlagsverhältnissen, die zur Bildung von Gletschern führen, ist Frostspaltung ein sehr wirksamer Prozeß. Die Trümmer, die auf einen Talgletscher fallen, sind unverwittert bis auf den Umstand, daß sie

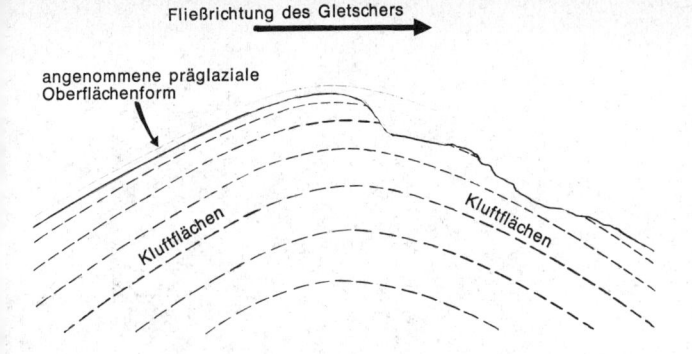

Abb. 7-3 Relative Wirkung glazialer Abrasion in Neu-England. Laufen die Kluftflächen der ursprünglichen Hügelform parallel, wird im stromabwärts gelegenen Teil des Hügels durch den Vorgang des Herausbrechens viel mehr Material entfernt als durch den der Abrasion im stromaufwärts gelegenen Teil. (Nach *Jahns* 1943)

durch wiederholtes Gefrieren und Tauen losgebrochen wurden. Trümmer, die in der Akkumulationszone auf den Talgletscher fallen, können tief in das Eis gelangen, möglicherweise sogar bis zum Gesteinsuntergrund, bevor sie am unteren Ende des Gletschers wieder an die Oberfläche gebracht werden (Abb. 7-2). Steine, die auf einem solchen Weg befördert werden, tragen sicher die charakteristischen Merkmale der Gletschererosion. Ein großer Teil des Gesteins, das auf einen Talgletscher fällt, verbleibt jedoch nahe der Oberfläche und wird in der spröden Oberflächenschicht des Eises eingefroren befördert. Dieses Material weist selten deutliche Spuren des Gletschertransports auf. In der Tat ist es oft von Rutschgestein oder Erdrutschtrümmern nicht zu unterscheiden.

Die Erosionstätigkeit temperierter Talgletscher läßt typische Landschaftsformen entstehen, die eindeutig zu den eindrucksvollsten Landschaften der Erde gehören. Die europäischen Alpen sind besonders gut bekannt wegen ihrer beeindruckenden Gletscherlandschaften. Ihr Name bezeichnet eine Kombination von Landformen, die die *alpine Landschaft* ausmachen. Da die meisten alpinen Gletscher-Landformen auf Erosion beruhen, soll nun eine von Gletschern erodierte Landschaftsform allgemein beschrieben werden.

Die Grundeinheit der alpinen Landschaft ist ein U-förmiger Trog, (Abb. 7-4). Diese typische Talform besitzt gerade, steile Seitenwände, abgestumpfte oder abgeschnittene Ausläufer und ein stufenarti-

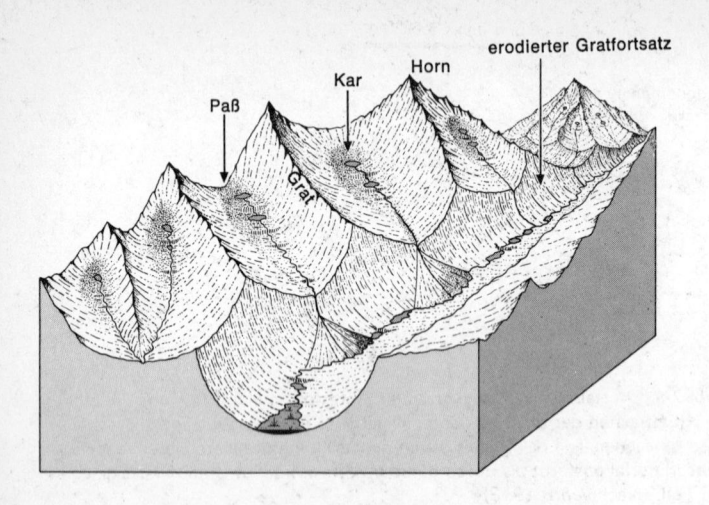

Abb. 7-4 Alpine Landschaft als Ergebnis glazialer Erosion

ges Längsprofil, das oft aus einer Serie von *Felsbecken* besteht, die voneinander durch niedrige Stufen getrennt sind. Man sollte den Gletschertrog eher mit einem Flußbett als mit einem Flußtal vergleichen, denn er ist tatsächlich das Bett eines Flusses aus Eis. Gletschertröge gehen von einem *Kar* aus; das sind halbrunde Becken, die sich in der Akkumulationszone bilden. Benachbarte Kare und vergletscherte Tröge überschneiden sich häufig in Gebirgspässen mit messerscharfen, sägeartigen Kämmen, die *Grat* genannt werden. Hohe pyramidenartige Spitzen entlang eines Grats werden *Hörner* genannt. Das Matterhorn in den Schweizer Alpen wird als Musterbeispiel für ein vergletschertes Horn betrachtet. Es stehen jedoch Dutzende von niedrigeren Spitzen ähnlicher Form auf den Kämmen vergletscherter Gebirge. Im Meer "ertrunkene" Trogtäler werden *Fjorde* genannt.

Genau wie *Playfair* vor langer Zeit bezüglich der Flüsse erkannte, erodieren Gletscher Tröge, die ihrer Größe proportional sind. Gletscherzuflüsse vereinen sich jedoch mit dem Hauptstrom so, daß die Eisoberflächen sich auf gleicher Höhe befinden, und daher liegt der Gesteinsuntergrund der Tröge solcher Gletscherzuflüsse weit oberhalb des Bodens der Hauptmulde. Diese *hängenden Täler* stellen eine weitere bezeichnende Landform der alpinen Landschaft dar. Aus den hängenden Tälern ergießen sich die Flüsse in Wasserfällen in das darunterliegende Tal. Die Sutherland-Fälle in Neuseeland stürzen 570 m fast senkrecht aus einem See, der sich in einem hängenden Tal befindet, auf den Grund des Haupttales. Sie gehören zu den höchsten Wasserfällen der Welt.

Ein Erosionsmerkmal von geringerer Größe, das sowohl in der alpinen Landschaft wie auch in Gebieten häufig anzutreffen ist, die flächenhaft vergletschert waren, ist der *vergletscherte Kuppenberg*. Jeder vergletscherte Untergrundgesteinshügel wird wahrscheinlich an der stromaufwärts weisenden Seite poliert und abgeschliffen und auf der Gegenseite, also flußabwärts, gerupft und abgesplittert. Mengen solcher asymmetrischen Hügel bedecken das vergletscherte Hochland wie Talböden in gleicher Weise. Durch ihre ausgeprägte Asymmetrie zeigen die vergletscherten Kuppenberge sogar noch deutlicher die regionale Richtung der Eisbewegung an als Gletscherfurchen und Rinnen. In Frankreich werden vergletscherte Kuppenberge *roches mountonnées* genannt, offensichtlich, weil die abgeschliffenen, stromaufwärts gerichteten Oberflächen die weich gerundete Erscheinung der im 17. und 18. Jahrhundert gebräuchlichen Perücken haben. Ein weiterer Name, den man der Landschaft aus vergletscherten Kuppenbergen gegeben hat, ist *Stoß-und-Lee-Topographie*. Damit wird die kontrastierende Erscheinung der glatten, geschliffenen, sanften Stoß-Hänge zu den zerhackten, zerbrochenen, steilen Lee-Seiten betont. Vergletscherte Kuppenberge sind unter Eis offensichtlich stabile Landformen. Ihre Morphologie scheint eine Art von Stromlinienform darzustellen, die die Gletscher-Erosion vermindert. Könnten wir die Dynamik ihres Ursprungs verstehen, wüßten wir zwangsläufig viel mehr über die Mechanismen der Gletscher-Erosion.

Gletscher-Ablagerungen

Wir haben gesehen, daß Gletscher die Gesteinsoberfläche, über die sie sich bewegen, abschleifen oder rupfen, daß sie Bruchstücke von unterlagernden Rippen abspalten oder brechen und daß sie die Gesteinstrümmer, die ihnen von höheren Gesteinshängen durch Massentransport zugeführt werden, verfrachten. Ein Teil dieser Trümmer wird innerhalb des Eises befördert; ein anderer Teil wird auf der Oberfläche mitgeführt. Mancher Gesteinsschutt wird äußerst fein zermalen; mancher wird, fast unverändert durch die Gletscher-Erosion, befördert; mancher wird durch fließendes Wasser sortiert und gerundet. Das Endergebnis ist ein außerordentlich heterogenes Gesteinsmaterial, das *Geschiebe* genannt wird.

Es ist wichtig, das von Gletschern transportierte Material, oder das Geschiebe, ganz klar von den Landformen, die aus Geschiebe aufgebaut werden, zu unterscheiden. Drei Begriffe werden ausschließlich zur Bezeichnung bestimmter Arten von Gletschergeschieben verwendet; diese Begriffe beziehen sich auf das Material, nicht auf die Landformen. Dies sind:

1. *Geschiebemergel*, die unsortierten, ungeschichteten Trümmer, die üblicherweise direkt vom Gletscher abgelagert werden;

2. *geschichtetes Geschiebe*, Material, das zum Teil vom Wasser sortiert und grob geschichtet, benachbart zum schmelzenden Eis abgelagert wird;

3. *Sandr*, fluviales Sediment, das auf ausgedehnten Ebenen von dem schmelzenden Eis durch Schmelzwasserströme abgelagert wird.

Jedes dieser Materialien tritt zusammen mit bestimmten Ablagerungs-Landformen auf. Da aber viele Landformen mehr als eine Art von Geschiebe enthalten, sollten Begriffe, die sich auf die Landformen beziehen, nicht mit denen verwechselt werden, die die verschiedenen Geschiebearten bezeichnen.

Die deskriptive Terminologie, die man auf Landformen anwendet, die durch Gletscherablagerungen gebildet wurden, wird noch dadurch kompliziert, daß es üblich ist, den gleichen Begriff zu verwenden für ein auf, in oder neben einem aktiven rezenten Gletscher anzutreffendes Merkmal und Merkmalen, die in ähnlicher Weise von einem jetzt geschmolzenen und verschwundenen Gletscher gebildet wurden. *Endmoränen* sind zum Beispiel rückenartige Hügel von Geschiebe am unteren Ende eines rezenten Gletschers. Sie sind aber ebenfalls rückenartige Hügel von Geschiebe, die sich durch Ohio oder Deutschland ziehen oder irgendwo sonst anzutreffen sind und frühere Eisgrenzen kennzeichnen.

Die meisten Gletscherablagerungsformen akkumulieren während des Schmelzens des Gletschers und dem Rückzug der Eisfront. Indem Gletscher durch Ablation dünner werden, besonders durch Abschmelzen der Gletscherstirn, werden die Gesteintrümmer, die in ihnen befördert wurden, entweder direkt vor dem Eis abgelagert oder eine gewisse Strecke durch Schmelzwasser mitgeführt und dann abgesetzt. Die Geschichte, die wir aus Gletscherablagerungen ableiten, ist nur die Geschichte des Endstadiums der Eisschmelze.

Entweder entscheidet die Form oder das Material oder beide gemeinsam, welcher Name der Gletscherablagerungs-Landform gegeben wird. Moräne ist ein sehr allgemeiner Begriff für eine Landschaft, die aus Geschiebe aufgebaut wurde (Abb. 7-5). Wenn Moränen stark gestreckt oder gebogene Rücken aufweisen, die die früheren Eisgrenzen umreißen, werden sie *Endmoränen* genannt. Wenn deutliche lineare Elemente fehlen, wird die Moränenlandschaft einfach *Grund-*

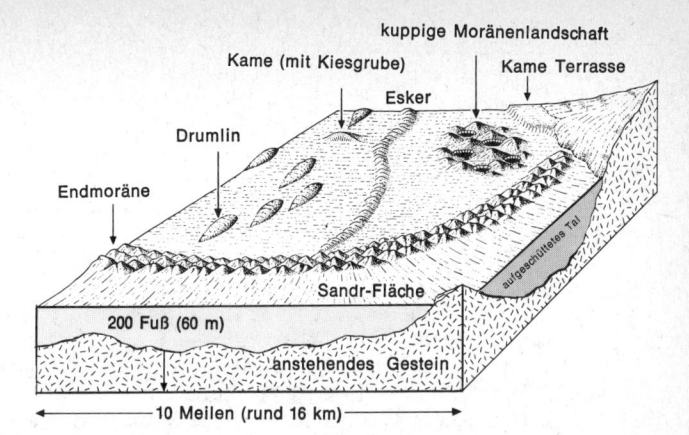

Abb. 7-5 Moränenlandschaft. Die gesamte Oberfläche wird von Geschiebematerial gebildet mit Ausnahme kleiner Flecken, an denen das unterlagernde Gestein herausragt.

moräne genannt. Eine Moräne hat unter Umständen nur ein geringeres Relief und Neigungen von nur wenigen Prozent. Sie kann aber auch aus einer unregelmäßigen Anordnung kleiner Geschiebehügel bestehen, die voneinander durch geschlossene Becken getrennt sind. Diese entstanden durch das Tauen der Eisblöcke, die unter dem Geschiebe begraben waren. Diese Eisblock-Vertiefungen oder *Kessel* bezeugen, daß zu der Zeit, als die Landschaft entstand, noch Eis in diesem Gebiet vorhanden war, und eine chronologische Folge des Gletscherrückzugs kann manchmal aus Zeugnissen wie den Kesseln oder *Todteis-Löchern* abgeleitet werden.

Eine Moräne besteht für gewöhnlich entweder aus Geschiebemergel oder aus in unmittelbarer Nähe des Eises geschichtetem Geschiebe. Manche Endmoränen bestehen ausschließlich aus Geschiebemergel und scheinen entweder eine Masse gerutschter Trümmer darzustellen, die sich gegen die Eisgrenze auftürmten, oder durch eine starke Vorwärtsbewegung des Eises entstanden zu sein, die den Geschieberücken wie eine Planierraupe nivellierte. Andere Endmoränen bestehen fast ausschließlich aus geschichtetem Geschiebe. Daraus kann geschlossen werden, daß die Eisfront einige Zeit an der gleichen Stelle blieb, während die Vorwärtsbewegung gerade die Ablation ausglich. Schmelzwasser, das von der Oberfläche des Eises floß, spülte Geschiebematerial in Gletscherspalten und häufte es dort auf.

Nachdem das Eis geschmolzen war, verblieben dann Rücken aus geschichtetem Geschiebe, die die Lage der früheren Eisfront markieren.

Es gibt verschiedene besonders deutliche Landformen, die durch geschichtete Geschiebe in unmittelbarem Kontakt zum Eis gebildet wurden. Eine sind die *Kames*, ungefähr konische oder mit abgeflachter Spitze versehene Hügel, die für gewöhnlich aus wassersedimentiertem Sand und Geröll bestehen, jedoch eingeschlossene Geschiebemergel enthalten. Kames bilden sich offensichtlich in Löchern oder am Schnittpunkt großer Gletscherspalten im schmelzenden Eis. Geschiebe wird in solche Vertiefungen gespült oder fällt hinein und das Wasser sickert durch das Eis weg. Wenn das letzte Eis geschmolzen ist, wird aus der früheren Vertiefung ein Hügel, der durch seine Form die Anordnung der umgebenden Eismassen reflektiert. Kames sind sehr gesucht als Lagerstätten für Baukies. In allen bewohnten Gebieten werden sie zum Teil ausgegraben und ihre innere Struktur freigelegt. Kiesgruben in Kames zeigen endlose Muster der chaotischen Sedimentstrukturen, die durch geschichtete Geschiebe am Eisrand charakterisiert sind. Eine Variante des Kame ist die *Kame-Terrasse*, eine Ablagerungsbank entlang einer Talwand. Diese bildet sich, wenn Sediment eine Vertiefung entlang des Randes der schmelzenden Eismasse füllt, die selbst noch immer das Zentrum des Tales ausfüllt.

Noch kennzeichnender als die Kames ist der *Esker*. Das ist ein gewundener Rücken aus Geschiebematerial, das in Wasser abgesetzt wurde und der bis zu 30 m hoch sein und sich über Dutzende von Meilen über eine Moränenlandschaft schlängeln kann. Eskers bildeten sich wahrscheinlich in ehemals von Eiswällen eingeschlossenen Flußläufen innerhalb oder unterhalb des schmelzenden Eises. Die Schmelzwasserströme führten offensichtlich so schwere Sedimentfrachten, daß sie ihren Flußlauf begradigten, um einen angemessenen Neigungswinkel beizubehalten. Eskers zeichnen die gewundene Form der ehemaligen von Eis begrenzten Flußläufe nach. Nach dem Verschwinden der eindämmenden Eiswälle wurde die Form der Eskerflanken nur geringfügig durch Massentransport verändert. Nach Eskern wurde, wie nach Kames, als Lagerstätte für gutgewaschenen Sand und Kies eifrig gesucht. Viele Esker, die in der Nähe bewohnter Gegenden liegen, sind durch Kiesabbau vollständig beseitigt worden.

Wo sedimentbeladenes Schmelzwasser über die letzten schmelzenden Eisblöcke hinaus fließt, wird es zu einem *Sandr-Fluß*. Alle "Gesetze" der hydraulischen Geometrie gelten auch für Sandr-Flüsse, obwohl die Fließ-Charakteristika doch etwas verschieden sind. Der Schmelzwasserfluß ist in der Regel am späten Nachmittag, wenn die Tageswärme den Oberflächenabfluß stark erhöht hat, am schnellsten. Bei Dämmerung kann ein Sandr-Fluß bis zum leichten Rieseln abnehmen und zur Mittagszeit wieder zu einem Sturzbach anschwellen. Unter diesen Abflußbedingungen und durch die mitgeführte schwere Sedimentfracht haben Sandr-Flüsse für gewöhnlich verflochtene Kanäle und lagern üblicherweise auf ihren Talböden viele Meter Alluvium ab. Sandr-Flüsse lassen über offenem Land *Sandr-Flächen* entstehen oder *fluvioglaziale Schotterzüge* in den Tälern. Der Neigungswinkel der Sandr-Flächen und fluvioglazialen Schotter kann ziemlich steil sein, an einigen Stellen bis zu 60 m pro km. Solche Abhänge sind eher typisch für alluviale Fächer oder Pedimente als für Flußläufe. Es bestehen also starke Ähnlichkeiten zwischen den Sturzfluten der Wüsten und der täglichen Höchstabflußmenge der Schmelzwasserströme.

Eine bestimmte Gruppe von Moränen-Landformen läßt sich kaum als ursprüngliche Erosions- oder Anlagerungsform klassifizieren. Obwohl sie aus Geschiebematerial, meist Geschiebemergel, bestehen, haben sie weiche, stromlinienartige Formen, die dafür sprechen, daß sie durch Erosion geformt wurden. Sie werden zusammengefaßt unter dem rein beschreibenden, nicht genetisch gemeinten Begriff der *stromlinienartigen Formen*, um deren Entstehen sowohl durch Erosion als auch durch Ablagerung unter sich bewegenden, wahrscheinlich temperiertem Eis anzudeuten. Die bekanntesten stromlinienartigen Formen sind die *Drumlins*. Das sind Hügel von unterschiedlicher Größe, die aber alle in der Aufsicht deutlich elliptisch sind und im Profil sehr einem umgedrehten Teelöffel ähneln. Für gewöhnlich befindet sich ihr Gipfel nahe dem stromaufwärts zugewandten Ende und das rückwärtige Ende ist wie bei einem Tropfen zugespitzt. Einige sind jedoch nicht so auffallend asymmetrisch. Im südlichen Wisconsin, im Staate New York südlich des Sees Ontario, in Nova Scotia, in Irland und in vielen anderen vergletscherten Gebieten treten sie sozusagen in Schwärmen auf.

Drumlins müssen unter sich bewegendem Eis geformt worden sein, denn ihre Stromlinienform ist offensichtlich ein Ergebnis dieser dynamischen Bedingungen. Manche haben einen Kern aus anstehendem Gestein und scheinen dadurch gebildet worden zu sein, daß der Gletscher an seiner Sohle das Hindernis mit Geschiebematerial pflasterte. Andere weisen keine Anzeichen dafür auf, daß irgendein ursprüngliches Hindernis einen Kern gebildet hätte. Drumlins können systematisch angeordnet sein, entweder in Reih und Glied oder perlschnurartig, so daß einige Beobachter die Vermuttung äußerten, daß ihre Form in Beziehung zu einer Art stehender Welle oder einer periodisch auftretenden Unregelmäßigkeit im Eisfluß eines Gebietes stehen müßte. Andere suchten diese Phänomene durch die divergierenden Strömungsrichtungen an der Stirn einer

Gletscherzunge zu erklären, die diese Ablagerungsform unterhalb des Eises vorzeichnen würden. Tatsache ist, daß bisher noch niemand Drumlins oder andere stromlinienartige Formen im Prozeß der Entstehung gesehen hat und vermutlich wird auch niemand sie jemals sehen. Diese Formen zeigen uns aber die Richtung des Eisflusses genau so deutlich wie Stoß-und-Lee-Landschaften und sie überliefern ein Stadium des aktiv fließenden Eises statt des typischeren Stadiums der Stagnation und Schmelze, das die meisten Ablagerungslandformen widerspiegeln.

Andere stromlinienartige Formen schließen die *ausgerichtete Ablationsmoräne* ein, die eine systematische Riefung parallel zum Eisstrom aufweist, und die *"crag and tail"-Struktur,* die aus einem harten Felsbuckel besteht, an dessen stromabwärts liegender Leeseite Geschiebemergel und -lehm abgelagert wurden. Beide Formen kann man als Varianten der idealen Drumlin-Struktur auffassen.

Klimatische Veränderungen im Pleistozän

Vergletscherung bedeutet einen einschneidenden Wechsel für die Entwicklung einer Landschaft. Die Veränderung der Tal- und Hügelformen, die sich aus dem darüberhin gleitenden Gletschereis und dem gesamten Geschiebematerial, das das abschmelzende Eis zurückläßt, ergibt, sind so offensichtlich, daß die Grenze der Vergletscherung im allgemeinen bis auf etwa 1-2 km genau bestimmt werden kann. Oft sogar noch genauer. Etwa seit dem Jahre 1840, als *Louis Agassiz* ein kleines Buch veröffentlichte, in dem er das Konzept einer großen "Eiszeit" bekannt machte, haben Gletscher-Geologen das von den Gletschern verfrachtete und abgelagerte Material auf den Kontinenten kartiert und in einer stratigraphischen Folge geordnet. Ihre Arbeit ergab, daß während des Pleistozän die Eisströme mindestens viermal bis in mittlere Breiten vorrückten und wieder zurückwichen.

Die Gletscher rückten anscheinend vor etwa 70000 Jahren zum letzten Mal vor und erreichten, nach verschiedenen Schwankungen, vor etwa 20000 Jahren in Nordamerika und Europa ihre maximale Ausdehnung. Die Eisränder zogen sich aufgrund übermäßiger Ablation danach zurück, jedoch mit Intervallen zeitlich begrenzter, neuer Vorstöße, und die kontinentale Eiskappe schrumpfte auf Grenzen zurück, die durch die heutige politische Grenzlinie zwischen Kanada und USA im östlichen Nordamerika und durch die Ostsee um Schweden herum definiert werden. In diesem Stadium, vor etwa 10000 Jahren, scheint das Klima so warm geworden zu sein, daß die restliche Entgletscherung sehr schnell, vielleicht sogar in einigen Gebieten katastrophenartig rasch, erfolgte. Vor ungefähr 6000 Jahren war fast das gesamte Eis der beiden großen früheren Eisdecken geschmolzen und während der folgenden paar tausend Jahre scheint die Erde wärmer und trockener gewesen zu sein als in der Gegenwart. Etwa um 1000 A. D. begann eine langsame schwankende Entwicklung zu einem kühleren Klima. Seit der Mitte des 19. Jahrhunderts verläuft die Entwicklung umgekehrt und historische Aufzeichnungen beweisen, daß sich das Klima, zumindest im mittleren Nordamerika und Europa, erwärmt hat. Dies beruht jedoch zumindest zum Teil auf der Verbrennung ungewöhnlich hoher Kohle- und Ölmengen, die die industrielle Revolution kennzeichnet. Da uns eine allgemeine Theorie für klimatische Veränderungen fehlt, können wir nicht die Zukunft voraussagen. Wenn wir jedoch eine Voraussage auf die Geschichte der Vergletscherung des Pleistozän gründen, können wir sagen, daß ein erneutes Anwachsen der kontinentalen Eisdecken innerhalb der kommenden 100000 Jahre äußerst wahrscheinlich ist.

Vergletscherung ist nur ein Aspekt der klimatischen Schwankungen im Pleistozän. Heute sind etwa 10% des Landes von Eis bedeckt. Zur Zeit maximaler Gletscherausdehnung waren es jeweils etwa 30%. Was geschah mit den 70%, die nicht vergletschert waren?

Bei Ausdehnung der kontinentalen Eiskappen muß der Meeresspiegel sinken, denn der hydrologische Zyklus stellt ein geschlossenes System dar (Kapitel 1). Nach den besten Schätzungen des gegenwärtigen Volumens der Eiskappen der Antarktis und Grönlands würde der Meeresspiegel durch Schmelzen des gesamten Eises um etwa 60 m steigen und einen großen Teil der dichtest besiedelten Länder der Erde überfluten. Vergleichsweise lassen Schätzungen des Volumens der früheren nordamerikanischen und europäischen Eisdecken vermuten, daß während der letzten Haupteiszeit, vor etwa 20000 Jahren, der Meeresspiegel 100-120 m niedriger lag als heute. Die Konsequenzen der nacheiszeitlichen Hebung des Meeresspiegels für die Küstenevolution ist im vorangegangenen Kapitel besprochen worden. Die meisten der flachen Kontinentalschelfe der Welt sind mit Überresten fluvialen Sediments bedeckt, das höchstens mit einer dünnen Schicht postglazialer mariner Ablagerungen überzogen ist. Auf weiten Flächen der untergetauchten Schelfgebiete liegen alte Sedimente noch immer frei und nur in der Nähe des Ufers hat die marine Ablagerung die eiszeitlichen Sedimentreste bedeckt. Die Erosion der nacheiszeitlichen Uferlinie hat kaum begonnen.

Der nacheiszeitliche Anstieg des Meeresspiegels hat die Mündung eines jeden in das Meer fließenden Flusses überflutet. Wir finden kein einziges Beispiel für eine alte Erosions-Landoberfläche nahe des

Meeresspiegels, denn diese wurden alle während der Zeit des durch die Gletscherbildung gesenkten Meeresspiegels eingeschnitten und nun werden ihre Täler mit Alluvium zugeschüttet.

Als die nordamerikanischen und europäischen Eisdecken ihre volle Ausdehnung hatten, scheinen die übrigen Klimazonen sich enger an den Äquator gedrückt zu haben. Die Gebiete des Mittelmeeres und Nordafrikas waren kühler und feuchter. Dies zeigen gut ausgebildete Entwässerungsnetze an, die nun in den Wüsten trocken liegen, wie auch die Pollen von Bäumen in Sedimenten, die ehemals bewaldetes Land anzeigen, wo heute kein Baum wächst.

Auch der trockene Südwesten der Vereinigten Staaten war während der Eiszeiten kühler und feuchter. Während der Perioden größter Gletscherausdehnung füllten permanente Seen viele der heutigen "Playas". An Berghängen lag die Baumgrenze wohl tausend Meter tiefer und wo sich heute Aridisole bilden, war damals Grasland-Boden. Bisher ist man noch nicht in der Lage, die Auswirkungen dieser Klima- und Vegetations-Veränderungen auf die Entwicklung der Pediment-Landschaften zu verstehen. Offensichtlich wurden einige Pedimente durch anhaltenden Wasserabfluß während der feuchten Intervalle des Pleistozäns zerschnitten. Aride Gebiete mögen wohl mehr Niederschläge erhalten haben, jedoch nicht genügend, um eine Pflanzendecke entstehen zu lassen. Unter diesen Bedingungen können Erosion und Ablagerung beschleunigt abgelaufen sein.

Trockene Landschaften auf der Erde entwickeln sich so langsam, daß viele ihrer Landformen Überreste früherer feuchterer oder trockenerer, kühlerer oder wärmerer Klimabedingungen sind. Teile der trockenen australischen Landschaft zum Beispiel scheinen drei oder vier Zyklen verstärkter und verminderter Niederschläge anzuzeigen, während derer abwechselnd Böden gebildet wurden und vom Wind transportierte Sedimente sich ansammelten. Wenn erst einmal eine Methode entwickelt sein wird, die es gestattet, die Klimawechsel in Australien zu datieren, wird sich vielleicht herausstellen, daß sie gleiches Alter wie die vergleichbaren Veränderungen in der nördlichen Hemisphäre haben.

Aus diesem kurzen Rückblick auf die Klimawechsel des Peistozän sollte eigentlich deutlich geworden sein, daß man nur die allerjüngsten Landschaften als Produkt der gegenwärtigen Umweltbedingungen betrachten kann. Jede Landschaft, die mehr als einige tausend Jahre alt ist, muß sich unter mehr als einer Art von Klima- und Vegetationsbedingungen gebildet haben. Man erinnere sich an die Vielfalt der Verwitterungs-, Bodenbildungs-, Massenbewegungs- und Erosionsprozesse, die jede Klimazone charakterisieren und versuche sich das Ergebnis vorzustellen, das man erhält, wenn auf eine Landschaft eine zusammenhängende Gruppe neuer Prozesse wirkt, die sich unter dem Einfluß einer anderen Prozeß-Gruppe entwickelte. Die enorme Vielfalt und Komplexität der modernen Landschaften, die unsere Ausflüge zu den verschiedensten Sehenswürdigkeiten so lohnend macht, machen auch aus der Geomorphologie einen der spannendsten Zweige der Erdwissenschaften.

Register

Abflußmenge 72 ff, 79, 84
Ablationsmoräne 190
Ablationszone 179
Abrasionsplattform 154
AGASSIZ, L. 190
Akkumulationszone 179
Alfisol 50
alluvialer Fächer 98, 99
− Kegel 98
Alluvium 81, 82, 89, 101
Amazonas 74, 131
Anchorage, Alaska 58
Antarktis 169
Aridisol 50, 97
Arroyo 98, 99
Ästuar 161, 164
Atmosphäre 13, 19
− Staub 12

Bajada 100, 103
Bakterien 33
Barre 156
Basenaustausch 29, 39
Bauxit 41, 42
Bay of Fundy, Kanada 147
Becken, intramontan 100
Bergsturz 55
BERKEY, C. P. 133
Bewegungen, epirogenetische 114 ff
− orogenetische 144 ff
Bighorn-Fluß 125
Bikini-Atoll 142
Biomasse 17
Blöcke, erratische 182
Boden 46 ff
− horizont 48
Bodenklassen 50
− klassifizierung 48
− luft 33
− profil 48
− kriechen 55, 56, 68, 97
Böschung 63, 64
Bolson 100, 103
Boomer Strand, Kalifornien 157
Brandung 140 ff
Brandungsplatte 155

− hohlkehle 154
Brecher 140 ff
Buchtinnenbarre 156
Byrd Station, Antarktis 177

Caliche 97
Cauca-Tal, Kolumbien 90
Chelat-Bildung 39
Chesapeake Bay 164
Columbia-Plateau 117
Colorado 150
Connecticut, Küste 166
"Crag-and-Tail"-Struktur 190

DANA, J. D. 1
Dauerfrostboden 135
DAVIS, W. M. 3, 65, 107, 129
Deccan-Plateau 117
Deflation 95
− senke 133
Delta 162
Diskordanz 116, 130
Druckentlastung 22
Drumlin 189
Düne 95
Dünung 139

Eis 26, 27, 169 ff
− felder, kontinentale 20
− kappe, Antarktis 181
− kappen 174
− latente Wärme 174
− Wärmeleitfähigkeit 174
Eisen 32
− erze 32
− oxide 32, 43
− verbindungen 48
EMERY, K. O. 151
Entisol 50, 97
Entwässerungsmuster
− dendritisch 123 ff
− gitterförmig 123 ff
− radial 123 ff
− rechtwinklig 123 ff
− ungeordnet 123 ff
Erde 9

- Umlaufbahn der 9
- Wärmefluß der 10

Erdbeben 58
- inneres 17
- rutsch 54, 58
- wärme 9

Erosion 22
- Basisniveau 73 ff, 85, 86
- durch Flüsse 78 ff

Esker 188
Evapotranspiration 20
Everglades, Florida 151
Expansion, thermische 28

Fastebene 128 ff
Feldspat 30, 37
FETH, J. H. 31
Firn 172
- grenze 180

Fjord 184
Fluß 71 ff, 111, 119
- aue 81
- ausgeglichener 85 ff
- dynamik 91
- effluent 73
- influent 73
- 1. Ordnung 72
- 2. Ordnung 72
- verflochtener 83

Folge-Fluß 121
- subsequent 121 ff
- antezedent 121 ff
- epigenetisch 121 ff

Fracht, gelöst 78 ff
- Scheb 78 ff
- fest 78 ff

Frostspaltung 26
Fujiyma 117

Ganges 150
Geoid 7
Geomorphologie 17
Geschiebe 185
- mergel 186

Gesteinskriechen 55
Gezeiten 8, 9, 137, 145 ff
GILBERT, G. K. 67, 101
Gips 27, 97
Glazialgeologie 181

Glaziologie 171
Gleithang 82
Gletscher 10, 20, 117, 190
- erosion 181 ff

Gletscher-Ablagerung 185
- eis 169 ff, 171
- fließen 178 ff
- haushalt 180
- kalte G. 10
- polar 175
- schrammen 181
- temperiert 175
- transport 181 ff
- trog 184
- warme G. 10
- welle 179
- Vergletscherung 20

Gobi, Mongolei 133
Grand Canyon 45
Granit 22, 23, 27, 28, 45
Grat 184
Gravitation 58, 145
Gravitationskraft 7
Great Plains 83, 86
GRIGGS, D. T. 28
Grönland 169
Grundwasser 31, 32, 45

Hangentwicklung 64
- element 69
- klassifizierung 68 ff
- profil 64, 66
- schutt 63, 97

Haken 156
Hawaii 117
Hell Gate, East River 147
Histosol 50
Horn 184
Huascarán, Peru 60
Hudson River 164
Humus 48
HUTTON, J. 2
hydrologischer Zyklus 71
Hydrierung 29, 38
Hydrolyse 29, 35, 37, 41

Iangtse, China 90
Inceptisol 50
Infrarot 13

Inselberg 134

Kalium 38
Kalkstein 34, 42, 45
– höhlen 34
– lösung 34
– verwitterung 42
Kalzium 38
– Bikarbonat 34
– Karbonat 33, 35, 45, 48
Kalziumsulfat 27
Kame 188
– Terrasse 188
Kaolin 37, 41
Kar 184
Karbonatisierung 29, 33
Karst-Gebiet, Jugoslawien 34
– Süd-China 42
Karst-Landschaft 42
Kashmir, Tal von 90
Kessel 187
Kieselsäure 31, 35, 37, 38, 41
Kliff 54, 63, 64, 154
Klima 41
Klimazonen 17
– aride 93
– humide 27
– semiaride 93
Klüfte 22
Kohlendioxid 13
Kohlensäure 33
Kohlenstoff-Dioxid 33, 35, 37
Komplex-Bildung 29, 39
Kondensation 17
Kontinente, Durchschnittshöhe 84
Kontraktion, thermische 28
Kriechen 55, 64, 67
Kriechgeschwindigkeit 63
Küste 136 ff, 160 ff
– auftauchende 164
– evolution 165
– landschaft 154 ff
– sediment 149, 150 ff
– strömung 144, 152
– untertauchende 164
– versetzung 152
– vorrückende 162
– zurückweichende 162
Kuppenberg 185

Landformen 118
– tektonische 65
– Wüste 98 ff
Landschaft, alpine 183
– reife 126 ff
– verjüngte 116
Landschaftsentwicklung 107 ff, 118, 125, 126 ff
LANGBEIN, W. B. 91, 112
Lagune 153, 156
Lagerklüfte 22
Laramie-Fluß 125
Laterit 41, 42
Lawine 59 ff
LEOPOLD, L. B. 74, 91, 112
Lösung 29
Long Island 147, 159
LYELL, Sir Charles 171

MACKIN, J. H. 92
MADDOCK, Th. 74, 92
Mäander 81 ff, 87
– gürtel 125
Mammouth Cave, Kentucky 34
Mangrove 151
Marsch 153
Massenbewegung 54 ff, 59, 61, 64, 67, 71, 79, 119
– klassifizierung 55
Matterhorn, Schweiz 184
McGEE, W. J. 101
Meer 19
Meeresspiegel 20
Metamorphose 21
Mississippi 74, 84, 131, 150
Mollisol 50, 97
Mond 145
– tiden 9
Montauk Point 159
Moräne, End- 186
– Grund- 186
MORRIS, F. K. 133
Mount Monadnock 130
Mündungsbarre 156
MUNK, W. H. 142
Mure 57, 58, 59, 60, 64

Nehrung 156
Niederschläge 19

Niederschlagsmenge, jährliche 19
Nil 150
Nippfluten 147

Ödland 68
Olivin 35, 37, 40
Opal 42
Organismen, marine 38, 148, 150
Orinoco 131
Orthoklas 40
Oxisol 50
Oxidation 29, 32
Ozeane 7
Ozon 13

P'ang Kiang-Senken, mongolische Wüste 134
Pediment 101 ff
Pegel-Meßstation 74
Peneplain 129 ff
Pflanzen 29
Piedmont-Gletscher 174, 177
Plagioklas 40
Playa 100, 103
PLAYFAIR, J. 2, 111, 119, 184
Pleistozän 169, 171, 190
Polarregion 15

Quarz 40, 41
− sand 40
Quarzit 45

Ranrahirca, Peru 60
Regen 19
− abschwemmung 68
− wasser 33
Regolith 47, 57, 60, 67
Rio de la Plata 164
Rippströmung 152
RITTER, D. F. 84
Rockaway Point 159
Rocky Mountains 124
Rotes Becken, China 90
Rutschen 64

Sacaton Mountains, Arizona 105
Sandr 186, 188
− flächen 189
Sandriff 156, 159

SARGENT, M. C. 142
Savane 134
Sedimentfracht 84
Sedimentgestein 22
Seemarsch 156
SHARP, C. F. S. 54
Sierra Nevada 31
Silikat-Schmelze 40
Silizium-Oxid 37, 42
Solarkonstante 12
Solifluktion 55, 57, 135
Sonne 9, 145
Sonneneinstrahlung 9
− energie 13, 14, 15, 31, 138
− spektrum 12
− Stürme 12
Sonora Wüste, Arizona 101, 104
Spodosol 50
Springfluten 147, 148
Sunda Schelf 164
Sutherland-Fälle, Neuseeland 185
Schelfgebiete 20
Schichtflut 68, 96, 102
Schlammstrom 57, 58, 59
Schnee 19, 31, 172
− grenze 180
Schotter, fluvioglazial 189
SCHUMM, J. A. 86
Schuttlawine 55
Schwerkraft 7
Stalagmiten 35
Stalagtiten 35
Steilküste 154
Steinschlag 55, 61
Steppen 93
− boden 97
St. Lorenz-Strom, Kanada 58, 84
Stone Mountain, Georgia 23
Stoß- und Lee-Topographie 185
Strand 149, 155
− versetzung 152
− wall 156, 158
Stromschnelle 126
Sturzflut 95, 102

Tal 119 ff
− Entwicklungsreihe 125 ff
− hängendes T. 185
− reifes T. 125

Tal des Todes, Kalifornien 8, 99
Tal-Gletscher 174, 182
Terrasse 82
– marin 161
Tiden 137, 145 ff
Todteislöcher 187
Tonminerale 38, 43, 48
Totes Meer 8
Travertin 35
Trockengebiete 92
TROEH, F. R. 68, 104
Tropen 15, 41, 42
Tropfstein 35

Ufer 136
Ultisol 50
Unterstrom 156

Vaiont-Reservoir, Italien 61, 120
Vergletscherung 190
– maximale 191
Vertisol 50, 97
Verwitterung 22, 24, 28, 41, 51, 54
– chemische 29, 30, 97
– mechanische 22, 30, 97
– des Granits 38
Verwitterung der Silikat-Minerale 35, 40
– in kalten Regionen 45 ff
– in mittleren Breiten 43
– tropische 41 ff
– in Wüsten 43
Vulkane 10, 18

Wadi 98
Wasser 25, 30
– austausch, jährlich 17
– dampf 13
– dampf, fotochemische Zerlegung 18
– fall 126
– Frostausdehnung 25, 30
– Frostspaltung 26
– Gefrierpunkt 25
– Grundwasser 31, 32, 45
– juveniles 18
– kreislauf 15, 19, 20
– kritische Temperatur 25
– Kondensation 17
– latente Verdampfungswärme 16, 17
– moleküle 19
– Niederschlag 17
– Regen- 27, 31, 33
– spezifische Wärme
– stoffionen 19
– verdampfungswärme 30
– Verdunstung 17
Wellen 136, 137 ff
– basis 141
– bewegung 140
– brechung 143
– energie 141
– front 141
– geschwindigkeit 141
Wüsten 43, 93
– boden 97
– Gobi, Mongolei 133
– regen 95

Yellowstone-Fluß 125

Lehrbuch der Allgemeinen Geologie

In drei Bänden
Herausgegeben von R. BRINKMANN

Band I: Festland · Meer

2., neubearbeitete Auflage
1974. VIII, 532 Seiten, 306 Abbildungen
Format 16,2 x 24,4 cm, Gln. DM 90,—
ISBN 3 432 02284 0

Band II: Tektonik

Von P. SCHMIDT-THOMÉ
1972. XIX, 579 Seiten, 299 Einzelabbildungen, Format 15,5 x 24 cm,
Gln. DM 132,—
ISBN 3 432 01792 8

Band III: Magmatismus Umbildung der Gesteine

1967. VIII, 630 Seiten, 364 Einzelabbildungen, 62 Tabellen, 3 Farbtafeln,
Format 15,5 x 24 cm, Gln. DM 112,—
ISBN 3 432 00986 0

Seismizität und Seismotektonik der Schwäbischen Alb

Von G. SCHNEIDER
1971. 78 Seiten, 41 Abbildungen,
Format 16,2 x 24,4 cm, kart. DM 23,—
ISBN 3 432 01703 0

Ferdinand Enke Verlag Stuttgart

dtv-Perthes-Weltatlas

Großräume in Vergangenheit und Gegenwart
Ein Weltatlas in 12 Bänden
Mit farbigen Karten
Von Werner Hilgemann, Günter Kettermann und
Manfred Hergt

Der »dtv-Perthes Weltatlas« ist die durch Texte und graphische Darstellungen ergänzte und bearbeitete Buchausgabe des Perthes Transparent-Atlas.
Inhalt: Lage des jeweiligen Großraumes. Bezeichnung und Abgrenzung. Landschaften und Flüsse. Relief. Klima. Vegetation. Landwirtschaft. Landgewinnung und Bewässerung. Bodenschätze. Industrie und Verkehr. Wirtschaft. Politische Verhältnisse. Geschichte. Sprachen und Völker. Religionen. Bevölkerung und Städte. Entwicklungsprobleme. Ernährung.
Mit Literaturverzeichnis
Originalausgabe

Bisher erschienen:

Band 1: Naher Osten
3112

Band 2: Indien
3113

Band 3: Südamerika
3114

Band 4: China
3115

Band 5: USA
3116

Band 6: Sowjetunion
3117

Band 7: Afrika
3118

Band 8: Mittelmeer
3119

dtv Deutscher Taschenbuch Verlag und Justus Perthes Geographische Verlagsanstalt